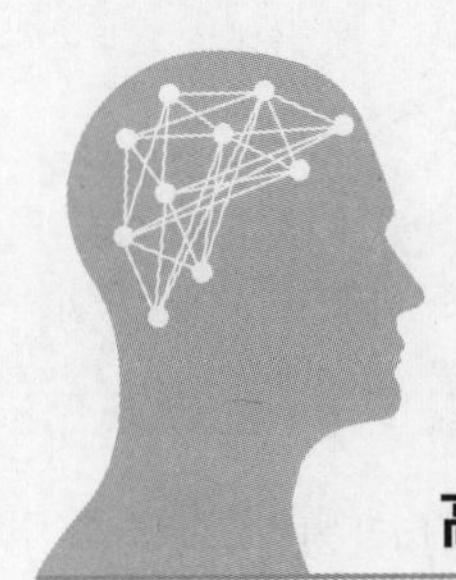

高等学校智能科学与技术/人工智能专业教材

智能数据工程

岳昆 段亮 武浩 吴鑫然 编著

清華大学出版社
北京

内 容 简 介

本书以“数据管理—数据挖掘—知识发现”为主线，将智能数据处理及分析的理论方法与 Python 程序实现相结合。作者开发了基于 Git 的在线编程平台和案例库，旨在构建智能数据工程“思想—模型—技术—实现”四位一体的知识学习框架。本书围绕数据处理及分析的典型任务，从不同类型数据的特点出发，介绍架构、模型及算法，注重智能数据处理及分析理念的传递。

本书介绍智能数据工程的经典方法和前沿技术，包括数据管理篇、数据挖掘和智能分析篇、知识表示和知识推理篇三部分。数据管理篇（第 1～3 章）介绍关系数据库查询优化、经典信息检索、数据组织和架构技术；数据挖掘和智能分析篇（第 4～7 章）介绍高维数据挖掘、视觉数据分析、文本数据分析和图数据分析技术；知识表示和知识推理篇（第 8～9 章）介绍知识图谱和贝叶斯网模型及相应的知识推理技术。

学习本书，读者需要具有计算机程序设计、数据库技术、深度学习的基础知识，以及使用开源平台的基本能力。本书可作为计算机和电子信息类相关专业研究生、高年级本科生数据工程、人工智能或机器学习等相关课程的教材，也可作为数据科学及人工智能等相关学科研究和开发人员的参考书。教师可根据学生类别、课程性质、学分设置和学习目标选择不同篇（或章）开展教学。

图书在版编目(CIP)数据

智能数据工程/岳昆等编著. -- 北京：清华大学出版社，2025. 2. --（高等学校智能科学与技术、人工智能专业教材）. -- ISBN 978-7-302-68261-5

Ⅰ. TP311.13

中国国家版本馆 CIP 数据核字第 2025CM6295 号

责任编辑：张　玥
封面设计：刘艳芝
责任校对：李建庄
责任印制：刘　菲

出版发行：清华大学出版社
网　　址：https://www.tup.com.cn，https://www.wqxuetang.com
地　　址：北京清华大学学研大厦 A 座　　**邮　　编**：100084
社 总 机：010-83470000　　**邮　　购**：010-62786544
投稿与读者服务：010-62776969，c-service@tup.tsinghua.edu.cn
质量反馈：010-62772015，zhiliang@tup.tsinghua.edu.cn
课件下载：https://www.tup.com.cn，010-83470236
印 装 者：小森印刷霸州有限公司
经　　销：全国新华书店
开　　本：185mm×260mm　　**印　　张**：14.25　　**字　　数**：347 千字
版　　次：2025 年 3 月第 1 版　　**印　　次**：2025 年 3 月第1 次印刷
定　　价：49.80 元

产品编号：100982-01

高等学校智能科学与技术/人工智能专业教材

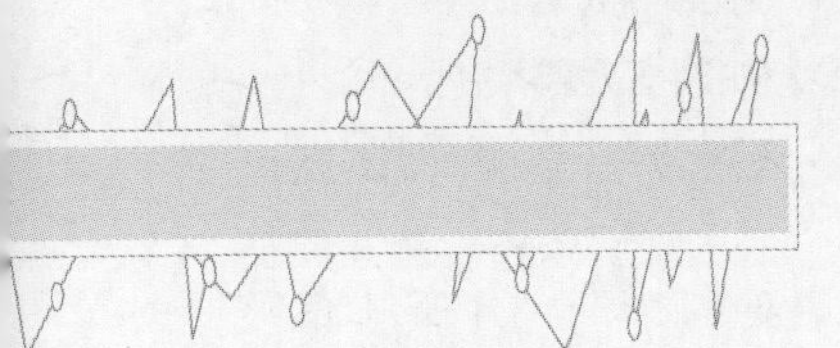
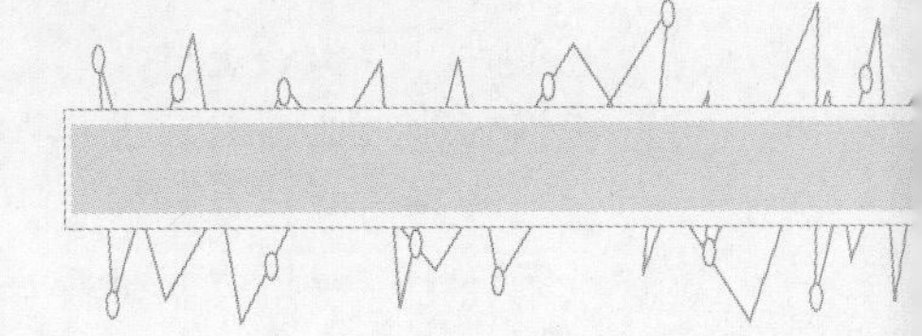

编审委员会

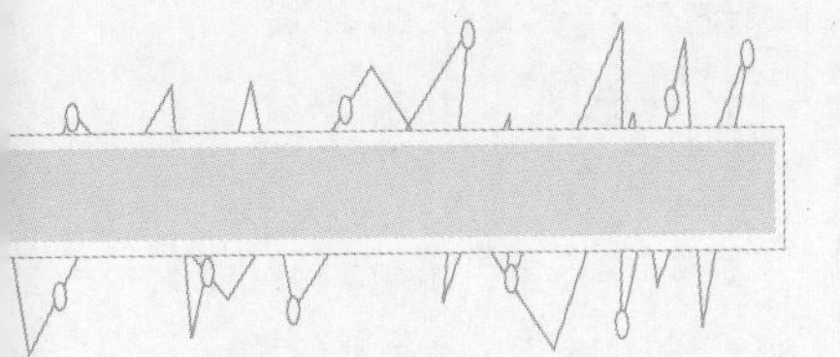

出版说明

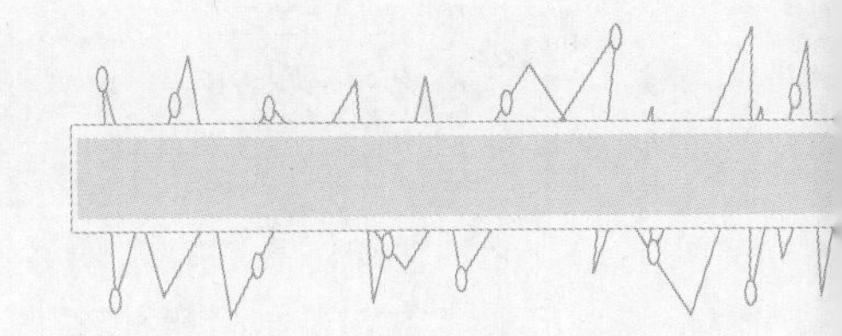

当今时代,以互联网、云计算、大数据、物联网、新一代器件、超级计算机等,特别是新一代人工智能为代表的信息技术飞速发展,正深刻地影响着我们的工作、学习与生活。

随着人工智能成为引领新一轮科技革命和产业变革的战略性技术,世界主要发达国家纷纷制定了人工智能国家发展计划。2017 年 7 月,国务院正式发布《新一代人工智能发展规划》(以下简称《规划》),将人工智能技术与产业的发展上升为国家重大发展战略。《规划》要求“牢牢把握人工智能发展的重大历史机遇,带动国家竞争力整体跃升和跨越式发展”,提出要“开展跨学科探索性研究”,并强调“完善人工智能领域学科布局,设立人工智能专业,推动人工智能领域一级学科建设”。

为贯彻落实《规划》,2018 年 4 月,教育部印发了《高等学校人工智能创新行动计划》,强调了“优化高校人工智能领域科技创新体系,完善人工智能领域人才培养体系”的重点任务,提出高校要不断推动人工智能与实体经济(产业)深度融合,鼓励建立人工智能学院/研究院,开展高层次人才培养。早在 2004 年,北京大学就率先设立了智能科学与技术本科专业。为了加快人工智能高层次人才培养,教育部又于 2018 年增设了“人工智能”本科专业。2020 年 2 月,教育部、国家发展改革委、财政部联合印发了《关于“双一流”建设高校促进学科融合,加快人工智能领域研究生培养的若干意见》的通知,提出依托“双一流”建设,深化人工智能内涵,构建基础理论人才与“人工智能＋X”复合型人才并重的培养体系,探索深度融合的学科建设和人才培养新模式,着力提升人工智能领域研究生培养水平,为我国抢占世界科技前沿,实现引领性原创成果的重大突破提供更加充分的人才支撑。至今,全国共有超过 400 所高校获批智能科学与技术或人工智能本科专业,我国正在建立人工智能类本科和研究生层次人才培养体系。

教材建设是人才培养体系工作的重要基础环节。近年来,为了满足智能专业的人才培养和教学需要,国内一些学者或高校教师在总结科研和教学成果的基础上编写了一系列教材,其中有些教材已成为该专业必选的优秀教材,在一定程度上缓解了专业人才培养对教材的需求,如由南京大学周志华教授编写、我社出版的《机器学习》就是其中的佼佼者。同时,我们应该看到,目前市场上的教材还不能完全满足智能专业的教学需要,突出的问题主要表现在内容比较陈旧,不能反映理论前沿、技术热点和产业应用与趋势等;缺乏系统性,基础教材多、专业教材少,理论教材多、技术或实践教材少。

为了满足智能专业人才培养和教学需要,编写反映最新理论与技术且系统化、系列化的教材势在必行。早在 2013 年,北京邮电大学钟义信教授就受邀担任第一届“全国高等学校智能科学与技术/人工智能专业规划教材编委会”主任，组织和指导教材的编写工作。2019年，第二届编委会成立，清华大学陆建华院士受邀担任编委会主任，全国各省市开设智能科学与技术/人工智能专业的院系负责人担任编委会成员，在第一届编委会的工作基础上继续开展工作。

编委会认真研讨了国内外高等院校智能科学与技术专业的教学体系和课程设置，制定了编委会工作简章、编写规则和注意事项，规划了核心课程和自选课程。经过编委会全体委员及专家的推荐和审定，本套丛书的作者应运而生，他们大多是在本专业领域有深厚造诣的骨干教师，同时从事一线教学工作，有丰富的教学经验和研究功底。

本套教材是我社针对智能科学与技术/人工智能专业策划的第一套规划教材，遵循以下编写原则：

(1) 智能科学与技术/人工智能既具有十分深刻的基础科学特性(智能科学)，又具有极其广泛的应用技术特性(智能技术)。因此，本专业教材面向理科或工科，鼓励理工融通。

(2) 处理好本学科与其他学科的共生关系。要考虑智能科学与技术/人工智能与计算机、自动控制、电子信息等相关学科的关系问题，考虑把“互联网+”与智能科学联系起来，体现新理念和新内容。

(3) 处理好国外和国内的关系。在教材的内容、案例、实验等方面，除了体现国外先进的研究成果，一定要体现我国科研人员在智能领域的创新和成果，优先出版具有自己特色的教材。

(4) 处理好理论学习与技能培养的关系。对理科学生，注重对思维方式的培养；对工科学生，注重对实践能力的培养。各有侧重。鼓励各校根据本校的智能专业特色编写教材。

(5) 根据新时代教学和学习的需要，在纸质教材的基础上融合多种形式的教学辅助材料。鼓励包括纸质教材、微课视频、案例库、试题库等教学资源的多形态、多媒质、多层次的立体化教材建设。

(6) 鉴于智能专业的特点和学科建设需求，鼓励高校教师联合编写，促进优质教材共建共享。鼓励校企合作教材编写，加速产学研深度融合。

本套教材具有以下出版特色：

(1) 体系结构完整，内容具有开放性和先进性，结构合理。

(2) 除满足智能科学与技术/人工智能专业的教学要求外，还能够满足计算机、自动化等相关专业对智能领域课程的教材需求。

(3) 既引进国外优秀教材，也鼓励我国作者编写原创教材，内容丰富，特点突出。

(4) 既有理论类教材，也有实践类教材，注重理论与实践相结合。

(5) 根据学科建设和教学需要，优先出版多媒体、融媒体的新形态教材。

(6) 紧跟科学技术的新发展，及时更新版本。

为了保证出版质量，满足教学需要，我们坚持成熟一本，出版一本的出版原则。在每本书的编写过程中，除作者积累的大量素材，还力求将智能科学与技术/人工智能领域的最新成果和成熟经验反映到教材中，本专业专家学者也反复提出宝贵意见和建议，进行审核定稿，以提高本套丛书的含金量。热切期望广大教师和科研工作者加入我们的队伍，并欢迎广大读者对本系列教材提出宝贵意见，以便我们不断改进策划、组织、编写与出版工作，为我国智能科学与技术/人工智能专业人才的培养做出更多的贡献。

联系人：张玥

联系电话：010-83470175

电子邮件：jsjjc_zhangy@126.com

清华大学出版社

2020 年夏

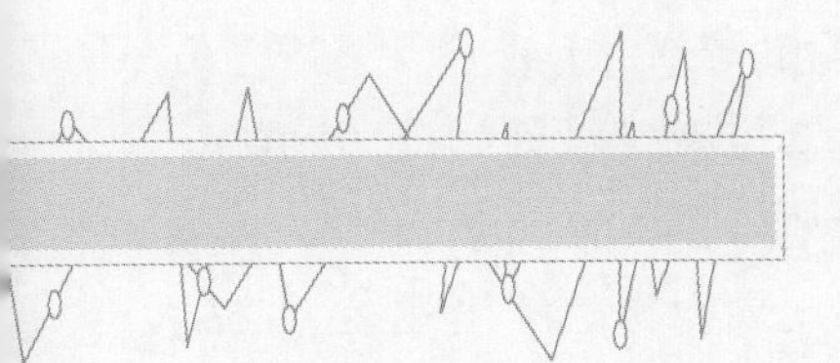

总　序

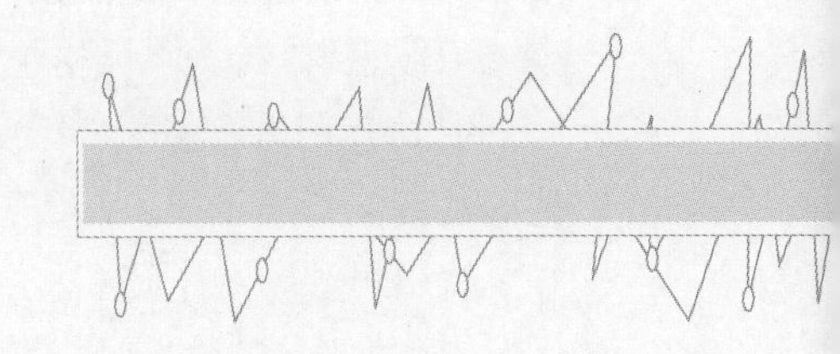

以智慧地球、智能驾驶、智慧城市为代表的人工智能技术与应用迎来了新的发展热潮，世界主要发达国家和我国都制定了人工智能国家发展计划，人工智能现已成为世界科技竞争新的制高点。然而，智能科技/人工智能的发展也面临新的挑战，首先是其理论基础有待进一步夯实，其次是其技术体系有待进一步完善。抓基础、抓教材、抓人才，稳妥推进智能科技的发展，已成为教育界、科技界的广泛共识。我国高校也积极行动、快速响应，陆续开设了智能科学与技术、人工智能、大数据等专业方向。截至 2020 年年底，全国共有超过 400 所高校获批智能科学与技术或人工智能本科专业，面向人工智能的本、硕、博人才培养体系正在形成。

教材乃基础之基础。2013 年 10 月，“全国高等学校智能科学与技术/人工智能专业规划教材”第一届编委会成立。编委会在深入分析我国智能科学与技术专业的教学计划和课程设置的基础上，重点规划了《机器智能》等核心课程教材。南京大学、西安电子科技大学、西安交通大学等高校陆续出版了人工智能专业教育培养体系、本科专业知识体系与课程设置等专著，为相关高校开展全方位、立体化的智能科技人才培养起到了示范作用。

2019 年 10 月，第二届(本届)编委会成立。在第一届编委会教材规划工作的基础上，编委会通过对斯坦福大学、麻省理工学院、加州大学伯克利分校、卡内基-梅隆大学、牛津大学、剑桥大学、东京大学等国外高校和国内相关高校人工智能相关的课程和教材的跟踪调研，进一步丰富和完善了本套专业规划教材。同时，本届编委会继续推进专业知识结构和课程体系的研究及教材的出版工作，期望编写出更具创新性和专业性的系列教材。

智能科学技术正处在迅速发展和不断创新的阶段，其综合性和交叉性特征鲜明，因而其人才培养宜分层次、分类型，且要与时俱进。本套教材的规划既注重学科的交叉融合，又兼顾不同学校、不同类型人才培养的需要，既有强化理论基础的，也有强化应用实践的。编委会为此将系列教材分为基础理论、实验实践和创新应用三大类，并按照课程体系将其分为数学与物理基础课程、计算机与电子信息基础课程、专业基础课程、专业实验课程、专业选修课程和“智能＋”课程。该规划得到了相关专业的院校骨干教师的共识和积极响应，不少教师/学者也开始组织编写各具特色的专业课程教材。

编委会希望，本套教材的编写，在取材范围上要符合人才培养定位和课程要求，体现学科交叉融合；在内容上要强调体系性、开放性和前瞻性，并注重理论和实践的结合；在章节安排上要遵循知识体系逻辑及其认知规律；在叙述方式上要能激发读者兴趣，引导读者积极思考；在文字风格上要规范严谨，语言格调要力求亲和、清新、简练。

编委会相信，通过广大教师/学者的共同努力，编写好本套专业规划教材，可以更好地满足智能科学与技术/人工智能专业的教学需要，更高质量地培养智能科技专门人才。

饮水思源。在全国高校智能科学与技术/人工智能专业规划教材陆续出版之际，我们对为此做出贡献的有关单位、学术团体、老师/专家表示崇高的敬意和衷心的感谢。

感谢中国人工智能学会及其教育工作委员会对推动设立我国高校智能科学与技术本科专业所做的积极努力；感谢清华大学、北京大学、南京大学、西安电子科技大学、北京邮电大学、南开大学等高校，以及华为、百度、腾讯等企业为发展智能科学与技术/人工智能专业所做出的实实在在的贡献。

特别感谢清华大学出版社对本系列教材的编辑、出版、发行给予高度重视和大力支持。清华大学出版社主动与中国人工智能学会教育工作委员会开展合作，并组织和支持了该套专业规划教材的策划、编审委员会的组建和日常工作。

编委会真诚希望，本套规划教材的出版不仅对我国高校智能科学与技术/人工智能专业的学科建设和人才培养发挥积极的作用，还将对世界智能科学与技术的研究与教育做出积极的贡献。

由于编委会对智能科学与技术的认识、认知的局限，本套系列教材难免存在错误和不足，恳切希望广大读者对本套教材存在的问题提出意见和建议，帮助我们不断改进，不断完善。

高等学校智能科学与技术/人工智能专业教材编委会主任

陆建华

2021年元月

前言

FOREWORD

随着数据处理、互联网和人工智能技术的快速发展和迅速普及，当代计算机学科发生了深刻变化，即“以计算为中心”转变到“以数据为中心”。随着新一轮科技革命和产业变革深入推进，智能数据处理及分析技术在科学研究、工业生产、社会治理等领域中发挥着不可替代的作用，成为发展人工智能新质生产力的重要技术基础。同时，日益迫切的数据密集型科学研究、各行各业的数字化转型需求，也促进了数据库、数据科学、人工智能等围绕数据和知识两个要素快速发展、持续演进和交叉融合。

针对智能数据处理及分析任务的模型构建、算法设计、分析比较、编程实现能力，是计算机和电子信息类相关专业研究生及高年级本科生必备的重要能力，反映了学生解决复杂工程问题、建立有效解决方案、应用信息技术对实际问题进行建模和求解的必要素养。相关学科领域交叉渗透加剧，培育学生数据思维、算法思维、编程思维的要求日益提高，智能数据工程的内涵不断演进、外延日益丰富，相关课程具有较强的工程性，教学方式也逐步从“由原理到技术”向“原理与技术相协同”转变，对课程的教学内容和教学模式提出了新的要求。

培养学生解决复杂工程问题能力的迫切需求与智能数据工程相关课程的内容设置和教学模式之间，仍存在不同学习阶段知识点重复或不衔接，数据管理与组织、数据挖掘与分析、知识发现与推理的教学内容缺乏系统性，经典方法与前沿技术、理论模型与编程实践结合不紧密等问题。一方面，智能数据工程知识的学习，需要面向实际需求，从不同组织形式或不同模态数据的特点出发，掌握经典的模型和算法，把握其基本理念和求解问题的一般思路；另一方面，不同层次的读者，对智能数据工程知识的学习需求也有很大差异，并不存在通用的学习模式、面面俱到的学习内容、一成不变的学习方法，而模型理念、算法思想、技术步骤、实施路径，则是希望通过学习获得的精髓。

基于上述背景和目标，我们对前期出版的《数据工程》进行了大量更新和替换，构建了一系列支持“线下＋线上”教学的资源，完成了包括新内容、体现新理念的教材《智能数据工程》，既考虑了智能数据工程技术在经典和前沿两个方面内容的互补性，也考虑了在数据管理、数据挖掘和知识发现三个方面内容的完整性，介绍每部分内容的代表性技术。在每个知识点的阐述中，聚焦智能数据处理及分析任务，注重思路和技术框架的介绍、技术内涵和理念的传递。

本书以“数据管理-数据挖掘-知识发现”为主线，将智能数据处理及分析的理论方法与 Python 程序实现相结合，旨在构建智能数据工程“思想-模型-技术-实现”四位一体的知识学习框架，达到举一反三、触类旁通的效果，培养学生的数据思维、算法思维和编程思维。本书针对智能数据处理及分析的各类任务，给出问题背景、模型思想、核心算法，

FOREWORD

前言

注重数据与知识工程理念的传递，而不陷入技术的细节。

本书由数据管理篇、数据挖掘和智能分析篇、知识表示和知识推理篇三部分构成。

数据管理篇包括以下内容：第1章以基数估计为代表介绍关系数据库查询优化技术，第2章介绍经典信息检索模型和Web信息检索技术，第3章介绍数据仓库、数据湖和向量数据库这三种数据组织方式及相关技术。

数据挖掘和智能分析篇包括以下内容：第4章介绍高维数据的降维、分类和聚类挖掘技术，第5章围绕目标检测、图像分割和视频目标跟踪介绍视觉数据分析技术，第6章围绕语言模型、情感分析和机器翻译介绍文本数据分析技术，第7章围绕节点分类、链接预测和社区发现介绍图数据分析技术。

知识表示和知识推理篇包括以下内容：第8章介绍知识图谱构建、嵌入和推理技术，第9章介绍贝叶斯网构建和推理技术。

此外，作者开发了基于Git的在线编程平台和案例库（https://intelligent-data-engineering.github.io/），给出便于教师和学生使用的Python语言编写的在线案例（包括示例程序和自测练习），可供本书的读者免费使用，以作为本书内容的有益补充。本书提供用于教材内容展示的知识图谱，以及基于大模型的教材内容导航、知识总结和关联答疑系统，同时不断完善在线案例，希望能为使用本书的读者提供日益丰富的"赠品"。

在本书的策划和编写过程中，华东师范大学周傲英教授和钱卫宁教授、云南大学刘惟一教授提出了许多宝贵的意见和建议。清华大学出版社责任编辑张玥老师对本书的编辑出版工作给予了大力指导和支持，付出了辛勤的劳动。云南大学信息学院、云南省智能系统与计算重点实验室为本书的编写提供了良好的计算设备和工作环境，云南大学数据与知识工程课题组王笳辉老师、杨培忠老师、方岩老师和10余名研究生给予了很多有益的帮助。在此，谨向每一位关心和支持本书编写工作的人员表示衷心的感谢。

由于作者的知识和水平有限，对模型及算法的理解和观点不够全面，错误和疏漏之处在所难免，恳请各位专家和读者批评指正，以使本书不断改进。

作　者

2025年1月

目 录

CONTENTS

第1篇 数据管理篇

目录

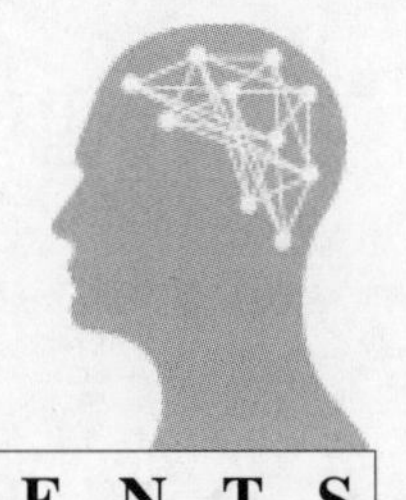

目 录

CONTENTS

CONTENTS 目录

第 3 篇 知识表示和知识推理篇

目　录

CONTENTS

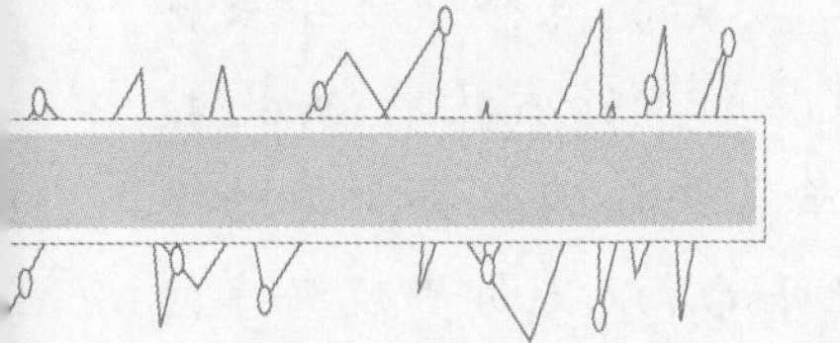

第 1 篇

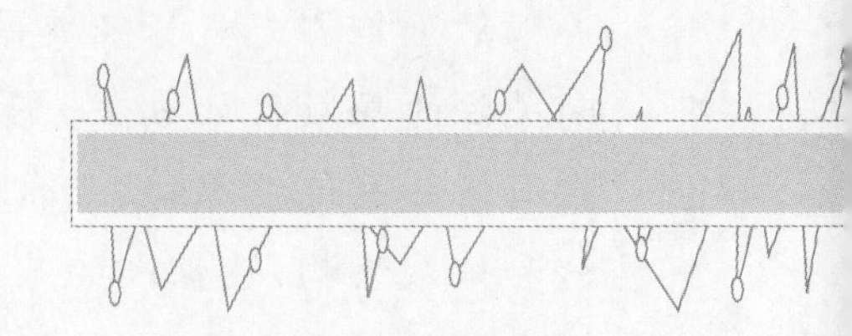

数据管理篇

基于关系模型的结构化数据存储、查询和优化，是经典数据管理技术中的重要内容。关系数据库的查询优化，是数据库物理设计、数据基础设施平台运维的重要任务，是数据管理领域中一个永恒的课题，在实际中发挥着不可取代的作用。随着数据量的快速增加、数据处理需求的日益丰富、数据处理性能要求的不断提升，数据库查询优化技术显得更加重要。面向查询优化的基数估计，一直是数据库领域学界和业界关注的重点。近年来，随着人工智能技术的快速发展和广泛应用，基于机器学习的基数估计成了研究的热点。

面向非结构化数据的建模、索引和搜索，是传统信息检索技术中的重要内容，随着互联网和 Web 2.0 的快速发展，信息检索这一历史悠久的学科已深度融入情报学、人工智能、语言学等多个学科，在人们的日常信息获取中发挥着不可替代的作用。以向量空间模型、倒排索引、网页去重和网页排序等为代表的信息检索技术，也是多个相关领域中许多新兴研究课题的重要基础。

随着数据采集和存储技术的快速发展、数据处理分析应用需求的不断变化，数据的组织架构也不断演进和发展。从传统关系数据库发展到数据仓库，将分析型数据从事务处理环境中提取出来并进行重组，旨在解决面向主题的联机分析处理任务；随着人工智能技术的快速发展和广泛应用，特别是深度学习推动了机器学习模型的复杂度和精度达到了前所未有的高度，对图像、音频、文本等非结构化数据进行特征提取，经过机器学习模型转换产生大量的向量数据，以存储处理人脸识别、图像检索、推荐系统和文本分析等应用中大规模向量数据为目标的向量数据库应运而生；相对结构化数据而言，半结构化、非结构化数据规模和类型迅速增加，为了满足企业的存储和分析需求，数据湖的概念被提出并得到广泛关注，旨在以原始数据格式接收和存储各种数据，并提供按需处理和分析数据的能力。

第1章首先概括经典的关系数据库查询优化技术，然后重点介绍近年来备受关注的基数估计方法。第2章介绍信息检索模型、文本信息检索技术、Web搜索引擎的关键技术，以及信息检索的评价指标。第3章首先介绍数据仓库的概念和体系结构，数据湖的基本原理、体系结构及代表性平台，以及向量数据库的概念和相关技术。这3章内容围绕数据管理的发展脉络介绍其基本概念和原理、经典方法和前沿技术，为读者深入学习当代数据管理技术提供参考。

第1章　关系数据库查询优化

1.1　关系数据库查询优化概述

数据库是计算机学科中理论与实际结合最紧密的领域，数据管理技术一直是信息系统开发和建设中的核心技术，也是大数据和人工智能研究及其应用的重要基础。从数据库的实际应用出发，性能调优一直是数据管理技术研究及数据库应用程序开发中备受关注的问题，数据查询和更新操作的性能是衡量数据库设计优劣的标准之一，查询优化(query optimization)是数据库物理设计的重要任务。随着数据量的快速增加、数据处理需求的日益丰富、数据处理性能要求的不断提升，数据库查询优化技术显得更加重要，其内涵日益丰富，是数据管理领域中一个永恒的课题。

查询优化是指通过对数据库查询过程中涉及的查询语句、数据库结构、索引设计、查询执行计划等方面进行调整和优化，减少查询所需的时间和资源消耗，使系统能够更快地响应用户请求，提高可伸缩性和可用性。查询优化涉及数据库设计和数据操作的许多方面，需要熟悉数据库的基本原理、具体的数据库产品、操作系统和应用需求。查询优化可采取多种手段实现，使用索引、数据库模式反规范化、物化视图、查询语句重写等，是经典的数据库查询优化技术，在实际工作中发挥着不可取代的作用。

1. 使用索引(index)

索引是对数据库表中一列或多列的值进行排序的结构，有助于更快地获取信息。索引提供指针，以指向存储在表中指定列的数据值，然后根据指定的次序对这些指针进行排列。基于索引提高数据查询操作的效率，建立在预处理时间和空间代价之上，以预处理的时间和空间开销来换取查询操作的高效性。研究人员可以根据数据规模和查询处理性能要求，围绕存储结构、基于索引的查询处理、索引维护这三方面构建合适的索引。例如，数据库中适用于范围查询的B+树索引、适用于等值查询的哈希索引等。而数据库管理系统则根据数据的使用模式、数据的查询语句、数据的存储代价等方面来检查新索引对查询性能的影响，从而选择合适的索引，提升查询效率。

2. 反规范化(de-normalization)

关系数据库的规范化消除了冗余数据和操作异常，降低了存储空间的开销，规范化关系模式上拥有更多的聚集索引，为查询优化提供了更大的灵活性。规范化的关系模式使得简单查询具有较高的执行效率，但查询执行过程中大量的连接操作使得复杂查询的执行效率较低。针对上述问题，反规范化通过合并初始规范化关系数据表，旨在减少数据库查询中连接操作的次数、减少磁盘 I/O。同时，反规范化也带来了数据的重复存储和更新异常，因此需设置批处理维护或触发器等数据完整性维护机制，以保证数据的同步和查询结果的正确性。

3. 物化视图(materialized view)

针对表连接或聚集等耗时较多且涉及数据量较大的操作，物化视图用于简化查询语句的书写，且预先计算并保存这类操作的结果，也就是将视图中的结构和数据存储为基本表，执行查询时可避免进行这些耗时的操作，从而快速得到结果。与索引类似，物化视图需要占用存储空间，当基本表发生变化时，物化视图也应保持同步。物化视图与索引和反规范化关系模式的使用原则类似，用户需权衡收益和代价而做出合理的设计方案。

4. 查询重写(query rewriting)

当一个查询的执行比预期慢得多时，可能是由于查询语句编写的问题，使得数据库管理系统没有找到一个较好的查询执行计划，所书写查询语句的好坏在很大程度上决定了查询执行的效率。以避免排序操作、避免不必要扫描、尽量不使用临时关系、尽量不使用 OR 操作等为代表，一些经验性的查询重写技术在保证查询执行结果不变、满足用户实际需求的前提下改写查询语句的形式，从而尽可能避免耗时操作的执行，减少无用扫描，有效利用相关列上的可用索引。

上述经典的查询优化技术广泛用于各类数据的处理与分析任务，在数据管理的应用开发中一直发挥着重要作用。减少查询所需的时间和资源消耗，是不同数据库查询优化技术的共同目标；不同查询计划的时间开销和查询的执行效率具有较大区别，数据库管理系统精确估计满足查询条件的记录数，也称基数(cardinality)，或估计表中满足查询条件的概率值，并根据估计的基数选择开销最小的最优查询计划。例如，根据基数结果选择合适的索引以加快查询处理。基数估计及相应的查询计划选择直接决定了查询的执行效率。面向数据库查询优化的基数估计一直是数据库领域的重要研究内容。

传统的基数估计方法通常依赖表和索引的统计信息，以及对数据分布的假设和推断，根据查询条件快速计算得到基数值。数据量的快速增加、数据处理需求的日益丰富、数据处理性能要求的不断提升，尤其是人工智能技术的迅速发展和广泛应用，给数据库的查询优化带来了新的机遇和挑战。近年来，研究人员将机器学习技术用于基数估计，提出了许多新的基数估计方法，成了近年来 AI4DB(artificial intelligence for databases)领域备受关注的研究热点。本章后续内容介绍基数估计的概念、传统基数估计方法、基于机器学习的基数估计方法，为读者学习数据库查询优化技术提供参考。

1.2 基数估计

1.2.1 基数估计概述

在数据库查询优化中，查询优化器(query optimizer)专注于优化查询操作的执行计划，以提高查询性能。具体来说，查询优化器的工作分为两个阶段，如图 1.1 所示，第一阶段通过动态规划等搜索策略尽可能探索所有可执行的查询计划；第二阶段通过成本估计模型(cost model)和规模分布估计器(size-distribution estimator)对成本进行估计，以选择花费

时间最少的查询计划。其中，成本估计模型用于评估每个可能的执行计划的代价(例如CPU 成本和 I/O 成本等)，规模分布估计器用于估计查询中涉及的数据对象的大小分布情况(例如表的行数、索引的大小等)。

例 1.1　对于一个包含 2 个属性 A_1 和 A_2 的表 t，表中共有 50 条记录，有 2 条记录满足 $A_1=a$，30 条记录满足 $A_2=b$，有查询 SELECT * FROM t WHERE $A_1=a$ AND $A_2=b$。

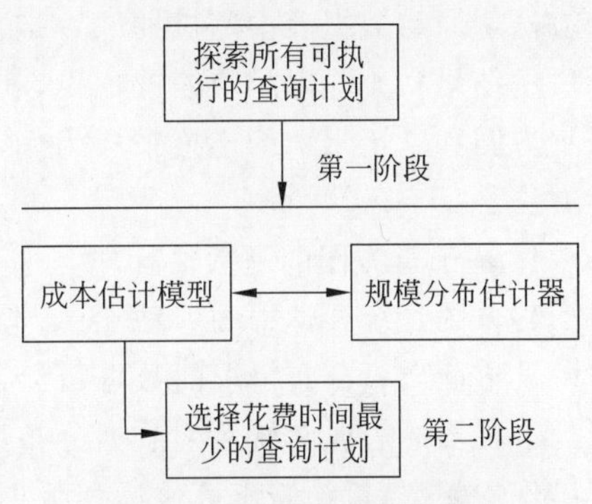

图 1.1　查询优化器工作流程

第一阶段有两种可执行的查询计划，第一种是先筛选满足 A_2 条件的记录，再筛选满足 A_1 条件的记录；第二种是先筛选满足 A_1 条件的记录，再筛选满足 A_2 条件的记录。找出这两个可执行的查询计划是查询优化器第一阶段的任务，从这两个可执行计划中挑选出开销最小的计划是第二阶段的任务。

第二阶段通过规模分布估计器得到满足 A_2 属性的记录大概有 32 条，满足 A_1 属性的记录大概有 3 条，再根据成本估计模型可知，第一个查询计划需要通过索引找到并遍历 30 条记录，找到满足 $A_1=a$ 的记录，而第二个查询计划只需遍历 2 条记录来找到满足 $A_2=b$ 的记录，所花费的时间开销低于第一个。

可见，不同查询计划的时间开销和查询的执行效率具有较大区别。在上述例子中，得到满足查询条件的记录数即为基数估计(cardinality estimation)的任务。基数也称势，是指一个数据集合中不重复元素的个数，例如，集合{1,2,3,2,1}包含 5 个元素，其基数为 3。基数估计或势估计，是指估计一个集合中不重复元素的个数，在关系数据库的查询优化中特指估计满足查询条件的记录数。对于包含 m 个属性$\{A_1,A_2,\cdots,A_m\}$的表 t 和 $l(l\geqslant 1)$个查询条件的查询 SELECT * FROM t WHERE θ_1 AND θ_2 AND…AND θ_l，其中，查询条件 $\theta_i(1\leqslant i\leqslant l)$是形如 $A_1=1$ 或 $2<A_1<3$ 等的查询条件，基数估计的目标是估计表 t 中满足查询条件的记录个数，也称为实际基数。一个与之等价的问题是选择性估计(selectivity estimation)，旨在估计表 t 中的记录满足查询条件的概率，将该概率值乘以表 t 中的总记录数，可得到基数估计值。估计表中满足查询条件的概率值是基数估计的关键和难点，直接决定了基数估计的精度和查询的执行效率。

基数估计可分为传统基数估计法和基于机器学习的基数估计法。传统基数估计方法通常依赖于表和索引的统计信息，以及对数据分布的假设和推断，根据查询条件快速计算得到基数估计值，包括基于概要(synopsis)和基于采样(sampling)两种方法。近年来，机器学习技术在海量数据挖掘和未知数据预测方面取得了良好的表现，也被广泛用于基数估计，研究人员提出了许多基于机器学习的基数估计方法。

1.2.2　传统基数估计

基于概要的基数估计方法预先收集数据库的一些统计信息，并基于独立性等简单假设，能方便快速地计算查询基数，其代表为基于直方图(histogram)的基数估计方法，该方法通过目标列统计信息来估计表中满足查询条件的记录数。针对目标列数据分布质量情况的不

同，可将直方图分为频率直方图（frequency histogram）、顶频直方图（top frequency histogram）、高度均衡直方图（height balanced histogram）和混合直方图（hybrid histogram）这4种类型，不同类型的直方图适用于具有不同分布特征的目标列的基数估计。基于采样的方法从原始数据表中随机抽取一定比例或一定数量的记录，最终根据在采样集上执行查询后的结果大小除以相应缩放比例，就可得到查询在原数据库的基数估计结果。下面分别以直方图和基于索引的连接采样为例，介绍基于概要的基数估计方法和基于采样的基数估计方法。

1. 基于直方图的基数估计

直方图是统计学中的一种工具，常用于管理数据在某方面质量的情况，通过收集被管理对象某方面质量分布情况的数据可绘制出相应的直方图。从数据管理的角度看，直方图可视为一种描述表或其属性列数据分布质量情况的工具，根据目标列所含不同取值的数目及其出现的频数，可绘制出该目标列数据分布质量情况的直方图。通过直方图可显著提升数据库在执行查询语句时的效率和查询结果的准确率。

基于直方图的基数估计方法，通常采用频率直方图、顶频直方图、高度均衡直方图和混合直方图这4类。一般情况下，查询优化器会认为目标列的不同取值满足均匀分布。若目标列数据的真实分布为均匀分布，则计算获得的基数估计值较准确；若目标列中存在小部分分量的频数远高于其他部分分量的频数，说明该目标列存在数据倾斜现象，此时若仍采用处理均匀分布目标列的基数估计方法，会导致最终计算出的基数估计值存在一定偏差，进而影响后续所选择的查询计划。

由于不同数据库中各列的数据分布质量情况在不同领域、不同场合中存在一定差异，为了有效提高查询执行效率和查询结果的准确性，可根据事先统计收集的不同取值数目（number distinct values，NDV）、存储桶数目（number of buckets）b、内部百分比阈值（internal percentage threshold）和估计百分比（estimate percent）这4个参数值选出用于基数估计的最佳直方图类型，流程如图1.2所示。

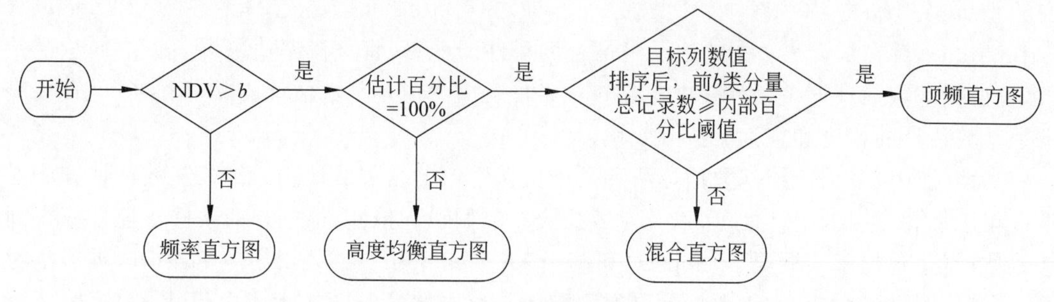

图1.2 直方图类型选择

1）不同取值数目

表示所统计目标列中不同取值的个数。一般而言，数据库中每创建一个表，均需设置键，也称码（Key）属性，用于唯一标识表中任意一条记录，因此主键列的基数与表中记录总数相同。若该目标列为非主键列，则需遍历目标列的全部分量，进而得到不同取值的数目。例如，某目标列仅有“男”和“女”两种取值，则该列不同取值的个数为2。

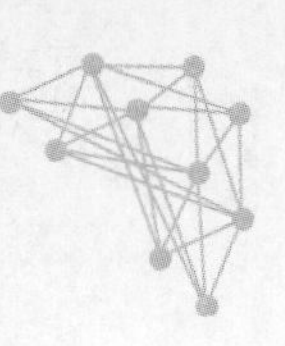

2）存储桶数目

直方图由多个存储桶组成，可将目标列的数据划分到不同桶中进行分类统计。基于直方图的基数估计方法往往通过存储桶来获得目标列直方图的统计信息，存储桶数目表示在收集目标列直方图的统计信息时目标列数据可划分的块数。

3）内部百分比阈值

用于选择不同类型的直方图，在已知存储桶数目为 $b(b>0)$ 时，内部百分比阈值定义为 $\left(1-\frac{1}{b}\right)\times 100\%$。当存储桶中所存储的记录数不小于内部百分比阈值时，选择顶频直方图；当存储桶中所存储的记录数小于内部百分比阈值时，选择混合直方图。

4）估计百分比

表示在目标列中用于统计分析的记录占所有记录的百分比，存在以下两种情况：一是估计百分比为100%，表示选取目标列所存储的全部记录用于统计分析，该方式的目标列统计信息质量最高，但由于需对目标列对应的全部数据进行统计分析，效率较低；二是估计百分比小于100%，表示选取目标列所存储的部分记录用于统计分析。用户可根据需求调节估计百分比的大小，提升目标列统计信息质量，让查询优化器所选择的查询计划较优。

不同类型的直方图对应不同的基数估计方法。直方图的存储桶可根据端点数（endpoint number）和端点值（endpoint value）两个指标进行描述，端点数与端点值在不同类型直方图中所表示的含义存在一定差异，在后续内容中分别介绍其含义。目标列中的分量值可根据端点数和端点值分为流行值（popular value）与非流行值（nonpopular value）两种类型，在不同类型的频率直方图中，基数估计的计算方式取决于不同的分量值类型。

1）基于频率直方图的基数估计

频率直方图适用于目标列中不同取值的数目小于所设定存储桶数目 $b(b>0)$ 的情况。目标列中的相同分量值会在同一个存储桶中进行统计，因此，频率直方图可直观地描述目标列不同取值的个数及其所占该目标列的比例。端点值表示存储桶取值范围的最大值；端点数表示存储桶及之前存储桶中所存储目标列的总记录数，各存储桶对应的目标列分量值出现的频数等于该存储桶端点数与其相邻的前一个存储桶端点数的差值。例如，第 i 个存储桶的端点数为 n_i，第 $i+1$ 个存储桶的端点数为 n_{i+1}，则第 $i+1$ 个存储桶对应的目标列分量值所出现的频数为 $n_{i+1}-n_i$。若 $n_{i+1}-n_i=1$，则说明第 $i+1$ 个存储桶对应的目标列分量值为非流行值；若 $n_{i+1}-n_i>1$，则说明第 $i+1$ 个存储桶对应的目标列分量值为流行值。基于频率直方图的流行值与非流行值的基数估计计算方式相同。

根据查询条件的不同，基于频率直方图的基数估计可分为以下两种类型。

（1）等值查询。当给定的查询条件为等值查询时，基数估计值为查询分量值出现的频数。

（2）范围查询。当给定的查询条件为范围查询时，基数估计为查询范围内各分量值出现的频数之和。

例1.2 根据表1.1中学生选课表SC(<u>Sno</u>,Sclass)的Sclass属性列构建存储桶数目为5的频率直方图，并使用构建的频率直方图估计选择“算法设计”课程的总人数。

表 1.1 SC 选课表

Sno	Sclass	Sno	Sclass
1	算法设计	9	数据结构
2	数据结构	10	离散数学
3	离散数学	11	数字电路
4	数字电路	12	算法设计
5	线性代数	13	算法设计
6	算法设计	14	数据结构
7	算法设计	15	算法设计
8	数据结构	16	数字电路

查询语句为 SELECT COUNT(*)FROM SC WHERE Sclass='算法设计'。Sclass 目标列中不同取值的个数为 5,即该目标列中不同取值个数与所设定存储桶个数相等,目标列的不同取值与存储桶形成一一对应关系,如图 1.3 所示。WHERE 子句中所使用的查询条件为等值查询且目标列分量值为"算法设计",因此,该查询语句的基数估计值为存储"算法设计"所在存储桶的端点数与前一个存储桶端点数的差值,即 16−10=6。需要说明的是,第一个存储桶端点值所在目标列实际出现的频数即为存储桶的端点数本身,无须再做减法运算。

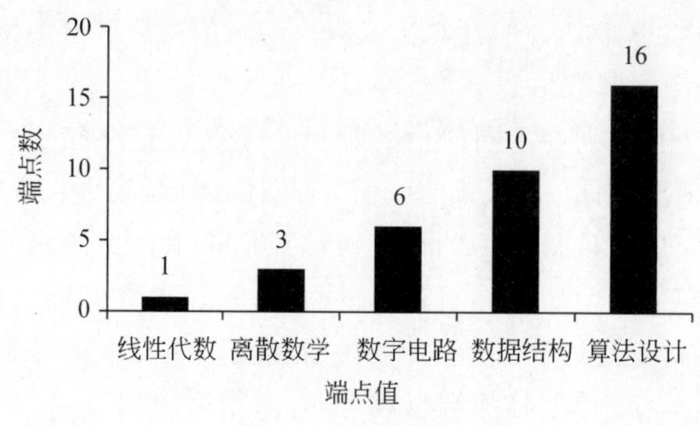

图 1.3 频率直方图

2) 基于顶频直方图的基数估计

顶频直方图本质上是频率直方图的变体,适用于目标列中不同取值的个数大于所设定存储桶个数 b 的情况。一般情况下,当对目标列数据按出现频率进行排序后,对于前 b 个目标列分量值,要求其记录数之和与目标列总记录数的占比大于内部百分比阈值;位于 b 之后的目标列分量将不会在顶频直方图中进行统计。因此,顶频直方图在进行信息统计时未选择目标列的全部记录,其估计百分比小于 100%。在顶频直方图中,其端点数和端点值的含义与频率直方图相同,被选择的目标列分量值视为流行值,未被选择的目标列分量值视为非流行值。当查询语句所使用的目标列分量值为流行值时,其计算方法与频率直方图相同;当查询语句所使用的目标列分量值为非流行值时,需引入密度变量 ds($0<ds\leqslant 1$),若目标列总

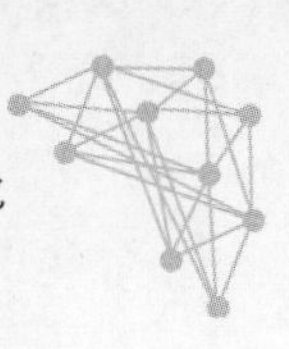

记录数 $N(N>0)$、目标列中为空值的记录数 $r(r\geqslant 0)$ 及不同取值的个数 NDV(NDV>0)均已知时，ds 可定义为$\frac{1}{\text{NDV}}$，基于顶频直方图的基数估计值计算公式为$(N-r)\times\frac{1}{\text{NDV}}$。

例 1.3 对于例 1.1 中的选课表 SC(<u>Sno</u>,Sclass)，根据 Sclass 属性列构建存储桶数目为 4 的顶频直方图，并使用构建的顶频直方图估计选择“算法设计”课程的总人数。

查询语句为 SELECT COUNT(*)FROM SC WHERE Sclass='算法设计'。Sclass 目标列中不同取值的个数为 5，即目标列不同取值个数大于所设定存储桶的个数，该目标列内部百分比阈值为$\left(1-\frac{1}{4}\right)=75\%$，对于排序后的前 4 类分量值的总记录占比为$\frac{15}{16}=93.75\%$，大于内部百分比阈值，因此可使用顶频直方图进行基数估计，Sclass 列的顶频直方图如图 1.4 所示。目标列中各分量值类型如表 1.2 所示。该查询语句的 WHERE 子句中所使用的目标列分量为“算法设计”，且该分量为流行值。因此，该查询语句的基数估计值为存储“算法设计”所在存储桶端点数与前一个存储桶端点数的差值，即 15－9＝6。

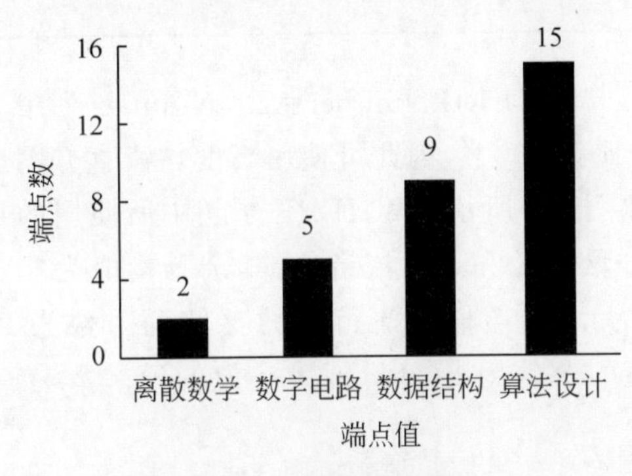

图 1.4 顶频直方图

表 1.2 顶频直方图分析结果表

Sclass	流行值	非流行值
算法设计	√	×
数据结构	√	×
数字电路	√	×
离散数学	√	×
线性代数	×	√

3）基于高度均衡直方图的基数估计

高度均衡直方图本质上是对目标列数据排序后将记录平均分配到可使用的存储桶，并尽可能使各存储桶中所分配的记录数相等。高度均衡直方图适用于目标列不同取值个数大于所设定存储桶个数且估计百分比等于100%的情况。在高度均衡直方图中，端点数表示存储桶的编号，例如，若设定可使用存储桶的个数为 b，则该高度均衡直方图的端点数将从 1 开始依次排序至 b，且第一个存储桶的端点值表示目标列分量的最小值，其余存储桶的端点值表示存储桶中所存储分量的最大值。在高度均衡直方图中，由于需将目标列的记录平均分配到各存储桶中，因此可能出现不同存储桶的端点值为同一分量的情况。若目标列分量作为存储桶端点值所出现的次数大于 1，则说明该分量值为流行值，反之为非流行值。可通过判断查询语句中所使用的目标列分量值类型确定基数估计值的计算公式，具体如下。

当查询的目标列分量值为流行值时，且目标列的总记录数 N、存储桶的个数 b、目标列中为空值的记录数 r、该流行值在存储桶中以端点值出现的次数 $k(k>1)$ 均已知的情况下，密度变量 ds 定义为$\frac{k}{b}$，基数估计值定义为$(N-r)\times\text{ds}$。

当查询的目标列分量值为非流行值时，且目标列的总记录数 N、存储桶的个数 b，流行

值在存储桶中以端点值出现的次数 k、流行值的个数 $a(a\geqslant 0)$、目标列中为空值的记录数 r，目标列中不同取值的个数 NDV 均已知的情况下，密度变量 ds 定义为$\frac{b-k}{b}\times\frac{1}{\mathrm{NDV}-a}$，基数估计值定义为$(N-r)\times\mathrm{ds}$。

例 1.4 若表中属性列 Number 的取值为 1～8，共有 30 条记录，该列各分量值统计信息如表 1.3 所示。根据 Number 列的信息构建存储桶数目为 7 的高度均衡直方图，并使用构建的高度均衡直方图估计数字“2”出现的次数。

表 1.3 Number 列的统计信息

Number	Count(*)	Number	Count(*)
1	1	5	5
2	4	6	7
3	2	7	4
4	2	8	5

查询语句为 SELECT COUNT(*)FROM DT WHERE Number=2。Number 列中不同取值个数大于所设定存储桶的个数且估计百分比为 100%，因此可使用高度均衡直方图进行基数估计，Number 列对应的高度均衡直方图如图 1.5 所示。WHERE 子句中所使用的目标列分量值为 2，由图 1.5 可知，Number 列中仅分量值 6 和 8 为流行值，其余分量值为非流行值，因此需计算密度变量。已知存储桶个数为 7，端点值为流行值的存储桶个数为 2，Number 列不同取值的个数为 8，分量值为流行值的个数为 2，分量值为空值的记录数为 0，可计算密度变量为$\frac{7-4}{7}\times\frac{1}{8-2}\approx 0.07$，基数估计值为 $30\times 0.07\approx 2$。

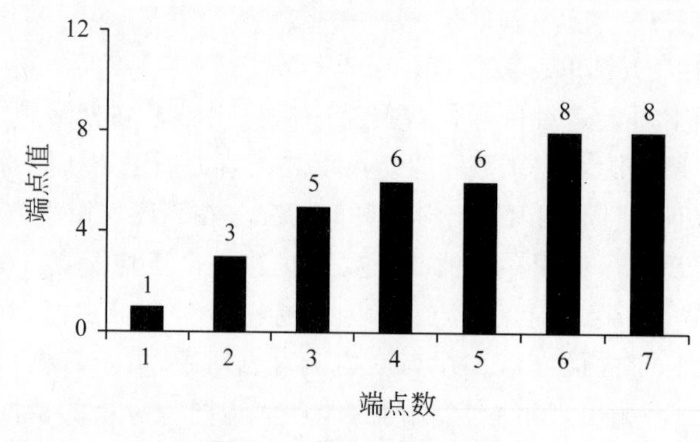

图 1.5 高度均衡直方图

4）基于混合直方图的基数估计

频率直方图中估计百分比为 100%，在分析目标列的数据分布质量情况时效率较低，且未忽略统计过程中无关紧要的非流行值。高度均衡直方图将目标列的总记录平均分配到各存储桶中，可能存在目标列中的某一分量存储在两个存储桶中的情况，但该分量值仅为其中一个存储桶的端点值，后续又基于非流行值进行基数估计，从而使计算结果存在一定误差。可使用混合直方图克服频率直方图和高度均衡直方图存在的上述问题。

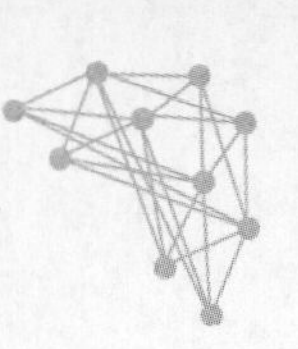

混合直方图本质上结合了频率直方图和高度均衡直方图的优点，其端点值表示存储桶中所存储全部分量值中的最大值，端点数表示存储桶及之前存储桶中所存储目标列的总记录数。具体而言，设混合直方图的存储桶个数为 b，估计百分比小于 100%，且对目标列分量按值的大小进行排序后，选择总记录数占比小于内部百分比阈值的前 b 个分量值；可忽略无关紧要的非流行值，进一步优化流行值的直方图。混合直方图首先将所选择的记录平均分配到各存储桶中，然后对存储桶中所存储的记录数进行调整，当某个存储桶的端点值与其相邻的下一存储桶所存储的最小分量值相同时，则将相邻的下一个存储桶中的最小分量值移动到当前存储桶，尽可能确保目标列各分量的值仅出现在唯一一个存储桶中。

混合直方图的流行值为各存储桶的端点值，非流行值为未成为存储桶端点值的其余分量值。为了更高效地计算流行值的基数估计值，通常会增加一个用于记录端点值重复次数(endpoint repeat count)的指标。当查询的目标列分量值为流行值时，基数估计值为所对应存储桶端点值的重复次数。当查询的目标列分量值为非流行值时，其计算方法与高度均衡直方图相同。

例 1.5　根据表 1.3 中 Number 列的统计信息构建存储桶数目为 4 的混合直方图，并使用构建的混合直方图估计数字“7”出现的次数。

查询语句为 SELECT COUNT(*)FROM DT WHERE Number＝7。已知存储桶个数为 4，可计算得到内部百分比阈值为 $\left(1-\frac{1}{4}\right)\times 100\%=75\%$，频数最高的前 4 个分量值的记录在所有记录中的占比为 $\frac{7+5+5+4}{30}=70\%$，小于内部百分比阈值，因此可选择混合直方图进行基数估计，该目标列的混合直方图如图 1.6 所示。查询语句中所使用的目标列分量值为 7，该分量值为流行值，因此基数估计值等于对应存储桶端点值的重复次数 4。

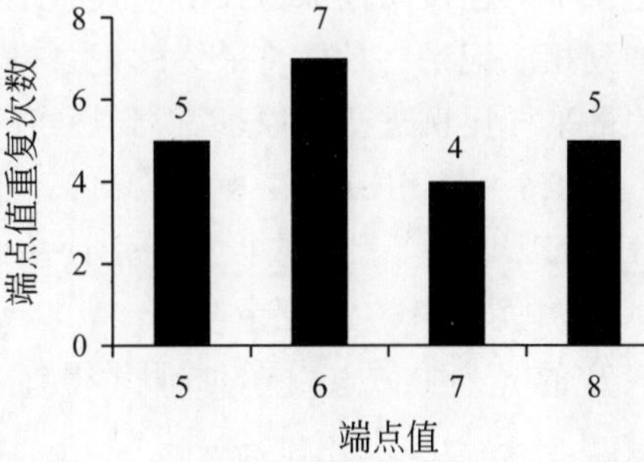

图 1.6　混合直方图

2. 基于采样的基数估计

基于采样的基数估计使用采样算法对查询数据进行缩放，通过对摘要信息进行连接和筛选得到采样基数值，再按缩放比例还原出原始数据的基数值。例如，在表 t 中随机采样 100 条记录，遍历查询符合查询条件的记录数，假如有 5 条，那么符合查询条件的概率为 $\frac{5}{100}$，若表 t 包含 1 000 000 条记录，那么基数估计的结果为 $\frac{5}{100}\times 1\,000\,000=50\,000$。以上过程是不包含连接操作的单表基数估计，实际中针对多表连接情形下的基数估计，需在所有连接表中分别采样，将各表采样得到的记录进行连接，再进行属性筛选并除以缩放比例，从而得到连接表的基数估计值，计算过程如图 1.7 所示，其中灰色圆形表示采样后的记录。

上述简单采样方法需采样到大量中间结果并进行连接，若采样量少，很可能出现连接结果为空的情况，在实际中并不适用。当前较为成熟的基于采样的基数估计方法是基于索引的连接采样方法(index-based join sampling)。在处理多表连接查询的基数估计问题时，首

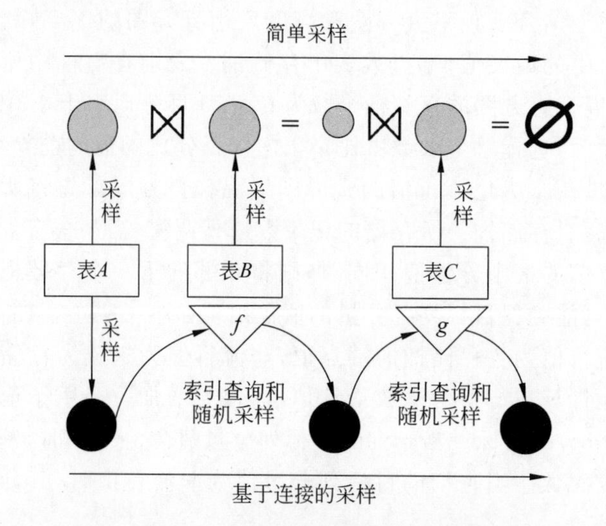

图 1.7　基于采样的基数估计过程

先对一个包含查询列的表按照预先设定的采样比例进行采样，根据查询条件筛选采样记录，得到符合查询条件的记录。接着根据记录中连接属性的取值在相应表中进行索引查询，再对查询结果记录进行编号（$1 \sim m_i$，$1 \leqslant i \leqslant |T|$），并从中采样 n_i 条记录作为中间结果，从而避免了简单采样方法中连接结果为空的情形，其中 $|T|$ 为数据库中表的个数。然后根据 n_i 条记录中的连接属性取值在对应连接表中进行索引查询和采样，直至在最后一张连接表上查询到相应记录。最后将最终的记录数除以每张连接表上的缩放比例 n_i/m_i，再根据第一张表的采样比例进行还原，以得到最终的基数估计值。

例 1.6　为 SELECT * FROM(A JOIN B ON $A.h=B.f$) JOIN C ON $B.f=C.g$ WHERE $A.x=1$ 三表连接查询估计基数值。表 A 包含 1 000 000 条记录，首先根据设定的比例，从中采样 100 条记录，符合 $A.x=1$ 的有 4 条，根据 A 中这 4 条记录连接键 h 的取值在表 B 的 f 列上做索引查询，假设得到 15 条记录。若 $n_1=4$，对 B 中的查询记录进行编号，并随机采样 4 次，缩放比例为$\frac{4}{15}$，采样过程如图 1.8 所示。根据 B 中这 4 条记录连接键 f 的取值在表 C 的 g 列进行索引查询，假设得到 10 条记录。若 $n_2=2$，对 B 中的查询记录进行编号，并随机采样 2 次，得到相应的查询记录，缩放比例为$\frac{2}{10}$，则实际的基数估计值为 $2\times\frac{10}{2}\times\frac{15}{4}\times\frac{1\ 000\ 000}{100}=375\ 000$。

1.2.3　基于机器学习的基数估计

基于机器学习的基数估计方法可分为查询驱动(query driven)和数据驱动(data driven)两类。查询驱动的方法以历史查询记录作为数据来源，使用回归(regression)和神经网络(neural network)模型，通过构建输入为查询、输出为实际基数的模型来实现基数估计。如图 1.9 所示，在模型训练阶段，首先构建一个查询的集合，将每个查询通过特征提取转换为特征向量，然后通过实际运行每个查询来得到对应的实际基数，从而得到〈特征向量，实际基

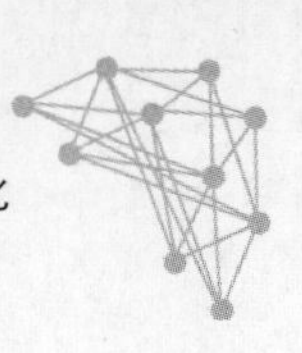

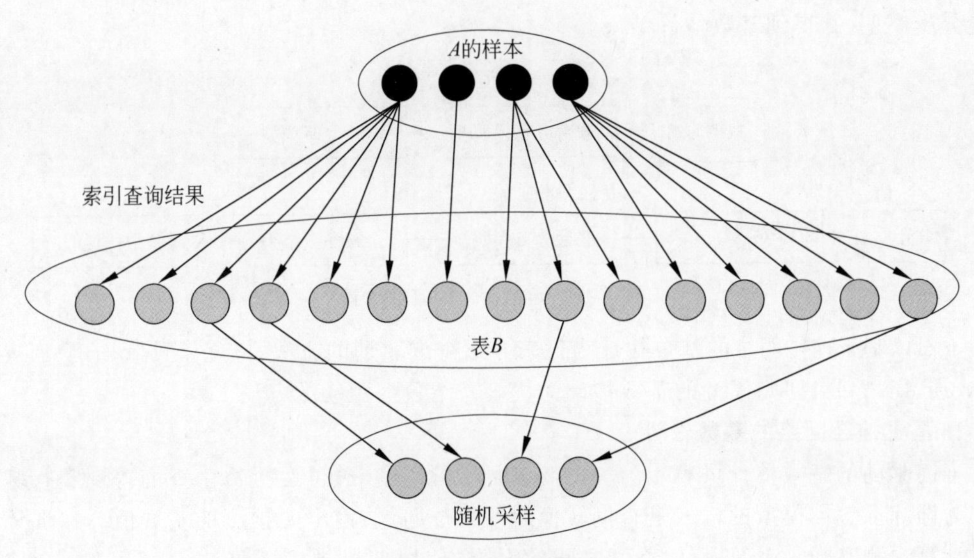

图 1.8　连接采样过程

数〉的数据集合，最后将数据集合输入回归模型进行训练；在模型的预测阶段（即实际进行基数估计的阶段），将查询转换为特征向量，并输入训练好的模型，即可得到基数估计的结果。

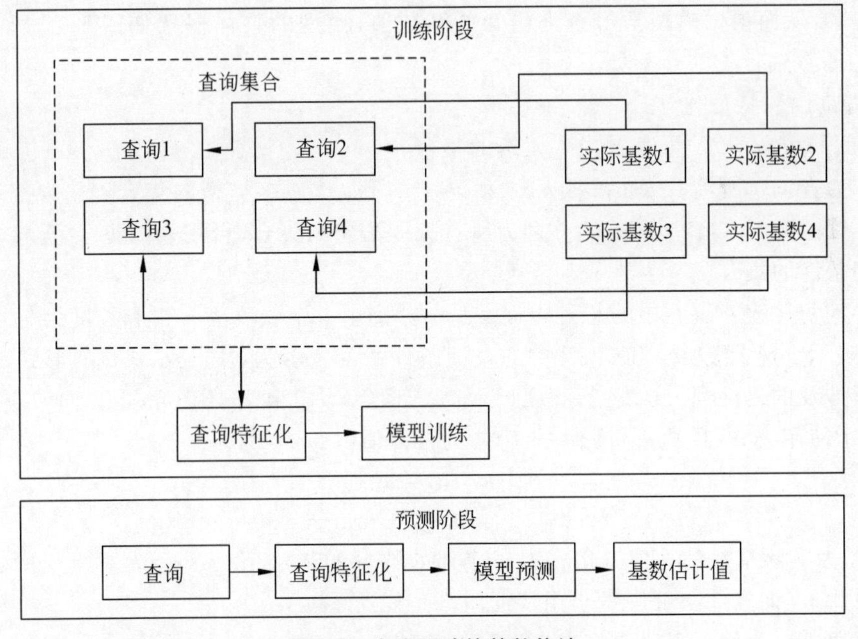

图 1.9　查询驱动的基数估计

数据驱动的方法以数据库中的原始数据记录作为主要数据来源，考虑选择性估计问题，目标是直接从数据中构建列的联合分布，使用概率图模型（probabilistic graph model）和自回归模型（autoregressive model）构建联合分布模型，然后利用联合分布计算满足查询条件的概率。数据驱动的方法也包括训练和预测两个阶段，如图 1.10 所示。训练阶段将数据标准化，用于训练联合分布模型；预测阶段将给定查询转换为一个或多个请求，输入训练好的联合分步模型，并得到基数估计结果。

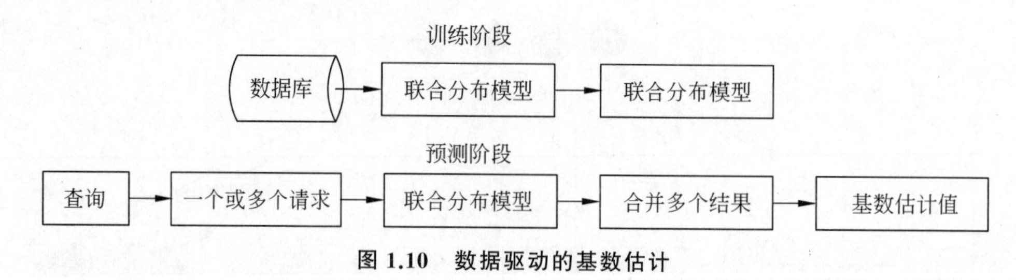

图 1.10　数据驱动的基数估计

下面以基于神经网络的基数估计为代表介绍查询驱动的方法，以基于贝叶斯网(Bayesian network，BN)和自回归模型的基数估计为代表介绍数据驱动的方法。

1. 基于神经网络的基数估计

查询驱动的基数估计可表示为一个有监督学习问题，通过运行每个查询得到实际基数，并作为训练标签。模型的输入是查询转换后的特征向量，输出是预测的基数值。在训练时，通过计算预测基数值和实际基数值之间的误差，使用随机梯度下降法(stochastic gradient descent，SGD)学习模型参数。

多集合卷积神经网络(multi-set convolutional network，MSCN)是一种基于神经网络的基数估计模型，该网络由多个神经网络堆叠而成，能分别学习表数据、连接类型和查询条件之间的关系，从而根据模型学习查询语句的基数值，模型的整体框架如图 1.11 所示。基于 MSCN 的基数估计方法步骤如下。

1）查询语句特征化

查询语句 $q(q\in Q)$ 可表示为三元组的集合 $q=(\langle T_q,J_q,C_q\rangle \mid T_q\in T,J_q\in J,C_q\in C)$。其中，$T_q$ 为查询 q 所涉及表的集合，J_q 为查询 q 所涉及连接类型的集合，C_q 为查询 q 所涉及查询条件的集合，Q、T、J 和 C 分别为所有查询语句的集合、可用表的集合、连接类型的集合和查询条件的集合。

T 中的每张表 t 和 J 中的每种查询类型 j 分别由一个长度为 $|T|$ 和长度为 $|J|$ 的 One-hot 向量表示，分别记为 $\boldsymbol{v}_t$ 和 $\boldsymbol{v}_j$；C 中的查询条件 c 可表示为(col，op，val)的形式，其中，col 表示 q 所涉及的属性列，op 表示 q 所涉及的运算类型，col 和 op 用 One-hot 向量表示；val$\in[0,1]$表示使用公式(1-1)进行归一化后 q 的条件值。

$$\mathrm{val}=\frac{\mathrm{val}_0-\min_{\mathrm{val}}}{\max_{\mathrm{val}}-\min_{\mathrm{val}}} \tag{1-1}$$

其中，val_0 为实际基数估计值，$\min_{\mathrm{val}}$ 为对应列的数据的最小值，$\max_{\mathrm{val}}$ 为对应列的数据的最大值。因此，查询条件 c 可进一步用特征向量 $\boldsymbol{v}_c$ 表示。

下面通过一个例子来说明将查询 q 转换为特征向量的过程。

例 1.7　学生表 Student 和课程表 Class 分别如表 1.4 和表 1.5 所示。数据库中连接类型包括内连接(inner join)、左连接(left join)、右连接(right join)和 WHERE 子句，运算类型包括“>”、“<”和“=”。给定两个表上的查询 SELECT COUNT(*)FROM Student S, Class C WHERE S.s_id=2 AND C.c_id>1，根据 MSCN 的输入规则，将该查询语句转换为特征向量的形式。

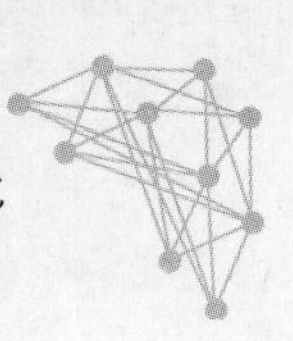

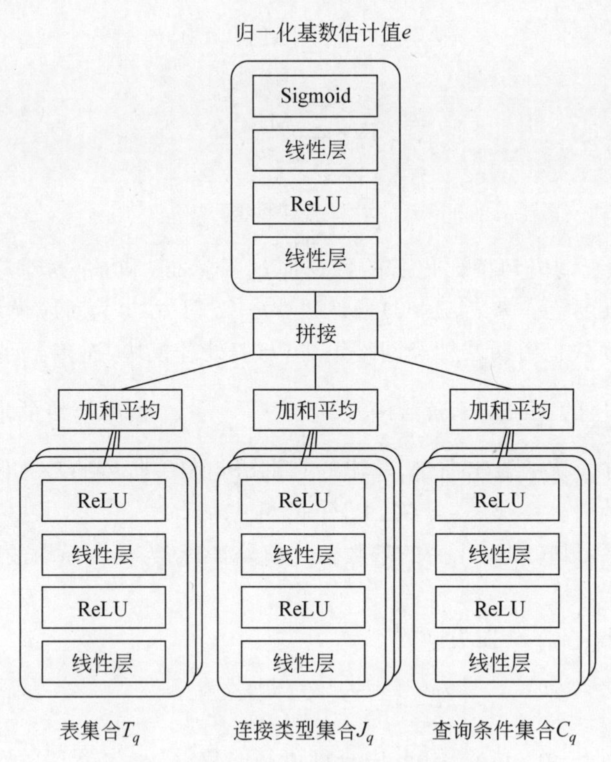

图 1.11　多集合卷积神经网络模型架构

表 1.4　学生表

s_id	name	sex
1	张三	男
2	李四	女
3	王五	男
4	陈六	男

表 1.5　课程表

c_id	s_id	name
1	1	高等数学
2	2	离散数学
3	3	数据库
4	2	线性代数

可用表的个数为 2，则 Student 表和 Class 表分别可用 One-hot 向量表示为[01]和[10]，即 $T_q=\{[01],[10]\}$；连接类型共 4 类，WHERE 子句可表示为[1000]，即 $J_q=\{[1000]\}$；Student 表和 Class 表均有 3 列，学生表涉及第 1 列数据可表示为[001]，运算类型为"＝"可表示为[100]，归一化后的条件值为$\frac{2-1}{6-1}=0.2$，则查询条件表示为[0011000.2]；同理，Class 表的查询条件可表示为[0010010.0]，即查询条件 $C_q=\{[0011000.2],[0010010.0]\}$。

2）模型结构构建

在 MSCN 中，表数据、连接类型和查询条件分别由不同模块处理，每个模块的输入为查询语句特征化后的特征向量，输出为更深层的特征表示。每个模块由两层神经网络组成，使用的 ReLU 激活函数为 $\max(0,x)$。表处理模块、连接类型处理模块和查询条件处理模块输出的特征向量经加和平均后得到相应的最终表示，描述如下。

$$w_T = \frac{1}{|T_q|}\sum_{t \in T_q} \mathrm{MLP}_T(\boldsymbol{v}_t) \tag{1-2}$$

$$w_J = \frac{1}{|J_q|}\sum_{j \in J_q} \mathrm{MLP}_J(\boldsymbol{v}_j) \tag{1-3}$$

$$w_C = \frac{1}{|C_q|}\sum_{c \in C_q} \mathrm{MLP}_C(\boldsymbol{v}_c) \tag{1-4}$$

其中，$\boldsymbol{v}_t$、$\boldsymbol{v}_j$ 和 $\boldsymbol{v}_c$ 为查询语句特征化后的特征向量，$\boldsymbol{w}_T$、$\boldsymbol{w}_J$ 和 $\boldsymbol{w}_C$ 为对应模块的输出向量，各模块输出向量的维度统一为 $d(d>0)$，$\mathrm{MLP}_i(i\in[T,J,C])$为对应模块的神经网络。

MSCN 的预测模块也由两层神经网络组成，与表处理模块、连接类型处理模块等不同的是，输出模块最后一层的 Sigmoid 激活函数为$\frac{1}{1+\exp(x)}$。预测模块的输入为表模块、连接类型模块和查询条件模块的输出向量，输出为查询语句归一化后的基数估计值，表示如下。

$$e = \mathrm{MLP}_O([\boldsymbol{w}_T, \boldsymbol{w}_J, \boldsymbol{w}_C]) \tag{1-5}$$

其中，$e\in[0,1]$为查询语句归一化后的基数估计值，MLP_O 为预测模块的神经网络。

3）损失函数定义

MSCN 采用如下 q-error 损失函数。

$$L = \frac{1}{\mathrm{bs}}\sum_{i=1}^{\mathrm{bs}} \frac{\max(e_i, r_i)}{\min(e_i, r_i)} \tag{1-6}$$

其中，bs 为训练模型时一个 mini-batch 中查询语句的数量，e_i 为第 i 个查询语句的预测归一化基数估计值，r_i 为第 i 个查询语句的实际归一化基数估计值，r_i 可通过如下公式计算得到。

$$r_i = \frac{\log(r'_i)}{\log(\max')} \tag{1-7}$$

其中，r'_i为第 i 个查询语句的实际基数估计值，$\max'$为训练数据中最大的实际基数估计值。

4）模型训练

使用梯度下降法的 MSCN 训练过程包括前向传播和反向传播两个部分，前向传播将特征化后的查询和实际归一化基数值作为输入，利用式(1-5)得到预测的基数估计值；反向传播先利用式(1-6)计算损失函数值，再计算权重矩阵的梯度，最后基于梯度更新权重。

算法 1.1 给出 MSCN 的训练方法，时间复杂度为 $O(N\times \mathrm{bs})$，其中，N 为算法的总迭代次数。

算法 1.1　MSCN 的训练

输入：

Q：查询集合；$\eta(0<\eta<1)$：学习率；bs：batch-size 大小；N：总迭代次数

输出：

$\boldsymbol{W}$：MSCN 模型权重矩阵

步骤：

1. For Each q In Q Do
2. 　$\boldsymbol{T}_q, \boldsymbol{J}_q, \boldsymbol{C}_q \leftarrow f(q)$　　//将查询语句转换为特征向量表示
3. 　$r_q \leftarrow g(q)$　　//计算查询语句的实际归一化基数估计值

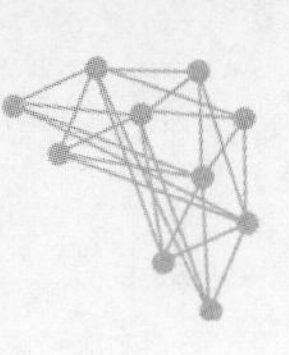

4.　$D.\text{add}[(\boldsymbol{T}_q, \boldsymbol{J}_q, \boldsymbol{C}_q, \boldsymbol{r}_q)]$　　　　//将特征化的查询及其实际归一化基数值添加到训练集

5. End For

6. 随机初始化 MSCN 的权重矩阵 $\boldsymbol{W}$

7. $j \leftarrow 0$

动画 1-1

8. While $j < N$ Do　　　　//模型训练

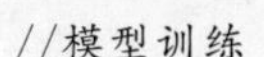

9.　$D_{\text{batch}} \leftarrow \text{sample}(D, b)$　　　　//从 D 中随机选取 b 个样本

10.　For Each q_i In D_{batch} Do

11.　　$\boldsymbol{w}_T \leftarrow \frac{1}{|T_{q_i}|}\sum_{t \in T_{q_i}} \text{MLP}_T(\boldsymbol{v}_t)$　　　　//根据式(1-2)得到表数据的深层特征表示

12.　　$\boldsymbol{w}_J \leftarrow \frac{1}{|J_{q_i}|}\sum_{j \in J_{q_i}} \text{MLP}_J(\boldsymbol{v}_j)$　　　　//根据式(1-3)得到连接类型的深层特征表示

13.　　$\boldsymbol{w}_C \leftarrow \frac{1}{|C_{q_i}|}\sum_{c \in C_{q_i}} \text{MLP}_C(\boldsymbol{v}_c)$　　　　//根据式(1-4)得到查询条件的深层特征表示

14.　　$e_i \leftarrow \text{MLP}_O([\boldsymbol{w}_T, \boldsymbol{w}_J, \boldsymbol{w}_C])$　　　　//根据式(1-5)预测归一化基数估计值

15.　End For

16.　$\mathcal{L} \leftarrow \frac{1}{\text{bs}}\sum_{i=1}^{\text{bs}} \frac{\max(e_i, r_i)}{\min(e_i, r_i)}$　　　　//根据式(1-6)计算损失函数值

17.　$\boldsymbol{W} \leftarrow \boldsymbol{W} - \eta \frac{\partial \mathcal{L}}{\partial \boldsymbol{W}}$　　　　//更新权重矩阵

18.　$j \leftarrow j + 1$

19. End While

20. Return $\boldsymbol{W}$

2. 基于贝叶斯网的基数估计

数据驱动的方法将基数估计视为选择性估计问题，这类方法在机器学习中通常可建模为一个无监督的问题，可用以 BN 为代表的概率图模型或以 Transformer 为代表的自回归模型等进行求解，模型的输入为数据库表中的原始记录，输出为模型从数据中拟合的联合概率分布。基于 BN 的基数估计模型将表中的列作为变量节点（也称属性节点），根据属性之间的依赖关系构建有向无环图（directed acyclic graph，DAG），以描述其依赖和变量间的条件独立性，每个节点的条件概率参数构成条件概率表（conditional probability table，CPT），用于量化属性之间的依赖关系，通过每个节点条件概率参数的连乘得到联合概率分布。

$$P(A_1, A_2, \cdots, A_m) = \prod_{i=1}^{m} P(A_i \mid \pi(A_i)) \tag{1-8}$$

其中，m 为属性节点数，A_i 为表的属性节点，$\pi(A_i)$ 为属性节点 A_i 的父节点集，当 $\pi(A_i) = \varnothing$ 时，$P(A_i | \pi(A_i)$ 为由其先验概率表达的边缘分布 $P(A_i)$。

例 1.8　若根据数据库表构建的 BN 如图 1.12 所示，其中，变量 S、A、B、L 和 C 为该表的列，且取值为 T 或 F（分别代表 True 和 False），基于 BN 的联合概率分布可表示为 $P(S, A, B, L, C) = P(S)P(A)P(B|S, A)P(L|B)P(C|B)$。

基于 BN 的基数估计模型包括 BN 学习和基数估计两个阶段，如图 1.13 所示。BN 学习阶段包括参数学习和结构学习两个任务，参数学习是给定 BN 结构、基于表中数据计算属性节点条件概率参数的过程；结构学习是在给定表中数据的前提下寻找与数据样本集匹配最

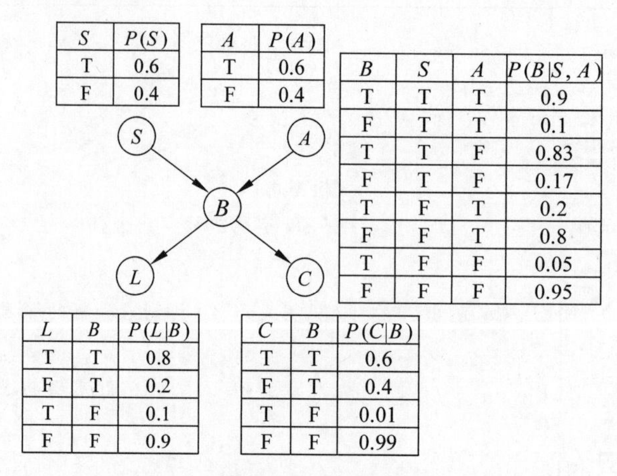

S	P(S)
T	0.6
F	0.4

A	P(A)
T	0.6
F	0.4

B	S	A	P(B|S, A)
T	T	T	0.9
F	T	T	0.1
T	T	F	0.83
F	T	F	0.17
T	F	T	0.2
F	F	T	0.8
T	F	F	0.05
F	F	F	0.95

L	B	P(L|B)
T	T	0.8
F	T	0.2
T	F	0.1
F	F	0.9

C	B	P(C|B)
T	T	0.6
F	T	0.4
T	F	0.01
F	F	0.99

图 1.12　BN 示例

好的 DAG 结构的过程。基数估计阶段根据 BN 的 DAG 结构和 CPT，使用 BN 的概率推理算法计算满足查询条件的概率，进而得到基数估计值（BN 的参数学习、结构学习和概率推理算法，将在第 9 章详细介绍）。

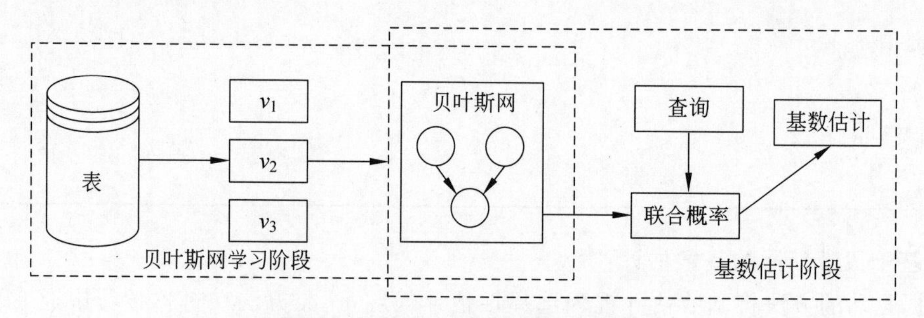

图 1.13　基于 BN 的基数估计模型

下面介绍基于 BN 的基数估计方法的具体步骤。

1) BN 学习

BN 学习阶段首先将表中的属性作为变量节点，根据表的个数不同分为以下两种情况。

(1) 当表的个数为 1 时，首先根据属性之间的依赖关系构建 BN 的 DAG 结构，依赖关系可通过搜索算法（如 K2 算法、爬山算法）得到，然后采用最大似然估计（maximum likelihood estimation）方法得到每个属性的概率参数 $\theta^*_{v|x}$，计算公式如下。

$$\theta^*_{v|x} = P(A = v \mid \pi(A) = x) = \frac{F(A = v, \pi(A) = x)}{F(\pi(A) = x)} \tag{1-9}$$

其中，A 为表的属性，v 为属性 A 的取值，$\pi(\cdot)$为属性的父节点集，x 为父节点集 $\pi(\cdot)$的取值组合，$F(\cdot)$为表中满足条件的记录数。

(2) 当表的个数大于 1 时，基于 BN 的基数估计方法仅考虑不同表之间可通过外键连接的情况。

下面通过一个例子来阐述基于 BN 的多表基数估计方法。

例 1.9　以下画线的方式标记表的主键，考虑顾客表 Customer (User ID, Age, Income) 和商品出售记录表 Purchase(<u>ID</u>, Type, User)，User 是 Purchase 的外键，指向 Customer 表

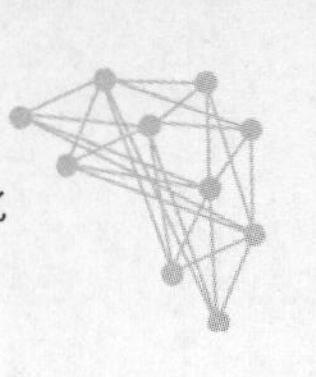

的 User ID，描述了商品与其购买者之间的关联，如图 1.14 所示。一般而言，通过外键连接的两个表之间的属性取值可能存在依赖关系，以查询条件 Customer.Income＝High AND Purchase.Type＝Luxury 为例，顾客的收入和购买的商品之间有明显的相关性，收入高的人更可能购买奢侈的商品。

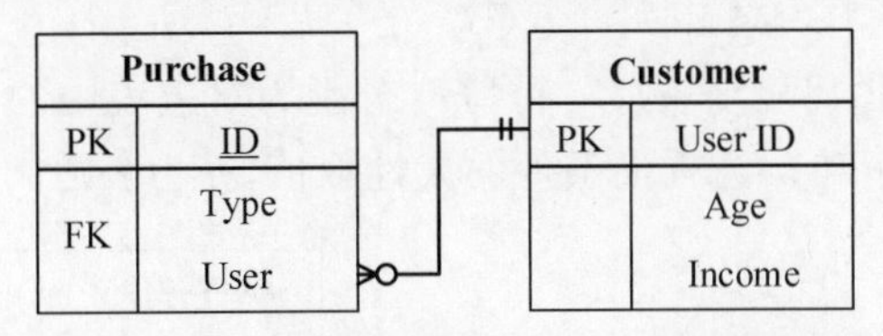

图 1.14　表 Purchase 和表 Customer 之间的关联

为了满足上述查询基数计算需求，首先考虑参照完整性约束，Purchase 表中的每条记录都必须与 Customer 表中的一条记录相连接，通过外键执行连接操作后，总记录数为 $|\text{Purchase}|$；然后计算满足查询条件 Customer.Income＝High 的概率 P_{Income} 和 Purchase.Type＝Luxury 的概率 P_{Type}，其中满足查询条件的记录数表示为 $P_{\text{Income}} \times P_{\text{Type}} \times |\text{Purchase}|$。

然而，上述方法未考虑属性 Income 和 Type 之间的依赖关系，对最终基数估计的准确性会造成影响。为解决该问题，在 BN 学习阶段，每个拥有外键的表会引入一个二值的连接指示器变量 J，用于替换两个表中的连接属性，当两个连接表中连接变量相等时，$J=\text{T}$，不相等时，$J=\text{F}$。例如，当 Customer 表中的记录 cus 和 Purchase 表中的记录 pur 满足 cus.User ID＝pur.User 时，$J_{\text{User}}=\text{T}$，其他条件 $J_{\text{User}}=\text{F}$。此外，当表中的属性与其他表中的属性存在依赖关系时，需通过外键将不同表连接生成中间结果表，再根据式(1-9)计算当前属性的 CPT。

单表和多表的情形均采用如下的评分函数，并结合爬山算法进行 BN 结构学习。

$$l(S,\theta \mid D)=\sum_{i=1}^{n} \mid t_i \mid \sum_{A\in t_i.*} \text{MI}(A;\pi(A))+c \tag{1-10}$$

其中，S 为 BN 结构，θ 为给定结构 S 的条件概率参数，D 为数据库中的数据，n 为数据库中表的个数，$|t_i|$ 为第 i 个表 t_i 的总记录数，$t_i.*$ 为表 t_i 引入连接指示器变量后的属性集，$\pi(A)$ 为属性 A 的父节点集，c 为常量，MI(・)表示互信息，定义如下。

$$\text{MI}(Y;Z)=\sum_{y,z} P(y,z)\log\frac{P(y,z)}{P(y)P(z)} \tag{1-11}$$

其中，Y 和 Z 为属性集合，y 和 z 为对应属性的取值组合。

2) 基数估计

基数估计阶段引入了分层限制，当表 t_i 的外键指向另一表 t_j 的主键时，记为 $t_j \prec t_i$，计算满足查询条件的概率时，只需考虑当前层及以上层的属性依赖查询。下面通过一个例子来直观地阐述分层限制。

例 1.10　在表 Customer 和表 Purchase 的基础上引入表 School(<u>School ID</u>, School Type)，并在表 Customer 加入 School ID 属性，School ID 是表 Customer 的外键，指向 School 表的 School ID 属性，以描述顾客的毕业院校。若根据表 School、Customer 和

Purchase 学习到的 BN 结构如图 1.15 所示，根据分层限制可得到 School≺Customer≺Purchase。当查询条件为 Customer. Age＝30 AND School. School Type＝211 时，根据式(1-12)估计其基数值，即 P(Customer.Age＝30，School.School Type＝211，J_{school}＝True，J_{User}＝True)×|School|×|Customer|，查询条件无须引入 Purchase 的属性变量。

$$|G|\times|H|\times P(G=g,H=h,J=\mathrm{T}) \tag{1-12}$$

其中，G 和 H 为查询涉及的两个表，$|G|$ 和 $|H|$ 分别为对应表中的总记录数，$G=g$ 和 $H=h$ 为对应表的查询条件，g 和 h 为查询条件的属性取值，J 为表之间的连接指示器变量。

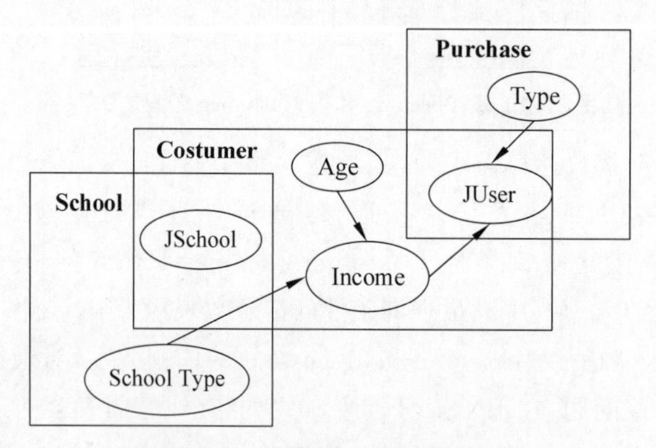

图 1.15　构建的 BN 结构示例

基于 BN 的基数估计方法，其模型构建复杂度取决于爬山法的时间复杂度，其基数估计复杂度取决于变量消元法的时间复杂度，爬山法和变量消元法将在第 9 章详细介绍。

3. 基于自回归模型的基数估计

自回归模型不对属性做任何独立假设，能很好地拟合数据中的分布。具体而言，设表 t 含属性$\{A_1,A_2,\cdots,A_m\}$，t 中的每一行可表示为 $r=\{v_1,v_2,\cdots,v_m\}$，其中 v_i 为属性 A_i 的某个取值，$i\in[1,m]$，模型的目标就是为数据中的不同组合 z 计算出相应的联合概率 $P(z)$，$P(z)$可用如下链式公式进行分解。

$$P(z)=P(v_1,v_2,\cdots,v_m)=P(v_1)P(v_2\mid v_1)\cdots P(v_n\mid v_1,\cdots,v_{n-1}) \tag{1-13}$$

Naru(neural relation understanding)是基于自回归模型中一种常用的基数估计模型，图 1.15中表 t 的每个属性 A_i 都对应一个神经网络，其输入为前几列属性值的组合$\{v_1,v_2,\cdots,v_{i-1}\}$，输出为条件概率 $P(V_i|v_1,v_2,\cdots,v_{i-1})$，即 Naru 模型的输入为部分列属性值某个组合，输出为所有属性对应的条件概率，其中 V_i 为属性 A_i 的所有可能取值。需要说明的是，表中的第一列属性并不依赖于其他属性，其对应的神经网络输入为零向量。基于 Naru 模型的基数估计流程如图 1.16 所示。

下面介绍基于 Naru 模型的基数估计方法主要步骤。

1）编码策略

编码阶段将表中每个属性的取值转换为特征向量，以输入回归模型。设表 t 中第 i 个属性的不同取值个数为$|A_i|$，Naru 模型首先将属性值映射到整数区间$[0,|A_i|-1]$，即每个属性值对应一个整数 ID，例如，A_i 的取值有“水仙”“百合”和“玫瑰”，分别表示为 0、1 和 2；然后根据属性取值个数的不同，选择如下两种编码策略，将这些 ID 编码为特征向量。

(1) 当属性取值个数较少时，可选择 One-hot 向量来表示属性值。例如，用[001]、

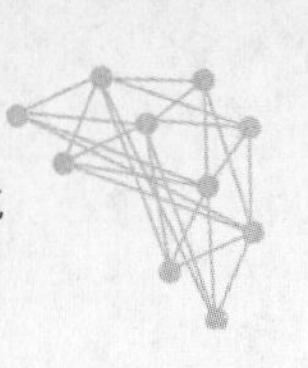

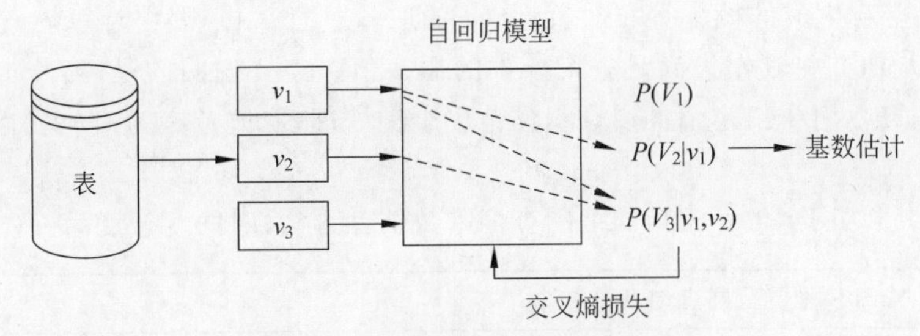

图 1.16　Naru 模型基数估计流程图

[010]和[100]分别表示“水仙”“百合”和“玫瑰”。

(2) 当属性取值个数较多时，Naru 模型采用嵌入技术将属性值的 One-hot 向量映射为低维向量 $\boldsymbol{x}_i \in \mathbb{R}^{1\times h}(h>0)$。具体而言，模型首先用 One-hot 向量 $\boldsymbol{x}_i' \in \mathbb{R}^{1\times |A_i|}$ 来表示属性值 A_i，然后将其与一个 $|A_i|\times h$ 的可学习嵌入矩阵 $\boldsymbol{U}$ 相乘，即可得到属性值的嵌入向量表示 $\boldsymbol{x}_i$，其中 $h \ll |A_i|$。

2) 解码策略

解码阶段将模型中的隐藏向量转换为属性 A_i 所有取值的条件概率值 $P(V_i|v_1,v_2,\cdots,v_{i-1})$，根据属性取值个数的不同，可选择如下两种解码策略。

(1) 当属性值个数较少时，Naru 模型的解码器为全连接层 $\mathrm{FC}(H,|A_i|)$，解码器输出一个长度为 $|A_i|$ 的输出向量，每个元素表示属性 A_i 不同取值时的条件概率，其中 $H(H>0)$ 为隐藏层向量的维度。

(2) 当属性值个数较多时，若采用全连接层 $\mathrm{FC}(H,|A_i|)$ 作为解码器，会导致模型的计算效率低，且易造成过拟合，此时 Naru 模型通过两层结构的解码器解决这两个问题。解码器的第一层结构通过全连接层 $\mathrm{FC}(H,h)$ 将模型投影为 h 维向量 $\boldsymbol{a} \in \mathbb{R}^{1\times h}$，第二层结构通过与嵌入矩阵的转置 $\boldsymbol{U}^{\mathrm{T}}$ 相乘得到长度为 $|A_i|$ 的输出向量，由于嵌入矩阵 $\boldsymbol{U}$ 为编码器训练的参数，在解码器中未引入过多的训练参数，从而降低了过拟合风险。

3) 损失函数定义

Naru 模型采用如下交叉熵损失函数。

$$\mathcal{H}(P,P') = -\sum_{\mathrm{rc}\in t} P'(\mathrm{rc})\log P(\mathrm{rc}) = -\frac{1}{|t|}\sum_{\mathrm{rc}\in t}\log P(\mathrm{rc}) \tag{1-14}$$

其中，$|t|$ 为表 t 的总记录数，rc 为表 t 中的一条记录，P 为模型预测得到的联合概率分布，P' 为实际联合概率分布。

4) 基数估计

当给定的查询条件为所有属性取值时，Naru 模型只需将每个属性对应神经网络输出的条件概率进行连乘，以得到联合概率分布，并将其与表 t 中的总记录数相乘，即可得到基数估计值。当给定的查询条件存在属性取值范围(如 $v_i<6$)且表中属性值的所有可能组合个数较少时，可通过 $P(v_1\in R_1, v_2\in R_2,\cdots,v_m\in R_m) \approx \sum_{v_1\in R_1}\cdots\sum_{v_m\in R_m}P(v_1,\cdots,v_m)$ 计算联合概率分布，其中 $R_i(i\in[1,m])$ 为属性 A_i 的条件取值范围；当表 t 中属性值的所有可能组合个数较多时，采用渐进采样法逐属性采样 $S(S>0)$ 个样本点，根据生成的概率分布 $P(V_i|v_1,v_2,\cdots,v_{i-1})$，在取值范围内重新归一化得到新的概率分布 $P(V_i|v_1,v_2,\cdots,v_{i-1},$

$V_i \in R_i$),并根据新生成的概率分布对属性 A_i 的取值进行采样,最终计算 S 个样本点的联合概率分布平均值并将其作为满足查询条件的概率值。需要说明的是,当给定查询条件为部分属性的取值时,将未给定值的属性当作范围查询处理(取值范围为对应属性的所有可能取值)。

算法 1.2 给出基于 Naru 模型的范围查询基数估计方法,时间复杂度为 $O(S \times m)$。

算法 1.2　基于 Naru 模型的范围查询基数估计

输入:

　S:采样点数;$\boldsymbol{R}=\{R_1, R_2, \cdots, R_m\}$:查询条件的取值范围

输出:

　P:满足查询条件的联合概率分布

步骤:

1. $P \leftarrow 0$
2. For $j=1$ To S Do　　　　//采样 S 个样本点,并计算对应的联合概率
3. 　$p \leftarrow 1$　　　　//计算查询语句的实际归一化基数估计值
4. 　$\boldsymbol{v} \leftarrow \boldsymbol{0} \in \mathbb{R}^{1 \times m}$
5. 　For $i=1$ To m Do　　　　//将特征化的查询和相应的实际归一化基数值组合为训练集
6. 　　将 $\boldsymbol{v}$ 输入自回归模型得到 $P(V_j \mid v_1, v_2, \cdots, v_{j-1})$
7. 　　在取值范围内将 $P(V_i \mid v_1, v_2, \cdots, v_{i-1})$ 重新归一化得到 $P(V_i \mid v_1, v_2, \cdots, v_{i-1}, V_i \in R_i)$
8. 　　$p \leftarrow p \times P(V_i \in R_i \mid v_1, v_2, \cdots, v_{i-1})$
9. 　　$v_i \leftarrow \text{sample}(P(V_i \mid v_1, v_2, \cdots, v_{i-1}, V_i \in R_i))$　　//对属性 A_i 的取值进行采样
10. 　$\boldsymbol{v}[i] \leftarrow v_i$
11. 　End For
12. $P \leftarrow P + p$
13. End For
14. $P \leftarrow \dfrac{P}{S}$
15. Return P

动画 1-2

1.3 思 考 题

1. 一个好的数据库设计应考虑哪些方面的指标或因素?

2. 对于任何类型的数据,设计和使用索引的主要技术环节包括哪些?

3. 举例说明使用索引、反规范化和物化视图这几种查询优化技术的适用场景和异同。

4. 若数据库管理系统并不支持基于反规范化的查询优化,如何人工实现反规范化?要求既能加速查询,也要保持反规范化表与基本表中数据的同步。

5. 举例说明基数估计在索引选择中的作用。

6. 列举一些查询重写的常见技术,并解释它们是如何提高查询处理性能的。

7. 在大规模数据处理中,如何实现并行的查询优化算法?讨论并行查询的优点和挑战。

8. 基数估计错误会对查询优化产生什么样的影响?如何处理这种影响?阐述查询优化和基数估计之间的关系。

9. 表 A 的 column 列取值范围为 0～100,且被分成了 5 个等宽桶。给定查询 SELECT *

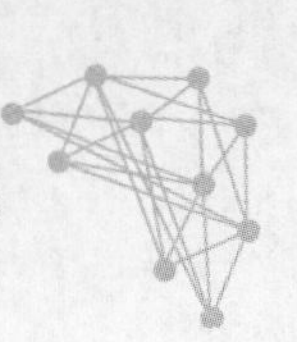

FROM A WHERE column＜50，请选择合适类型的直方图进行基数估计。

10. 本章介绍的基于采样的基数估计方法使用的是随机采样，是否还适用于其他采样方法？随机采样的优点和缺点分别是什么？

11. 基于机器学习的基数估计是目前研究的热点，其中查询驱动的方法集成了监督学习的一些固有缺陷，不适用于某些查询类型仅有少量标注的情形。请查阅相关资料，思考可以利用什么技术来改进本章介绍的多集合卷积神经网络。

12. 数据驱动的方法将基数估计视为选择性估计问题，这类方法通过拟合数据库中的数据分布来实现基数估计，在机器学习中可建模为一个无监督的问题。但是，此类方法不适用于频繁更新的数据库，当因更新产生数据分布变化时，需重新训练模型。请根据所学的技术思考实现支持增量更新的基数估计方法。

13. 本章分别介绍了数据驱动和查询驱动的基数估计方法，请分析两种方法的差异。能否将数据驱动和查询驱动两类方法结合起来，发挥各自优势，设计新的基数估计方法？

第2章　信息检索

2.1　信息检索概述

在人类社会的发展历程中，信息检索(information retrieval，IR)的实践活动源远流长。但其作为一个科学概念被正式提出并广泛使用，则始于1949年美国学者穆尔斯(C.W.Mooers)，并从手工检索发展到计算机化检索和网络化检索。信息检索作为一个历史悠久的交叉学科领域，已深度融入图书馆学、情报学、计算机科学、数学、人工智能、语言学、认知心理学等多个学科中，形成了自身独特的理论框架和实践体系。随着数据采集与存储技术的迅速发展，信息过载问题日益突出，信息检索因此成为了一个具有综合性、挑战性和广阔发展前景的研究领域，备受学界和业界的关注。本节介绍信息检索的概念、基本原理、相关学科和研究内容。

2.1.1　信息检索的概念

随着近年来人类社会信息环境数字化和网络化进程的加速，以及各类信息资源的爆炸性增长，信息检索的重要性日益凸显，被越来越多的人认可。简而言之，信息检索就是将信息按照一定的方式组织和存储起来，以便根据用户需求找出其中相关信息的过程。这里的信息，主要指的是非结构化信息，如文本、图形、图像、语音和视频等，它们与数据库系统处理的结构化信息不同，往往具有自然性、多样性和可能的歧义性，也无法像结构化信息那样被精确分割并按照特定的模式严格存放。

随着Web信息检索技术的不断成熟，谷歌和百度等典型搜索引擎使用率的快速提升，信息服务、电子商务和互联网广告等应用的快速兴起，信息检索的应用场景不断扩展，研究对象也从结构化书目信息扩展到无结构或半结构化的全文文本、多媒体信息及网络信息服务等。信息组织方式、检索匹配标准、检索环境及用户检索需求都发生了深刻的变化，从传统的线性文本组织技术发展到超文本/超媒体链接和Web服务技术，从布尔逻辑发展到基于代数论和概率论的定量度量，从单机到网络平台，从集中式到分布式、异构性、动态Web环境和Web 2.0。

从系统设计的角度看，信息检索涉及数据格式、数据结构、计算方法、操作系统支持和分布式处理等多个方面。其中，文本信息检索作为信息检索的重要组成部分，关键在于如何利用自然语言文本中词汇的频率和分布规律进行文本信息的预处理、检索模型的构建及高效准确检索的实现。搜索引擎作为信息检索技术的成功应用，为互联网信息资源的有效管理和利用提供了重要支持。在 Web 2.0 时代，Web 资源的特性使得 Web 信息检索面临新的挑战和机遇。如何针对 Web 资源的海量、分散无序、动态变化、形式多样、非结构化或半结构化等特点构建有效的 Web 搜索引擎，成为信息检索技术的重要研究领域。信息检索评价问题也是该领域的一项重要研究内容，包括衡量检索系统效益、比较各种检索技术优劣、改进现有检索系统和开发新兴应用领域等，随着信息资源的爆炸性增长，信息检索评价的重要性日益凸显。

总的来看，信息检索是一个应用驱动、不断发展、应用广泛的经典学科，目前信息检索技术已经比较成熟，检索结果、性能和稳定性都能提供令人满意的结果，且广泛应用于商用搜索引擎，在人们的日常信息获取中发挥着不可替代的作用。更高精度、细粒度和智能化的信息检索技术仍是本领域的重要研究方向，相关研究方兴未艾。近年来，随着深度神经网络模型、知识图谱和自然语言处理等人工智能技术的快速发展，文本信息检索领域衍生出许多新的课题（本书第 6 章将详细介绍基于语言模型的文本数据分析、问答系统、情感分析和机器翻译等技术），为信息检索技术的发展注入新的活力。

2.1.2　信息检索的基本原理

信息检索本质上是一种有目的和有组织的信息存取活动，包含“存”和“取”两个基本环节。“存”指的是对来自各种渠道的信息资源进行有组织的存储；“取”则是基于用户随机出现的信息需求，从已存储的信息中进行高效、准确和方便的选择性查找。这两个环节密切相关，“存”是“取”的基础，而“取”的方式和要求又是存储结构设计与实现的依据。在实际的信息检索系统中，通常需要在存储效率和检索效率之间找到平衡点。

按照检索对象的不同，信息检索可分为多种类型。早期的信息检索主要包括文献检索、事实检索和数据检索。随着信息处理技术的发展，现在的信息检索对象已大大扩展，除了传统的文本、数值和非数值信息外，图形、图像、音频和视频等多媒体信息也成为信息检索的重要对象。信息检索主要分为以下三种类型：一是文本检索，是指以各种自然语言符号系统表示的信息作为主要检索对象的信息检索活动，目前在信息检索领域占有主要地位，并不断获得新的发展，本章主要针对文本检索展开讨论；二是数值检索，是指主要针对数值型数据的查询而发展起来的一类信息检索活动，不仅能检索出符合特定需求的数据信息，还可以在此基础上提供一定的数据运算与推导能力，以及制表与绘图等功能；三是音频与视频检索，是指主要针对各种数字化音频与视频信息而进行查询的信息检索活动。

不同检索设施或工具中的信息资源千差万别，获取信息的方式与途径也各式各样，但信息检索处理的过程和基本原理都是对信息资源集合与信息需求集合的匹配和选择，如图 2.1 所示，其中，

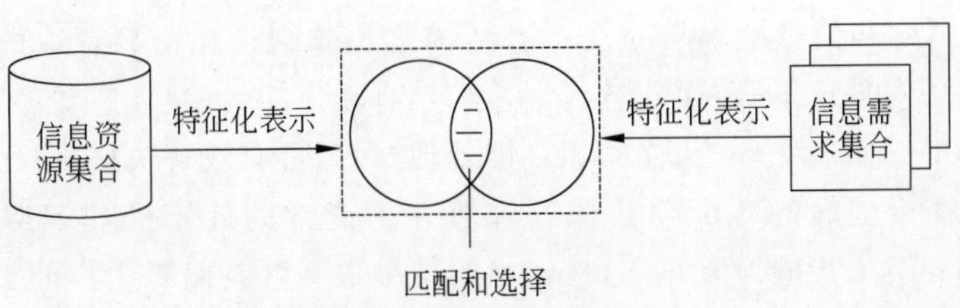

图 2.1　信息检索原理图

信息资源集合：是针对某一特定领域、经选择性采集和组织加工的信息集合，是可供用户访问和检索的对象。

信息需求集合：是用户为完成某一任务或工作时需获得的信息集合，是实施检索行为的前提和基础，也是信息检索行为的目的所在。

匹配和选择：是信息检索系统的技术核心，它把信息需求集合与信息资源集合根据某种相似性标准进行比较与判断，进而选择出符合用户需求的信息。为了保证匹配的有效执行，需分别对信息资源集合与信息需求集合进行特定的形式化加工，即特征化表示，且需对信息资源集合与信息需求集合采用相同或类似的特征化表示方法。对于前者，通过分析提取出分类号、主题词等特征信息，作为信息查找的依据；对于后者，通过分析提取出包括体现用户需求的概念和属性，即提问式。以文本信息为例，可将其形式化描述为词的集合，同时用户所提交的查询往往也是关键词的集合，则匹配和选择就是信息资源和信息需求两个词集的匹配和比较。

围绕信息的“存”和“取”，信息检索的基本流程可概括为如下 2 个主要步骤。

信息采集与加工：可视为信息检索的预处理步骤，Web 环境下的信息检索系统通常先进行信息采集，把信息复制到本地，以构成待检索的信息集合，而不是针对每个用户的检索请求实时地去互联网上查找。信息采集通常的做法是，使用爬虫（crawler）或蜘蛛（spider）等网络机器人访问网页，并将其中的内容传回本地服务器，同时进行必要的编码或文档格式转换、去除垃圾页面等操作。信息加工的主要任务是为采集到本地的信息进行自动特征化处理并创建索引，为快速查询做好准备。

信息检索：用户查询需求可表示为一个或多个查询词，也可能是多个关键词的逻辑组合或自然语言提问式。信息检索系统对用户查询进行特征化处理，然后基于索引快速搜索，找到与用户查询最匹配的若干文档，并按照一定的准则排序，将一部分文档返回给用户。检索系统也可能提供相关反馈功能，允许用户将对返回结果中文档相关性的判断反馈给检索系统，从而使系统更好地理解用户的需求，将更相关的文档返回给用户。

2.1.3 信息检索相关学科和研究内容

围绕“存”和“取”这两个基本环节，以及检索过程中“匹配和选择”这一核心任务，信息检索涉及信息存储和检索系统、检索模型、相关性理论和索引方法等多方面内容，是一门多学科交叉的应用技术学科。信息检索的对象包括文本、图像、音频和视频等，需利用数据库、自然语言处理和图像处理等各类媒体处理技术；信息检索也涉及个性化、语义搜索或推理查询，需利用数据挖掘和人工智能技术；信息检索通常需要面对海量数据，需利用并行及分布式处理技术。从计算机科学领域的角度，信息检索的相关学科主要包括以下内容。

数据库：数据库和信息检索是分别针对结构化和非结构化信息存取的“孪生”学科，数据库技术具有完备的理论基础，而信息检索技术具有较强的经验性，理论基础相对薄弱。借鉴数据库领域中的一些成熟理论、存储和查询处理技术，可有效解决信息检索问题。

人工智能：字符层面的匹配与相似度计算并不能帮助计算机理解待检索文本的“含义”，也不能深入理解用户的检索意图，检索出的结果很有可能偏离用户的真实需求；用户希望检索系统既能返回匹配查询条件的结果，也能处理需回答“为什么”的解释型检索任务。

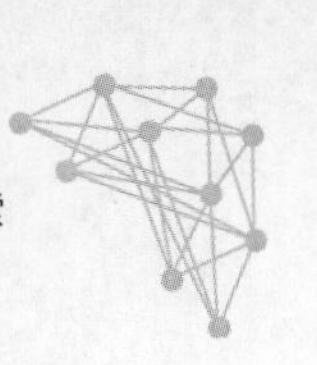

作为当代人工智能技术的重要内容，自然语言处理技术涉及深度神经网络、预训练语言模型、知识图谱、情感分析和智能问答等，将其结合到文本信息检索中，可提高检索结果的准确性、检索系统自身的智能化水平和检索系统人机交互界面的自然度。

分布式计算：面对巨大的文本数据、大量的检索需求，利用分布式系统结构和相关技术，可有效地解决海量信息存储和检索高效性问题。

情报学：情报学帮助人们充分利用信息技术和手段，提高情报产生、加工、存储、流通和利用的效率，其理论思想对信息检索系统的设计具有指导意义。

社会学：随着搜索引擎技术应用的日益广泛，对众多使用搜索引擎的行为进行分析和统计，可获得用户的社会心理、偏好、行为状态与趋势，进而支持有效的信息检索。

除了计算机科学领域的相关学科外，信息检索仍涉及数学、系统科学、认知心理学、计算语言学等学科，这里不作详细阐述。

随着互联网技术的快速发展和普及，信息检索面对的数据量越来越大，类型越来越多。如何有效地将不同类型的信息进行融合、统一表示，高效准确地处理海量数据，设计一些具有针对性、合理有效的评价指标来检验检索方法的优劣，是目前信息检索要解决的问题。对于这些问题，信息检索的研究主要包括以下内容。

信息检索理论：信息检索理论的研究主要包括检索语言、检索模型、索引理论、相关性理论、知识组织与表示理论等。其中，检索模型是信息检索理论的重要组成部分之一，也是各类实用检索服务系统设计开发的基础框架，主要有集合论模型、代数论模型和概率论模型 3 类，每类模型又有一些优化和改进，具有非常丰富的研究成果。索引问题是实现信息检索的重要前提，面对异构的海量信息资源，索引的理论和方法是研究关注的重点。相关性理论主要针对匹配和选择，即如何度量信息资源与用户提问式之间的相关性，是检索系统设计、开发和性能评价分析等很多环节需解决的重要问题。

信息检索系统：信息检索系统的研究主要包括数据存储、系统性能、系统结构和检索的有效性。从工程化的角度，综合考虑系统的收益与代价、数据库与文件系统、内存和外存相结合的多级缓存、分布式集群和负载均衡技术，是信息检索技术发展的重要方向。

信息抽取和内容表示：信息抽取和内容表示的研究主要包括从不同类型的文档中把相关信息抽取出来并进行分析，对结构化、半结构化和非结构化数据进行统一处理，以统一的形式集成在一起并进行存储和管理，与其他检索系统进行无缝集成。

信息检索技术：信息检索技术的研究主要包括文本挖掘、基于内容的检索和 Web 信息检索等。文本检索具有比较成熟的理论方法，已有许多实用有效的支撑技术，例如布尔检索、截词检索和位置检索等；传统的方法很少考虑词的差异性，而面对海量的文本数据，如何从中发现有用的信息和知识，准确地从 Web 信息资源中抽取相关的、潜在的有用模式和隐含信息，进而进行信息的组织、索引和检索，提高检索效果和效率，一直是本领域的重要研究课题。基于内容的检索(content-based retrieval)是音频、图像和视频等多媒体信息检索的重点，包括音乐旋律的检索、语音信息的自动识别与检索、图像信息的颜色和纹理检索、运动目标检索和镜头检索等。Web 信息检索是针对互联网上文本信息的检索，是信息检索领域最具活力的问题之一。除了海量、异构和动态变化等特点外，Web 信息还具有复杂的结构特征，目前，链接分析、网页排序、个性化、社区分析等是本领域经典的研究课题。

信息检索评价：信息检索评价的研究主要包括评价方法和评测基准数据，传统的评价指标以查准率(precision)和查全率(recall)为核心。随着测试集规模的扩大及人们对评测结果理解的深入，多个查询和面向用户的平均准确率(mean average precision)和P@K等更准确反映系统性能的新指标逐渐出现。

本章从计算机科学领域的视角，围绕信息检索工具的原理与经典方法，介绍信息检索的概念和基本原理、信息检索模型、文本信息检索、Web信息检索、网页去重和搜索结果排序等搜索引擎关键技术，以及信息检索的主要评价指标，旨在为读者提供全面而深入的信息检索知识。

2.2 信息检索模型

信息检索模型是信息检索过程的模拟和抽象描述。针对文本检索，信息检索模型的构建，主要考虑如何表示文档和查询，以及如何定量度量文档与查询间的相关性、计算相关度，并进行排序。根据这些因素，按照理论基础的不同，信息检索模型可分为基于结构的模型和基于内容的模型2类，基于内容的模型又包括集合论模型、代数论模型、概率论模型。其中，从模型的成熟性和实际应用情况看，布尔模型、向量空间模型和概率模型分别是集合论模型、代数论模型和概率论模型这3类经典模型的代表。实验研究表明，概率模型在多数情况下的检索效果不如向量空间模型，应用范围也没有向量空间模型广泛。本节主要介绍计算简单有效、性能表现良好、应用最广泛的向量空间模型。

2.2.1 信息检索系统的形式表示

一个信息检索系统涉及信息资源集合的表示、用户信息需求的表示以及匹配选择，如图2.1所示。因此，信息检索系统可形式化地表示为一个四元组(D,Q,F,R)，其中，D为信息资源(文档)集合，Q为用户信息需求集合，F为D与Q的匹配处理框架，R为D与Q的相关性匹配函数。

对于文本检索，$D=\{d_1,d_2,\cdots,d_n\}(n\geqslant 1)$，$d_j(j=1,2,\cdots,n)$表示一个文档，系统中存储的是文档任一加工处理后的逻辑视图，通常由名词构成索引词(即关键词)集合，为已去掉无用词的分词结果。系统中存储t个索引词(也称为项，term)，表示为$K=\{k_1,k_2,\cdots,k_t\}$。对于任一文档$d_j(d_j\in D)$，用w_{ij}表示索引词k_i在文档d_j中的重要性(也称权值)，$w_{ij}\geqslant 0$；k_i不在d_j中，则$w_{ij}=0$。不同的模型有不同的权值计算方法，用索引词的权值表示D中的文档，即$d_j=\{w_{1j},w_{2j},\cdots,w_{tj}\}$。用户需求集合$Q=\{q_1,q_2,\cdots,q_m\}$中，$q_i(i=1,2,\cdots,m)$表示一个具体的用户提问式，用户通过自然语言提出的信息请求也采用与文档类似的形式表达。

F提供对文档视图、提问式及它们之间的关系进行建模处理的框架和规则，不同模型采用不同的数学基础和匹配规则。匹配函数$R(d_j,q)$用于计算文档$d_j(d_j\in D)$与任一提问$q\ (q\in Q)$形式的“文档-提问”对(d_j,q)之间的相关度，$R(d_j,q)\in[0,1]$，目的在于对相关文档排序(rank)输出，这对于大规模文本检索尤其重要。匹配函数的选择可考虑以下原则：计算方法简单、计算量小，函数值在取值区间均匀分布，针对某一提问所获取的相关文档集合能实现合理的排序输出。

2.2.2　布尔模型

作为集合论模型的代表，布尔模型建立在集合论和布尔代数的基础上。由于集合概念的直观性和布尔表达式语义表示的准确性，布尔模型易于理解，在早期的检索系统中有广泛的应用。布尔模型的基本思想如下。

(1) K 中每个索引词在一个文档中要么出现，要么不出现，即 $d_j=\{w_{1j},w_{2j},\cdots,w_{tj}\}$，$w_{ij}\in\{0,1\}$，0 和 1 分别表示“$k_i$ 未出现在 d_j 中”和“k_i 出现在 d_j 中”。

(2) q 由 AND、OR 和 NOT 连接词组成，使用合取子项（$\wedge$）的析取范式（$\vee$）表达提问式。表示为析取范式的提问式用 q_{dnf} 表示，合取子项用 q_{cc} 表示。

(3) 对于任意文档 $d_j(d_j\in D)$，d_j 与 q 的匹配函数为

$$\operatorname{sim}(d_j,q)=\begin{cases}1, & \text{若存在 } q_{\text{cc}}\in q_{\text{dnf}}\text{，对任意 } k_i\text{，有 } g_i(d_j)=g_i(q_{\text{cc}})\\0, & \text{其他}\end{cases}\tag{2-1}$$

其中，匹配函数定义为 $g_i(d_j)=w_{ij}$。

例 2.1　若 $K=\{k_1,k_2,k_3\}$，$D=\{d_1=(1,1,0),d_2=(1,0,1)\}$。$q=k_1$ AND (k_2 OR NOT k_3)，可等价地写为如下析取范式形式：$q=$(k_1 AND k_2 AND k_3) or (k_1 AND k_2 AND NOT k_3) OR (k_1 AND NOT k_2 AND NOT k_3)。进一步地，q 可简化为 $q_{\text{dnf}}=(1,1,1)$ or $(1,1,0)$ or $(1,0,0)$，其中向量 $(1,1,1)$、$(1,1,0)$ 和 $(1,0,0)$ 是 q_{dnf} 的 3 个合取子项，由 (k_1,k_2,k_3) 每一个分量取 0 或 1 而得到。根据公式(2-1)，对于 $q_{\text{cc}}=(1,1,0)$，有 $g_1(d_1)=g_2(d_1)=g_3(d_1)=1$，因此 $\operatorname{sim}(d_1,q)=1$，从而找到 d_1 为与 q 相关的文档。

布尔模型具有简单、容易理解和形式简洁等优点，但在检索系统开发与应用中表现出以下问题和缺点。

精确匹配策略问题：布尔模型采用的精确匹配策略不能反映检索过程中客观存在的一些不确定性情形，认为一个文档对于某一提问式要么相关，要么不相关，这种非此即彼的二值判断严重影响到检索系统的性能，且实际中往往很难满足这一严格标准，造成检索结果无法预先估计，容易造成零输出等问题。

基于布尔逻辑表达用户需求的适用性问题：实际中把用户的信息需求表示为一个恰当的布尔表达式，尤其对于没有检索经验的用户和较复杂的检索需求，在很多情况下并不容易实现。

2.2.3　向量空间模型

鉴于布尔模型“精确匹配”策略存在的检索缺陷，20 世纪 60 年代末期，康奈尔大学的萨尔顿(Salton)基于“部分匹配”策略的思想，提出了采用线性代数理论和方法的新型检索模型，即广为人知的向量空间模型(vector space model，VSM)。该模型将文档表示为词向量，是表达文档及在文档集上进行搜索的应用最广泛的框架。

1. 文档向量

直观地，可将 D 中的文档表示为文档向量集的形式。若索引词 k_i 在文档 d_j 中出现 x 次，则文档 d_j 的向量在位置 i 上的值为 x；d_j 的文档向量中某个位置的值为 0，表示该词没

有在该文档中出现。

例 2.2 包含 4 个文档的索引词集合如表 2.1 所示，相应的文档向量如表 2.2 所示。

表 2.1 包含 4 个文档的索引词集

文档 ID	词 集	文档 ID	词 集
1	agent James bond good agent	3	James Madison movie
2	agent mobile computer	4	James Bond movie

表 2.2 文档向量

文档 ID	agent	bond	computer	good	James	Madison	Mobile	movie
1	2	1	0	1	1	0	0	0
2	1	0	1	0	0	0	1	0
3	0	0	0	0	1	1	0	1
4	0	1	0	0	1	0	0	1

不难看出，文档向量是文档集合的逻辑视图，可认为是检索过程的预处理。在表 2.2 所示的文档向量中，用各索引词的权重替代出现的次数，从而便于检索匹配的处理。通常情况下，不同索引词对表达某个文档主题的能力往往是不同的，即每个索引词应有不同的权重，如何计算文档向量中每个索引词的权值，是构建文档向量的基础，也直接关系到最终的检索匹配结果。为了构建文档向量，需解决 K 中应该包括哪些索引词、如何计算词在文档中的权重 w_{ij} 这两个问题。下面讨论词频分布和 tf/idf 权重计算方法。

2. 词频分布

词频(term frequency，tf)是指文档中词出现的次数。直观地，在一个文档中出现次数多的词比出现次数少的词更能表现文档的主题。最常见的词(如 a、an 和 the 等)对搜索无很大用处，称为停止词或禁止词(stop word)，预处理过程中首先将这类词去除。1932 年，哈佛大学语言学家齐普夫(Zipf)发现，如果把词出现的频率按照从小到大的顺序排序，则每个词出现的频率与其等级(rank)的常数次幂存在简单的反比关系，自然语言中词的 Zipf 分布如图 2.2 所示，只有极少数的词被经常使用，而绝大多数的词都很少被使用。从图 2.2 可以看出，频度最高的那部分词和频度最低的那部分词所含有的信息量最少、名次最低，因此，经典的向量空间模型选择除了这两部分之外的词(即词频/信息分布在 min 和 max 之间的词)作为索引词，这部分词对文档主题具有较强的表达能力。

3. 词的 tf/idf 权重

直观地，索引词的权重大小主要依赖于对索引词的各种频率参数的统计。考虑词对文档检索的区分作用，一个非停止词对于 D 上的搜索而言，应满足以下 2 个基本性质。

性质 1：对于一个文档，该词出现的次数越多，则该词越重要。

性质 2：对于多个文档构成的文档集，包含该词的文档数越少，则该词越重要。

将针对以上性质 1 的词权重称为局部权重，即第 i 个索引词在第 j 个文档中的权重；将针对以上性质 2 的权重称为全局权重，即第 i 个索引词在整个文档集 D 中的权重。假设 n

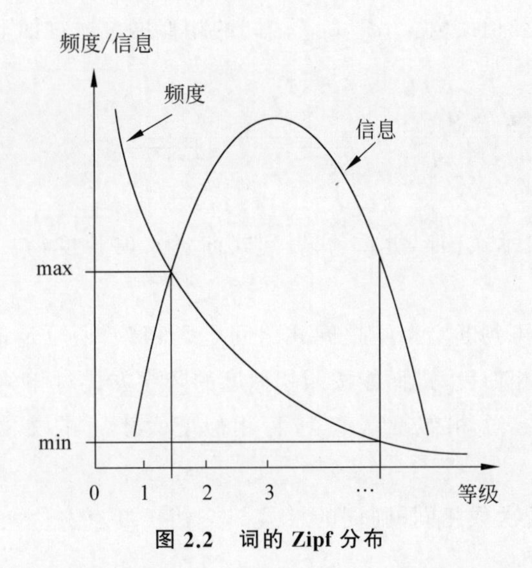

图 2.2　词的 Zipf 分布

为文档总数，n_i 为系统中含有索引词 k_i 的文档数，freq_{ij} 表示索引词 k_i 在文档 d_j 中出现的次数，idf_{ij} 表示索引词 k_i 的逆文档频率（inverse document frequency，idf），maxtf_j 表示文档 d_j 中所有索引词出现次数的最大值。那么，对于文档 d_j 中的索引词 k_i，局部权值（词频）和全局权值（文档频率）分别按照 $f_{ij}=\text{freq}_{ij}/\text{maxtf}_j$ 和 $\text{idf}_i=\log(n/n_i)$ 计算，因此，tf/idf 加权模式（索引词的权重）为 $w_{ij}=f_{ij}*\text{idf}_i$。

例 2.3　对于例 2.2 中的文档，$n=4$，$n_1=2$，$n_2=2$。对于 d_1 和 k_1，由于 $\text{freq}_{11}=2$，$\text{idf}_1=\log(n/n_1)=\log2$，$\text{maxtf}_1=\max\{2,1,0,0,1,0,0,0\}=2$，则 $f_{11}=2/2=1$，因此 $w_{11}=f_{11}*\text{idf}_1=1*\log2=\log2$。对于 d_1 和 k_2，可得到 $f_{21}=\text{freq}_{21}/\text{maxtf}_2=1/2$，$\text{idf}_2=\log(n/n_2)=\log2$，则 $w_{21}=(1/2)*\log2$。类似可得到 $w_{12}=(1/1)*\log2=\log2$。

在向量空间模型中，第 j 个文档被表示为 t-维向量，记为 $\boldsymbol{d}_j$；用与文档向量类似的表示形式，用户的提问式也被表示为 t-维向量，记为 $\boldsymbol{q}$，$\boldsymbol{q}=\{w_{1q},w_{2q},\cdots,w_{tq}\}$。其中，分量 w_{iq} 表示第 i 个索引词 k_i 在提问式 $\boldsymbol{q}$ 中的权重，且有 $w_{iq}\geqslant0(1\leqslant i\leqslant t)$。一个 w_{iq} 的推荐性计算方法如下。

$$w_{iq}=\left(0.5+0.5*\frac{\text{freq}_{iq}}{\text{maxtf}_q}\right)*\log(n/n_i) \tag{2-2}$$

其中，freq_{iq} 为在表示用户请求的文本中索引词 k_i 的出现次数，maxtf_q 为在表示用户请求的文本中所有索引词出现次数的最大值。

4. 匹配函数

基于文档和提问式的向量表示，文档与提问式之间的相关程度（也称相似度）可由它们各自向量在 t-维空间的相对位置来决定。相关度计算函数 $\text{sim}(d_j,q)$ 可有多种形式，常用的度量标准是 2 个向量夹角的余弦值，称为余弦相似度，如图 2.3 所示，其中 θ 为文档 d_j 和提问式 q 对应向量（分别记为 $\boldsymbol{d}_j$ 和 $\boldsymbol{q}$）之间的夹角。

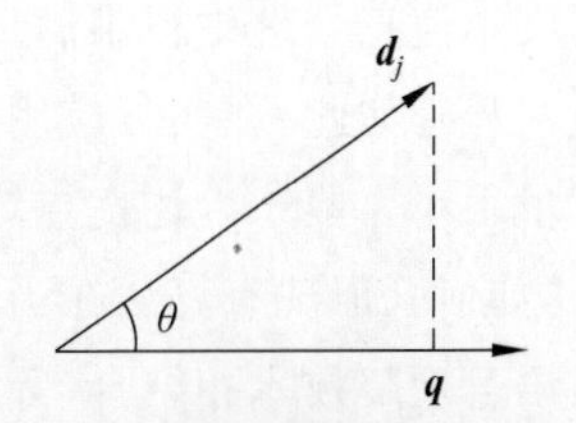

图 2.3　文档向量、提问向量及其间的夹角

根据2个向量间余弦值的含义，$\boldsymbol{d}_j$ 和 $\boldsymbol{q}$ 之间的相似度可通过如下公式计算得到。

$$\operatorname{sim}(\boldsymbol{d}_j,\boldsymbol{q})=\frac{(\boldsymbol{d}_j\cdot\boldsymbol{q})}{|\boldsymbol{d}_j|\times|\boldsymbol{q}|}=\frac{\sum_{i=1}^{t}w_{ij}\times w_{iq}}{\sqrt{\sum_{i=1}^{t}w_{ij}^2}\times\sqrt{\sum_{i=1}^{t}w_{iq}^2}},\quad 0\leqslant\operatorname{sim}(\boldsymbol{d}_j,\boldsymbol{q})\leqslant 1 \tag{2-3}$$

其中，$|\boldsymbol{d}_j|$ 和 $|\boldsymbol{q}|$ 分别表示文档向量 $\boldsymbol{d}_j$ 和提问式向量 $\boldsymbol{q}$ 的长度，$\boldsymbol{d}_j\cdot\boldsymbol{q}$ 为向量的点积（dot product）。

基于式(2-3)，不仅可判断文档与提问式之间是否相关，还可定量地计算系统中所有文档与某一提问式之间的相似度，进而能按照相似度的降序方式对相关文档进行排序，作为检索的结果。进一步指定一个相似度阈值 λ，将相似度大于 λ 的文档作为检索结果返回给用户。

注意到，若词的出现次数相同，则词的权重与文档长度有关。实际上，以上 $\operatorname{sim}(\boldsymbol{d}_j,\boldsymbol{q})$ 的计算公式中，$\frac{w_{ij}}{\sqrt{\sum_{i=1}^{t}w_{ij}^2}}$ 和 $\frac{w_{iq}}{\sqrt{\sum_{i=1}^{t}w_{iq}^2}}$ 分别为对文档长度和提问式长度的规范化，分别记为 w_{ij}^* 和 w_{iq}^*，则 $\operatorname{sim}(\boldsymbol{d}_j,\boldsymbol{q})$ 的计算可表示为 $\operatorname{sim}(\boldsymbol{d}_j,\boldsymbol{q})=\sum_{i=1}^{t}(w_{ij}^*\times w_{iq}^*)$。

例 2.4 将文档和提问式向量分别形式化地表示为 $\boldsymbol{d}_j=(w_{1j}^*,w_{2j}^*,\cdots,w_{tj}^*)$ 和 $\boldsymbol{d}_j=(w_{1q}^*,w_{2q}^*,\cdots,w_{tq}^*)$。若有 $\boldsymbol{d}_1=(0.4,0.8)$，$\boldsymbol{d}_2=(0.2,0.7)$，$\boldsymbol{q}=(0.8,0.3)$，则 $\operatorname{sim}(\boldsymbol{d}_1,\boldsymbol{q})=0.4\times0.8+0.8\times0.3=0.56$，$\operatorname{sim}(\boldsymbol{d}_2,\boldsymbol{q})=0.2\times0.8+0.7\times0.3=0.37$。若相似度的阈值 λ 为0.35，则 $\boldsymbol{d}_1$ 和 $\boldsymbol{d}_2$ 都作为检索结果返回，且 $\boldsymbol{d}_1$ 应排在 $\boldsymbol{d}_2$ 之前。

由于在向量空间模型中非结构化的文本（文档和提问式）信息被表示为向量形式，为文本信息处理找到了一个很好的突破点，也为相应的定量计算奠定了数学基础。在理论和技术上，向量空间模型的优点主要表现在以下几个方面：采用部分匹配策略，使得在算法层面上基于多值的相关性计算得以实现；采用以统计计算为基本手段的词加权处理方式，定量地区分不同词对表达文档主题的能力，使检索效果得到显著改善；采用对检索结果排序输出的策略，使得对检索结果的控制与调整具有很大的弹性和自由度。

向量空间模型也存在明显的缺陷，其中最主要的是，模型建立在文档中各索引词相互独立（两两正交）的基本假设之上，使得该模型无法揭示索引词之间的关系。这一假设在实际的文本信息处理中很难满足，从一定程度上制约了该模型的应用，也是许多改进策略的出发点。尽管如此，在实际应用中采用独立性假设来计算索引词的权重取得了很好的效果，且计算量很小。鉴于上述优点，向量空间模型一直是最流行、应用最广泛的信息检索模型。此外，如何验证现有算法在当前超大规模真实文本环境中的有效性，如何将向量空间模型与自然语言理解技术相结合，等等，都是备受关注的课题。

基于介绍的经典布尔模型和向量空间模型，读者可根据具体情况和检索需求，学习广泛应用于实际中的语言模型、隐语义模型和基于本体论的模型等。

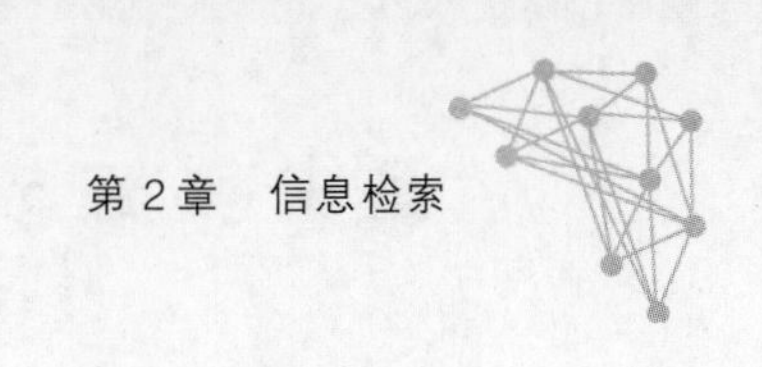

2.3　文本信息检索

文本数据是信息检索的主要对象，文本信息检索是居于主流应用地位的检索技术。本节介绍自然语言文本中词汇的分布规律、文本信息预处理、文本信息的倒排索引技术。

2.3.1　词汇的频率与数量分布规律

文本信息检索系统的处理对象主要是各种自然语言文本，在任何一种自然语言系统中，并非所有符号都是均匀分布、被平均使用的，且每个符号具有一定的频率，一个符号的使用还依赖于其前面符号的使用。在漫长发展过程中形成的自然语言词汇，各词汇的长度或所有词汇的平均长度可通过对较大规模的语料进行统计分析而得到。例如，对于英语文档集合，统计发现其单词的平均长度是 5 个字母，且这一数据在不同文档集合之间仅有较小的变化；若去除停止词，则英语单词的平均长度通常会增加到 6 至 7 个字母；等等。这些关于自然语言词汇频率和数量分布的规律，对于文本信息检索具有重要价值，齐普夫模型和 Heaps 模型是描述词汇频率与数量分布规律的两个著名的模型。

1. 词汇频率与齐普夫分布模型

在基于某种自然语言系统的文本文档集合中，词汇的使用和出现频率具有一定规律，早在 19 世纪，就有一些语言学家针对词汇进行大量的频率统计分析，并据此编制了不同的词语频率词典。频率词典实际上是一种词表，对其中的每个词，都给出它在一定长度文本中的出现频率。词的出现频率及按照其高低降序排列后产生的词的序号，是频率词典的两个基本数量指标，对这两个指标间的相互关系进行分析研究，可揭示词的频率分布规律。

1935 年，齐普夫在对大量英语词频统计数据进行系统研究的基础上总结出经验性规律，即齐普夫定律，认为在一个给定的文档集合中，如果将所有单词按其出现的频率递减排列，并用自然数依次给单词赋予等级序号$(1,2,\cdots,n)$，那么单词频率与其等级序号的乘积为一个常数，表示为 $f\times r=C$ 或 $f=C/r$，其中，f 为某单词出现的频率，r 为该单词的等级序号，C 为常数(通常和被统计文本的样本量有关)。图 2.2 中的曲线直观地描述了齐普夫定律所刻画的词频规律。

齐普夫定律描述了一个经验性规律，后来的大量统计分析表明，它比较适用于中频词，而对于低频词和高频词会产生较大的偏差。经过研究人员的不断修正和完善，齐普夫定律的更普遍形式可表示为 $f\times r^{\beta}=C$ 或 $f=C/r^{\beta}$，其中，参数 β 随样本不同而有所变化，其取值范围为 1.5～2.0。事实上，齐普夫分布是一种幂律(power law)分布，也称长尾(long tail)分布，即词的分布是一个拖着长长“尾巴”的累积分布。人们对词频分布的认识，从传统的泊松分布到长尾分布，齐普夫和 19 世纪意大利经济学家帕累托(Pareto)作出了重要贡献。类似地，帕累托发现，少数人的收入要远多于大多数人的收入，20%的人口占据了社会 80%的社会财富，这是著名的 2/8 法则。

2/8 法则是小型门户网站选择索引词的重要依据，重点关注主要索引词和 20%的流量。对于文本信息检索来说，反映长尾分布的齐普夫定律在索引词选择(如 2.2.3 节中的文档向量构建)、词表编制、倒排文档组织等方面都具有重要的理论指导作用。在电子商务和信息服务中，长尾理论也是大型门户网站及搜索引擎设计与实现的重要依据，谷歌和淘宝网都是应用长尾理论的成功案例。在电子商务活动中，因为商品的增加并不会使成本显著增加，长尾理论适合描述虚拟商品的分布；由于关注的成本降低，人们对于曲线尾部的关注增加而产生的总体效益甚至会超过只关注"头部"。因此，基于长尾理论，关注长尾上可观的访问量和长尾索引词，通过建立网上零售平台覆盖不同类型的产品，进行广告的有效投放。

2. 词汇数量与 Heaps 分布模型

在文本文档集合中，不仅词汇的频率分布具有显著的规律性，词汇的数量及其增长变化也有一定的规律性，对此研究人员提出了 Heaps 模型，认为在一个包含 t 个词的文本片段中，其词汇量(该文档中出现的不同单词的个数)V 与 t 之间的关系为 $V=K\times t^{\beta}$，其中，K 和 β 是依赖于具体文本的参数，K 是 10～100 之间的实数，β 是小于 1 的正实数($0.4\leqslant\beta\leqslant0.6$)。

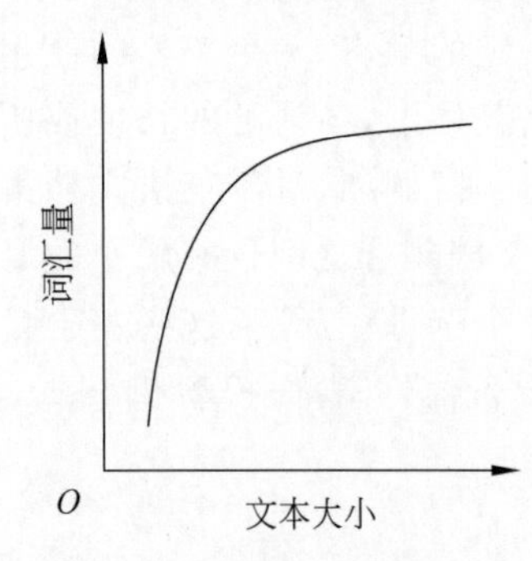

图 2.4　词汇量的 Heaps 分布

Heaps 模型揭示了词汇量随文本长度变化的规律，文本越长，它所包含的词汇就越多，图 2.4 描述了词汇的这种数量分布规律。需要说明的是，虽然 Heaps 模型在预测自然语言文本中词汇的增长变化有指导作用，但是在某种自然语言系统中，词汇量的增长将会逐渐接近某一上限，即新词汇虽然可能有所增加，但所占比例很小。

2.3.2　文本信息预处理

为了对文本进行有效的信息检索，需对采集到的文本信息进行一系列预处理。以英文文本为例，预处理操作主要包括文本词汇分析、停止词去除、词干提取、名词及名词性短语识别等，从而构建从全文文本到索引词集合的文档逻辑视图，为构建文本信息的倒排文档组织奠定基础。下面简单介绍这几个主要的预处理操作。

1. 文本词汇分析

词汇分析是对文档中的文本(字符)进行识别并转换为词的过程，这些词是索引词的候选对象。在该过程中，除了对词汇进行逐一识别和抽取外，还需特别考虑对文本中出现的数字、连字符、标点和大小写等情况进行处理。单独的数字由于不宜作为索引词而忽略，但是考虑到数字有可能与词在一起的情况，例如 Python 3.8、MP4、HXD3C 等，不能一概忽略，需根据具体情况进行分析处理。连字符将多个词组合起来使用，以表示一个完整的概念，去掉连字符后的两部分是否表示相同的意义，在分析过程中也需根据实际情况处理。在大多数情况下，文本中的标点可完全忽略，但是当标点符号是词的一部分时，就需要进行特别处理。在英文文本中，除了一些特殊的保留字，可采用大小写不敏感的策略，进而将所有文本转换为大写或小写形式。

2. 停止词去除

由词频分布的齐普夫定律可知，并非词的频度越高就对检索的价值越大；在文档中出现频度非常高的词，一般都是只有语法作用的停止词，因此考虑将这类词去除，从而节省索引文档所占的空间开销，也提高检索匹配的效率。

3. 词干提取

词干是指去掉词的附加部分（如前缀和后缀）后剩下的部分，例如 act、acting、acted 和 action 的词干是 act。在英文检索系统中，经常会出现文本中包含用户查询词的变异词，例如词的复数、动名词、过去式或过去分词等语法变异形式。词干的提取，可把许多变异词都映射到一个公共的概念词上，为这些词建立索引，可减小索引文档的规模，也可避免检索过程中同一词干的不同变异形式不能匹配的问题，明显改善检索性能。

4. 名词及名词性短语识别

经过以上的预处理操作，可得到在文本中出现的、具有一定实际意义的词语的集合，包括名词、动词、形容词、副词、代词等不同类型的词语。对于文本检索来说，名词携带了大部分语义，是最为重要的。因此，需进一步在预处理后得到的词语集合中识别和挑选名词，必要时还可将 2 个以上的名词进行组合，以形成名词性短语，成为后续索引创建过程中重点考虑和挑选的对象。

2.3.3 文本信息的倒排索引

图书馆中存放着大量书籍、拥有大量信息，想要查找关于某个主题的书籍，不可能到图书馆一本一本翻阅，而是需要先去查阅书籍的索引卡，根据索引卡上的信息找到特定书籍。因此，当一本书进入图书馆时，最重要的一步就是为其建立索引卡。同样，对于既有的信息资源，为了实现高效的检索，需为其建立索引。和关系数据库中的索引类似，针对文本检索，索引在关键词与包含该关键词的文档（或关键词在文档中的位置）之间建立一种映射关系，以达到加快检索速度的目的。在文本检索中，包括 3 类常用的索引技术：倒排文件（inverted file）、后缀数组（suffix array）和签名文件（signature file），最通用的是倒排文件技术，也是本节介绍的重点。下面介绍倒排文件的建立、使用和维护方法。

1. 倒排文件的概念

倒排文件也称倒排索引，该索引的对象是文档或文档集合中的关键词，用以存储这些词在一个文档或一组文档中出现的位置。该索引简单高效，是对文档或文档集合的一种最常用的索引机制，是文本检索的基础。例如，有的图书在最后提供的“关键词—页码”列表对，就可视为一种倒排索引，使用它可快速地找到关键词在全书中的位置，这种思想也广泛用于数据库中。倒排文件一般由词汇表（vocabulary）和记录表（posting list）两部分组成。

（1）词汇表是文档或文档中包含的所有不同词的集合（即对哪些词创建索引），对文本进行预处理后可确定词汇表。

（2）词汇表中的每一个词在文档中出现的位置或包含它的文档的编号构成一个列表，称为倒排表，这些列表的集合称为记录文件。每个词对应一个倒排表，其中包括词所在文档的编号，或词在各文档中出现的位置（文档中第几个词），或词首字母的字符位置，这些信息记录在文档所在的入口中。

通常将一个倒排表存储在单独的页中，则可能跨很多页。为了针对每一个查询都能快速找到倒排表，倒排表把所有词组织在一个二级索引结构（也称词典）中（如基于哈希值的二级索引），经过预处理后的词包含哈希值、入口词对应的词、倒排表统计信息（如包含该词的文档数)、倒排表地址(指针)等信息。对于表 2.1 中的文档集和表 2.2 中的文档向量,图 2.5 给出了一个含有二级索引结构的倒排文件,每个倒排表记录了包含入口词的文档编号(docId)和文档中出现该词的位置。

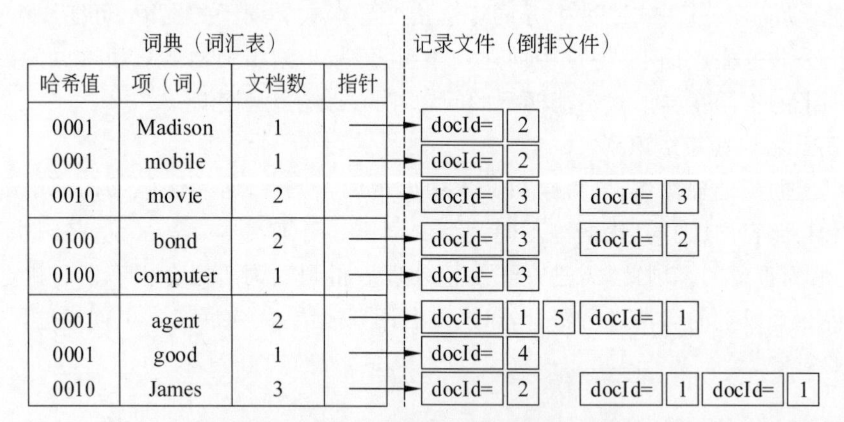

图 2.5 含有二级索引结构的倒排文件

如图 2.5 所示的倒排文件,按照文档编号来组织各个倒排表中的信息。新增文档时,只需追加在相应倒排表的末尾,即可方便地实现倒排文件更新。根据 Heaps 定律,词汇表所占空间为 $V=K\times t^{\beta}$,所占用的空间相对较小。然而,记录文件涉及文档中出现的每一个词,所占空间为 $c\times t$,其中 c 是常数,随记录文件中所存储信息的丰富程度而变化,因此记录文件所占空间相对较大,通过一些压缩技术可降低索引大小。倒排文件大小往往大于原始文档,和其他索引结构一样,都是以空间开销换取检索高效性的机制。

2. 倒排索引的建立

一般而言,由于需建立索引的文档数量较多,往往在内存中不能存储整个倒排文件。为此,根据索引文档的大小,介绍建立倒排文件的 3 种方法:基于内存、基于排序和基于合并的倒排索引建立方法。

1) 基于内存的方法

算法包括对文档集合的两次遍历。第一次遍历首先针对每个词获得出现过该词的文档数,从而获得所需内存的大小;第二次遍历充分利用内存的随机访问功能,获得包含该词的文档号及词在文档中出现的位置,快速更新每个词的倒排表。以上步骤见算法 2.1。

算法 2.1 基于内存的倒排文件建立

输入:文档集合 D,索引词集合 K
输出:倒排文件

步骤:
1. 初始遍历文档集合 D:
   对于每个索引词 $k(k\in K)$,统计包含该词的文档数 f_k
2. 在内存中建立长度为 $\sum_{k\in K} f_k$ 的数组,且对于每一个词 k,生成指向其倒排表块的指针 p_k

---

3. 再次遍历文档集合 D：
对每个文档 $d(d \in D)$ 中的每一个词 k，在 p_k 中追加 d 的序号（docId）和 k 在 d 中出现的位置；p_k 指针后移

上述方法的主要优点在于充分利用内存，几乎没有碎片产生，只要内存比最终生成的倒排文件（词汇表和记录文件）大，能有足够的空间进行其他运算，该算法就是可行的。此外，可对该算法方便地进行扩展，能以更细的粒度在记录中增加更多的信息。然而，内存不足也是该算法的瓶颈，因此适用于对较小规模的文档集建立倒排索引。

2）基于排序的方法

基于内存的方法从磁盘读取和分析文档需花费较多时间，若存储经分析处理后的文本，则其潜在的代价是带来大量的磁盘开销。因此，人们使用基于排序的算法解决上述问题，其基本思想是：用〈词，文档编号〉的二元组构成数组或文件，按照〈词，文档编号〉进行排序，而不再按照文档编号排序，然后按照此进行“文档编号”记录的合并，从而产生最终的倒排文件。该算法通过使用多路归并，使得排序过程可在磁盘上完成，且内存中不必存储整个词汇表，大大提高了系统的索引处理能力。

3）基于合并的方法

随着文档数量的不断增加，将所有词汇表存储在内存中的开销也越来越大。因此，需要将词汇表进行分块，为各个部分分别建立索引，每一部分的索引可使用前面介绍的基于内存和基于排序的方法来生成，再将各个子索引进行合并，得到最终的倒排索引。以上步骤见算法 2.2。

算法 2.2　基于合并的倒排文件建立

输入：文档集合 D，索引词集合 K
输出：倒排文件

步骤：
1. 初始生成一个基于内存的索引结构，词汇表和记录文件都使用链表等动态数据结构存储
2. 读取一个文档，对其中出现的词，将该文档编号和该词在文档中出现的位置加入到词汇表中该词的倒排表中，直到占用的内存超过一定的阈值为止
3. 将生成的包括词汇表和记录文件的临时索引结构转存到磁盘，并清空内存
4. 若所有文档处理完毕，则转到步骤 5，否则转到步骤 1
5. 合并所生成的各子索引，得到单一倒排文件

基于合并的方法只需对文档进行一次扫描和分析，效率较高，适用于各种大小的文档集合，且不显著依赖内存的大小。

3. 倒排索引的使用

基于倒排索引进行检索，通常包括以下 3 个步骤。

（1）词汇表检索：将出现在提问式 $\boldsymbol{q}$ 中的词分离出来，并在词汇表中进行检索，基于哈希函数获得各词的地址。

（2）倒排表检索：提问式 $\boldsymbol{q}$ 中所有词对应的倒排表。

（3）倒排表操作：对检索出的倒排表进行后处理，实现检索查询。

具体而言，对于含有一个词的查询，首先查找词汇表以获得该词的倒排表地址，检索倒排表得到相应的文档；若需排序，则还应计算倒排表中每个文档对于查询词的相关度。对于含有多个词的查询，首先按前述方法获得各个词的倒排表地址，每次获取一个词的倒排表；若是 AND 关系的查询词，则对各倒排表作集合交运算；若是 OR 关系的查询词，则对各倒排表作集合并运算；若需排序，必须首先获取所有的倒排表，计算每一个列表中出现的文档对于查询词集的相关度，然后按照相关度对文档进行排序。

例 2.5 基于图 2.5 中的倒排索引分别查找 Madison 和 agent AND James。

对于查询词 Madison，首先利用哈希函数获得 f("madison")＝0001，然后在哈希值为 0001 的倒排表中搜索 Madison 项，找到 docId＝3 文档，且位于该文档中第 2 个词。

对于查询词 agent AND James，首先利用哈希函数获得 f("agent")＝1000，然后在哈希值为 1000 的倒排表中搜索 agent 项，找到 agent 包含于 docId＝1 和 docId＝2 文档中；采用同样的方法，找到 James 包含于 docId＝1、docId＝3 和 docId＝4 文档中。然后做文档集合的交运算，即{docId＝1，docId＝2}∩{docId＝1，docId＝3，docId＝4}，最终找到 docId＝1 文档。

4. 倒排索引的维护

如前所述，索引需要针对数据信息的更新而自动保持与数据信息的一致性，即索引的维护。和其他类型的索引一样，倒排索引也需响应文档信息的插入、删除和修改。对于文档的更新操作，即使该文档仅修改了很少的部分，由于其他位置很可能发生变化，文档中出现的大部分词的倒排表都需修改。倒排索引的修改具有较高的代价，因此在维护倒排索引时，一般不进行修改操作，而是使用删除和插入操作来代替。下面简单介绍插入和删除这两种重要的倒排索引维护操作。

1）插入操作

在已有的倒排文件中插入一个文档，相当于在该文档包含的词所对应的倒排表末尾追加此文档的编号及每个词的位置信息。对于一般的文档，需多次调用这种插入操作，以获取倒排表，并在其末尾追加该文档集词的位置信息。插入操作的效率取决于文档中所包含词的数量，对于插入多个文档的情形，往往采用批量插入的方式。首先为待插入的多个文档建立临时内存索引结构，然后一次性地将此索引结构插入原索引中；批量插入避免了频繁更新每个倒排表而进行的磁盘访问，大大提高了插入操作的效率。

2）删除操作

文档的删除操作与插入操作类似，倒排表读取和写回的 I/O 操作代价是其主要开销。为了提高删除操作的效率，也可采取批量删除的方法。为了保证删除操作的及时性，需维护一张删除文件列表，若检索结果包含列表中的文件，则将其从结果中删除。当删除的文件达到一定的数量或机器空闲时，再执行批量的删除操作。

根据 Heaps 定律可知，使用倒排文件回答查询的时间开销与文档集合大小呈线性关系，即时间复杂度为 $O(t^{\alpha})$，其中 $0<\alpha<1$，其值与查询有关，其范围一般为 0.4～0.8。在实际应用中，倒排索引的时间和空间复杂度都接近 $O(t^{0.85})$，即面对次线性空间开销，倒排索引的时间复杂度也是次线性的，这是倒排索引的优势所在，也是其他索引很难实现的。从实际应用的角度看，有的应用本身并不需在线更新索引，或索引本身的规模很小，或更新操作非常频

繁且比较复杂，那么，权衡通过插入和删除操作来维护索引的代价以及重建索引的代价，往往重建索引速度更快、代价更小且实现更容易。因此，在这些情形下，通过重建索引来实现索引的维护，是更好的选择。

2.4　Web 信息检索

Web 信息检索，是针对互联网上数据的检索。随着网络覆盖和使用的日益广泛、数据产生渠道的日益多样化、数据采集和存储技术的不断进步，互联网上的信息量迅速增长，Web 信息检索成了一个重要的课题。Web 搜索引擎的问世，为互联网信息资源的有效管理和利用提供了巨大的工具支持，本节介绍 Web 信息搜索的基本概念、搜索引擎的工作原理，以及以网页去重和结果排序为代表的搜索引擎关键技术。

2.4.1　Web 信息搜索的概念和工作原理

1. Web 信息搜索概念

2003 年以来，互联网迎来了新一轮的快速发展，尤其是随着 Web 服务、传感器网络、社交网、移动通信、数据中心和云计算等技术的不断涌现，Web 1.0 时代逐渐过渡到以用户为中心的 Web 2.0 时代，用户产生的内容（user generated content）成了网络信息资源的重要组成部分，Web 平台也从简单的信息传播渠道转变为支持资源共享、社会交往和业务处理等多种功能的服务平台。Web 2.0 时代下的网络信息资源具有一系列新的特点，如海量、分散无序、动态变化、形式多样、非结构或半结构、语义冗余、质量控制缺乏及使用方式个性化等，给 Web 搜索技术的发展带来了新的挑战和机遇。

Web 搜索引擎作为基于 Web 平台提供网络信息检索服务的工具或系统，其发展历程经历了从早期的 FTP 类检索工具、目录浏览型搜索引擎到全文搜索引擎的转变。特别是随着谷歌等新一代搜索引擎的出现，Web 搜索的范围和准确性显著提升，搜索速度和服务功能也更为强大。根据不同的标准，搜索引擎可分为不同的类型。按检索机制可分为关键词检索型引擎和目录浏览型搜索引擎；按数据收录范围可分为综合型搜索引擎和垂直型搜索引擎；按包含检索工具的数量可分为独立搜索引擎和元搜索引擎；按开发背景可分为学术型搜索引擎和商业搜索引擎。搜索引擎不仅为用户提供了便捷的搜索体验，也带来了巨大的商业价值。许多大型搜索引擎已经演变成商业性搜索引擎，通过提供广告服务、电子商务解决方案等方式实现盈利。

2. Web 搜索引擎的工作原理

本节以独立搜索引擎为例，简单介绍 Web 搜索引擎的工作流程，以及数据采集和预处理、数据检索和信息挖掘等主要功能模块。图 2.1 展示了信息检索的基本原理，其中“信息资源集合”和“用户需求集合”仍然是 Web 搜索引擎工作流程的主线。这里，将搜索引擎的工作流程划分为数据收集和预处理、数据检索和信息挖掘这两个功能模块，如图 2.6 所示。

1）数据收集和预处理模块

网页收集系统（即 robot 或 spider）把所有网页信息下载到其服务器，其工作原理如下：选出一批高质量的 URL 作为初始搜索地址，并将这些地址放入待搜索的地址列表中；取出

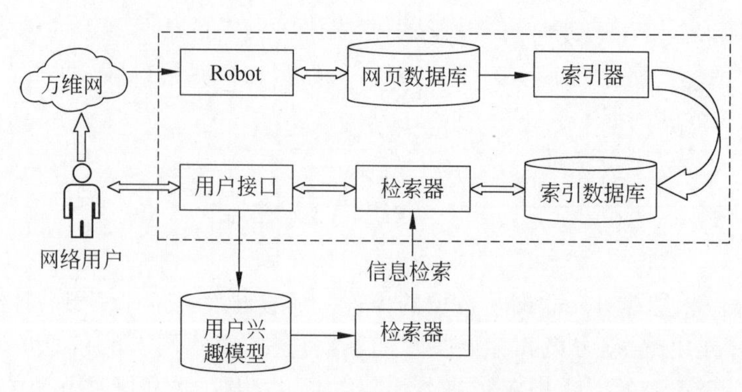

图 2.6　搜索引擎工作流程图

其中第一项，根据 HTTP 协议向对应的 Web 服务器发出请求，等待并抓取到相应的网页，下载到本地后进行预处理，并采用顺序搜索、深度优先搜索和广度优先搜索遍历策略，在该网页文件中抽取指向其他网页的超链接；对抽取出的超链接地址逐个进行处理，按照是否已被搜索过的原则分别放入近期已搜索过的 Web 站点列表和待搜索的地址列表中，直到待搜索站点列表为空。此外，要为了获取十亿数量级的网页，Robot 的实现需考虑高度并行化、计算机集群和负载均衡等策略。

然后，由程序自动进行网页去重和正文提取等预处理工作。网页去重旨在去除内容相同的网页，避免同一网站的内容被多次采集和索引，网页去重是 Web 搜索引擎的关键技术之一，将在 2.3.5 节介绍；正文提取旨在去除网页中正文有用信息之外的噪声信息，从而使用户能较快地找到自己需要的内容。接着对收集到的网页进行内容分析，进行分词和名词（或名词性短语）识别，从中提取有检索价值的特征项（即索引关键词），也对关键词出现的频度和位置进行统计和记录，进而建立倒排索引；同时，也对网页链接结构等信息进行统计和记录，为数据检索提供必要的支持。

2）数据检索和信息挖掘模块

利用一个网页作为用户接口（窗口），当用户使用搜索引擎进行检索时，在窗口中输入检索词的集合，通过网络提交给搜索引擎的服务器。服务器接收到检索请求后，首先分析检索词，并根据原先对词的统计为不同检索词赋予不同的权重，使搜索引擎能更好地理解用户的检索请求，该过程称为检索词序列构造。

针对构造好的检索词序列，在建立好的索引中查找出现检索词的文档（即网页），当得到一个满足检索需求的文档列表后，利用链接分析技术和网页中出现的词汇特征，以及用户对检索结果的反馈等特征，计算出满足检索条件的网页集合与用户检索词序列的相关度，并按照相关度递减的顺序将网页信息列表返回给用户。对于每一个检索到的网页，搜索引擎提供其标题和链接，根据检索词集动态生成的简短文摘，一些搜索引擎还提供了网页快照功能。将在 2.3.6 节介绍的用于搜索结果排序的链接分析技术，是 Web 搜索引擎的关键技术之一，也是网络信息计量学的重要研究内容，广泛用于社交网络分析、大图数据挖掘、信息资源评价等问题。

信息挖掘在早期的搜索引擎中并不多见，而是针对近年来用户对个性化服务的实际需求而出现，其主要功能是利用统计计算、数据挖掘、模式识别和人工智能等技术，从内容、结构和行为等方面对 Web 信息进行挖掘分析，以跟踪发现用户的需求、兴趣或搜索意图，建立用户画像或兴趣模型，进而对检索结果进行过滤，以提高检索效果和质量。

搜索引擎是信息检索的一种特殊应用，实现了传统信息检索系统的关键技术，如倒排索引、相似匹配等；而由于搜索引擎针对网络信息资源的大规模、超链接、异构性、动态性和质量难保证等特点，它又有其特有的关键技术。下面以数据预处理中的网页去重技术和数据检索中的排序技术为代表介绍 Web 搜索引擎中的关键技术。

2.4.2　搜索引擎中的网页去重技术

由于资源的拷贝、镜像和转载等，使得互联网上存在很多冗余的网页。统计结果表明，近似镜像或重复网页数占总网页数的比例高达 29%，而完全相同的页面大约占全部页面的 22%。大量的重复网页会引起存储资源浪费、搜索引擎性能降低等问题。网页内容相同，包括如下几种情况：网页正文完全相同，网页正文大部分相同、只有少部分不同，一个网页是另一个网页的一部分，两个网页的某些段落相同。网页去重，旨在去除内容相同的网页，避免收集这些重复网页，提高有效网页的收集速度、节省存储空间、提高检索质量，从而改善搜索引擎系统的服务质量。如何快速准确地发现这些内容上相似或重复的网页，已成为提高搜索引擎服务质量的关键技术之一。

不同的网页去重方法，本质都是比较两个网页的重合程度，通常包含文档特征抽取和压缩、文档相似度计算，以及根据文档特征重复比例确定重复网页，通过相似度迭代计算得到相近网页集合和算法优化等技术环节。

按照特征提取的粒度，网页去重方法可分为单词级别的特征提取、shingle 级别的特征提取（shingle 是若干个连续出现的单词，粒度处于单词和文档之间）以及整个文档级别的特征提取。粒度越大，计算速度越快，但会遗漏很多部分相似的文档；粒度越小，覆盖越全面，但计算速度越慢。粒度最小的情况以单词作为比较的粒度，面对大量的网页，由于计算效率太低而使这类方法并不实用。粒度最大的极端情况是每个文档用一个哈希函数编码（如 MD5），然后对编码值进行排序，并找出相同的文档，只要编码相同，就说明文档完全相同；但只能判断是否完全相同，对于文档的细微变化、部分相同及相同的程度无法判断。shingle 级别的方法可考虑以句子为单位或以段落为单位等不同粒度的编码单位，还可考虑动态的编码，首先以自然段落编码进行判别，然后针对不同的部分再以细小粒度（如句子、甚至单词级别）进行比较，因此这类方法是在速度和精确上的一种折中，具有广泛的应用和较好的可扩展性。

大多数比较两个文本相似性的方法，都以特征向量的距离度量为基础。经典的 shingle 网页去重方法面对大规模文档时，计算文本向量的时间复杂度仍很高，仍面临计算效率的挑战。对此，谷歌提出 Simhash 这一海量文本去重算法，对文本的高维特征向量进行降维，并将其转换为指纹（fingerprint），通过 2 个指纹的海明距离来确定文本的相似度。Simhash 方法具有高效性、准确性和高可扩展性等优点，近年来被广泛应用于搜索引擎网页去重和舆情监测等领域。下面分别介绍 shingle 网页去重方法和 Simhash 网页去重方法。

1. Shingle 网页去重

文档中的连续字符串称为 shingle，使用 shingle 方法判断重复网页的步骤如下。

(1) 在获取的网页信息中去除结构信息和 HTML 语法相关信息,得到文本信息。

(2) 针对每个网页产生其 shingle 集合,从网页文本中抽取出长度为 w 的单词的 shingle,其中每两个相邻的 shingle 有 $w-1$ 个单词重叠。

(3) 对于任意两个网页 A 和 B,若有 shingle 同时包含于这两个网页中,则用 A 和 B 中同时包含的 shingle 占它们包含的全部 shingle 的比例作为其相似度 $r(A,B)$,计算公式为

$$r(A,B)=\frac{|S(A)\cap S(B)|}{|S(A)\cup S(B)|} \tag{2-4}$$

其中,$S(A)$和 $S(B)$分别表示网页 A 和 B 中 shingle 的集合,若 $r(A,B)$大于给定阈值,则认为网页 A 和 B 内容重复。

由于每个网页正文产生的 shingle 数量可能会很多,为了高效计算网页相似度,可采取随机选择一些 shingle 的策略。具体而言,将一个网页文本 D 的所有 shingle 随机排序,对排序后所有 shingle 的序号对正整数 m 进行模运算,保留所有计算结果为 0(即序号为 m 的整数倍)的 shingle,这些 shingle 的集合记为 $V_m(D)$,并用 $V_m(D)$来替代网页文本的原始 shingle 集合,再使用式(2-4)计算相似度。在 shingle 方法的具体实现中,一般用二元组〈shingle,网页编号〉来表示一个 shingle,将所有网页对应文本产生的〈shingle,网页编号〉按照 shingle 进行排序。由于产生的二元组数量很大,可采用分治算法的思想,先将所有〈shingle,网页编号〉分解为多个规模较小的组,然后在每一组内进行排序,最后将所有小组的排序结果执行合并排序,继而利用有序的〈shingle,网页编号〉二元组集合来计算每两个网页的相似度。

shingle 方法成了许多相似文本判断算法的经典技术,这些算法已成功应用于 Web 搜索引擎中。例如,斯坦福大学的 Brin(谷歌创始人之一)和 Garcia-Molina 等,在"数字图书馆"工程中首次提出文本复制检测(copy protection)系统和相应的算法。

2. Simhash 网页去重方法

Simhash 是一种局部敏感哈希算法,主要用于度量大规模、长文本的相似性,其核心思想是将文档进行降维处理,生成一个固定长度的二进制串(即 Simhash 值),通过使用海明距离比较这些二进制串的相似度来评估文本的相似程度,海明距离越小,表示越相似。相似文本的 Simhash 值相似度高,不相似文本的 Simhash 值相似度低。Simhash 算法生成的哈希值不仅可判断原始值是否相等,还能在一定程度上通过该值计算出内容的相似度。针对等价的关键词,基于 Simhash 算法得到的哈希值也相近,这一局部敏感哈希性质保证了基于 Simhash 算法可准确地判断两个文本的相似程度。在实际应用中,为了应对大规模、长文本的相似度计算需求,常采用分块和分桶等空间换时间的策略来优化计算过程。Simhash 去重方法的主要步骤包括分词、哈希值计算、加权合并、降维、距离计算等步骤。

1) 分词

对给定文本进行分词处理,得到有效的特征向量,为每一个特征向量设置权重值,得到〈特征,权重〉对的集合。一般使用 2.2.3 节中介绍的 tf/idf 权重计算方法设置特征向量的权重,也可以根据特定业务需求指定权重。

2) 哈希值计算

使用哈希函数计算各个特征向量的哈希值,得到固定长度的二进制向量(即 0 和 1 组成

的签名)，得到〈哈希值，权重〉对的集合。通常可使用 MD5 和 HA-1 等传统算法计算哈希值，然后取哈希值的前若干位作为二进制向量。

3) 加权合并

基于计算得到的哈希值，使用按位加法或按位异或(XOR)运算，对所有特征向量进行加权，例如，对于哈希值中的 1，将哈希值与权重正相乘；对于哈希值中的 0，将哈希值与权重负相乘。然后将各个特征向量的加权结果累加，得到一个累加向量。

4) 降维

将累加向量的每个元素与阈值进行比较，若累加向量的某个元素的值大于阈值，则 Simhash 值的对应位为 1，否则为 0，从而得到最终的 Simhash 值(也称为 Simhash 指纹)。

动画 2-1

5) 距离计算

两个 Simhash 值对应 0-1 串中取值不同位的数量为它们的海明距离(即它们异或运算结果中 1 的个数)，从而基于每个文本的 Simhash 值计算它们的相似度。

下面通过一个简单的例子展示 Simhash 方法的执行过程。

例 2.6　若有文本 A“我喜欢看电影”和文本 B“我喜欢看电视剧”。

首先，对两个文本进行分词并计算每个词的权重，假设分词结果为“我”、“喜欢”、“看”、“电影”和“电视剧”，简单起见，这里每个词都分配权重 1。

接着，对每个词计算哈希值，得到一个固定长度的二进制向量。假设“我”的哈希值为 1010，“喜欢”的哈希值为 0110，“看”的哈希值为 1100，“电影”的哈希值为 1001，“电视剧”的哈希值为 0101。

然后，根据词的权重对哈希值进行加权合并。由于每个词的权重为 1，直接进行按位模 2 加法运算，即可得到文本 A 的累加向量为 1010＋0110＋1100＋1001＝10101，文本 B 的累加向量为 1010＋0110＋1100＋0101＝10001。

其次，设阈值为 1，将累加向量的每个元素与 1 进行比较，由于累加向量的元素只有 0 和 1 两种取值，直接取累加向量的值作为 Simhash 值，得到文本 A 和 B 的 Simhash 值分别为 10101 和 10001。

最后，文本 A 和文本 B 的 Simhash 值的海明距离为 2(即有两个位不同)，进而判断它们的相似度，说明这两个文本具有一定的相似性。

2.4.3　搜索引擎中的结果排序技术

用户对搜索引擎的满意和青睐，很大程度上取决于网页相关排序的结果是否满足用户的需求，从这个意义上说，搜索引擎中的检索结果排序是搜索引擎的核心。早期的相关性分析基于每个网页中词的出现频率而进行，没有利用网页的更多信息。20 世纪 90 年代后期，用于搜索引擎相关排序的链接分析方法有效利用了网页中的链接信息，产生了较好搜索结果。基于网页链接结构分析的相关排序思想出现于 1998 年，主要根据网页被链接或被引用的情况来判断页面信息的权威性(即重要性)，以此来优化搜索结果的排序，使结果更客观和公正。众多链接分析方法中，最具代表性的是谷歌的 PageRank 算法和 IBM Clever 的 HITS(hyperlink-induced topic search)算法，后续的很多链接分析算法都基于这两个算法改进衍生而得到，这些算法大都已被不同的商业搜索引擎所采用，在实际应用中发挥了很重要

的作用。下面重点介绍 PageRank 算法，也简单介绍个性化 PageRank 算法和 HITS 算法的基本思想。

1. PageRank 算法

链接流行度(link popularity)作为搜索引擎对网页链接数量与质量衡量的依据，对于网页排名具有重要作用。基于链接流行度，决定网页排名的因素主要包括：一是链接数，被其他网页链接的次数越多，该网页的访问者可能就越多；二是访问数，该网页本身的访问次数越多，其重要性也越高；三是链接源，如果被其他有较高排名的网页链接所需指向，该网页的排名也会提升。在网页排序中，链接流行度反映了网页的重要程度。S. Brin 和 L. Page 于1998 年提出 PageRank 算法，该算法可对所有网页进行重要性排序，实现对网页链接流行度的评估，一个网页的 PageRank 值越高，代表其链接流行度越高。

1) 基本思想

在有向图上定义一个随机游走模型，即给定图结构的初始 PageRank 值及转移矩阵，其中 PageRank 值代表节点的重要程度，再根据状态转移矩阵进行随机游走，从而不断更新节点的状态值。当随机游走的迭代次数趋于无穷时，访问图中每个节点的概率会收敛到平稳分布，各节点的平稳概率值就是其最终 PageRank 值。

(1) 随机游走模型。

随机游走是指任何无规则行走者所带的守恒量都各自对应着一个扩散运输定律，接近于布朗运动。以网页排序为例，随机游走模型就是针对浏览网页的用户行为建立的抽象概念模型，可将所有网页建模为含有 n 个节点的有向图，图中节点表示状态、有向边表示状态之间的转移，转移矩阵 $\boldsymbol{M}$ 为如下的 n 阶矩阵：

$$\boldsymbol{M}=[m_{ij}]_{n\times n} \tag{2-5}$$

其中，如果节点 j 有 k 个有向边链出且节点 i 是其链出的一个节点，则第 i 行第 j 列的元素 m_{ij} 的值为$\frac{1}{k}$，否则 m_{ij} 的值为 0($i,j=1,2,\cdots,n,i\neq j$)。

转移矩阵 $\boldsymbol{M}$ 具有如下性质：

$$m_{ij}\geqslant 0,\quad \sum_{i=1}^{n}\sum_{j=1}^{n}m_{ij}=1 \tag{2-6}$$

式(2-6)满足马尔可夫矩阵的定义，即对于其任意初始分布 π^0，有$\lim\limits_{n\to\infty}\pi^0P^n=\pi$，且分布 π 与 P 稳定存在，因此转移矩阵 $\boldsymbol{M}$ 可平稳收敛。用 n 维的列向量$\boldsymbol{R}_t$ 表示某个 t 时刻访问各个节点的概率分布，则在$(t+1)$时刻访问各个节点的概率分布 $\boldsymbol{R}_{t+1}$ 满足

$$\boldsymbol{R}_{t+1}=\boldsymbol{M}\boldsymbol{R}_t \tag{2-7}$$

按式(2-7)迭代计算，可使图中各节点的状态值趋于稳定，即分布 $\boldsymbol{R}$ 收敛。

(2) PageRank 定义。

根据随机游走模型的思想，所有节点的 PageRank 值为

$$\boldsymbol{R}=\left(d\boldsymbol{M}+\frac{1-d}{n}\boldsymbol{E}\right)\boldsymbol{R}=d\boldsymbol{M}\boldsymbol{R}+\frac{1-d}{n}\boldsymbol{Z}_n \tag{2-8}$$

其中，$d\,(0\leqslant d\leqslant 1)$为阻尼因子(damping factor)，$\boldsymbol{E}$ 为元素值全为 1 的矩阵，$\boldsymbol{R}$ 为 n 维向量，$\boldsymbol{Z}_n$ 为分量均为 1 的矩阵；第一项表示根据转移矩阵 $\boldsymbol{M}$ 访问各个节点的概率，第二项表示完

全随机访问各个节点的概率；阻尼因子 d 取值一般为 0.85，保证了在随机游走过程中即使有节点没有链出，也能以第二项的概率随机访问其他节点。

进而根据如下公式计算得出每个节点的 PageRank 值：

$$\mathrm{PR}(v_i)=d\left(\sum_{v_j\in M(v_i)}\frac{\mathrm{PR}(v_j)}{L(v_j)}\right)+\frac{1-d}{n}\quad(i=1,2,\cdots,n) \tag{2-9}$$

其中，$M(v_i)$ 为指向 v_i 的节点的集合，$L(v_j)$ 为 v_j 的链出总数；第二项称为平滑项，使所有节点的 PageRank 值均大于 0，因此，$\mathrm{PR}(v_i)>0(i=1,2,\cdots,n)$ 且 $\sum_{i=1}^{n}\mathrm{PR}(v_i)=1$。

加入了平滑项后，各个节点的 PageRank 值都满足式(2-6)描述的性质，因此所有节点的 PageRank 值最终会趋于稳定分布。

2）算法步骤

幂法是一种常用的 PageRank 值计算方法，通过矩阵主特征值和主特征向量的近似计算求得有向图中各节点的 PageRank 值，其中，主特征值为绝对值最大的特征值，主特征向量为其对应的特征向量。算法 2.3 给出幂法的执行过程。

算法 2.3　基于幂法计算 PageRank 值

输入：

$\boldsymbol{M}$：含有 n 个节点的有向图的转移矩阵，d：阻尼系数，$\boldsymbol{x}_0$：初始向量，ε：收敛阈值

输出：

$\boldsymbol{R}$：PageRank 矩阵

步骤：

1. $t\leftarrow 0$
2. Repeat

　　$\boldsymbol{A}\leftarrow d\boldsymbol{M}+\frac{1-d}{n}\boldsymbol{E}$　　//根据式(2-8)计算有向图的一般转移矩阵 $\boldsymbol{A}$

　　$\boldsymbol{y}_{t+1}\leftarrow\boldsymbol{A}\boldsymbol{x}_t$

　　$\boldsymbol{x}_{t+1}\leftarrow\frac{\boldsymbol{y}_{t+1}}{\|\boldsymbol{y}_{t+1}\|}$　　//根据式(2-7)迭代计算，并对结果向量进行规范化

　Until $\|\boldsymbol{x}_{t+1}-\boldsymbol{x}_t\|<\varepsilon$

3. $\boldsymbol{R}\leftarrow\boldsymbol{x}_t$　　//停止迭代，得到各节点的概率分布
4. $\boldsymbol{R}\leftarrow\boldsymbol{R}/\mathrm{sum}(\boldsymbol{R})$　　//对 PageRank 矩阵进行归一化，sum($\boldsymbol{R}$)为矩阵 $\boldsymbol{R}$ 所有元素之和
5. Return $\boldsymbol{R}$

动画 2-2

对于包含 n 个网页的情形，PageRank 算法的计算开销来源于所有节点 PageRank 值的更新，每一次 PageRank 值的迭代计算都需考虑所有节点之间的链接信息，对应时间复杂度为 $O(n^2)$。设 PageRank 迭代终止条件为 $\|\boldsymbol{x}_{t+1}-\boldsymbol{x}_t\|<\varepsilon$，$\boldsymbol{x}_t$ 代表第 t 步的特征向量，则算法的时间复杂度为 $O(t(\varepsilon)\times n^2)$，其中 $t(\varepsilon)$代表由收敛阈值 ε 决定的迭代次数。

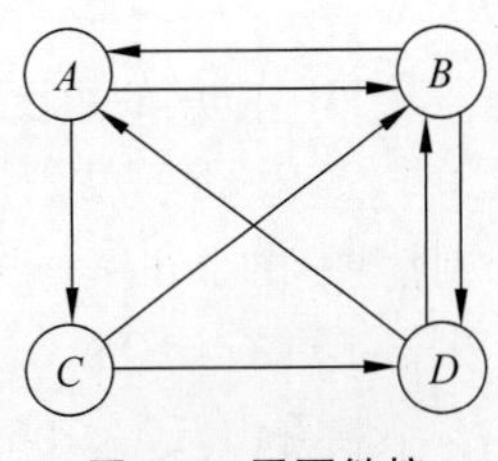

图 2.7　网页链接

下面通过一个简单的例子展示算法 2.3 的执行过程。

例 2.7　使用算法 2.3 计算图 2.7 中网页的 PageRank 值，取 $d=0.85$。

令 $t=0$，初始化向量 $\boldsymbol{x}_0$：

$$x_0=\begin{bmatrix}1\\1\\1\\1\end{bmatrix}$$

计算有向图的一般转移矩阵 $\boldsymbol{A}$：

$$\boldsymbol{A}=d\boldsymbol{M}+\frac{1-d}{n}\boldsymbol{E}=0.85\times\begin{bmatrix}0&1/2&0&1/2\\1/2&0&1/2&1/2\\1/2&0&0&0\\0&1/2&1/2&0\end{bmatrix}+\frac{0.15}{4}\times\begin{bmatrix}1&1&1&1\\1&1&1&1\\1&1&1&1\\1&1&1&1\end{bmatrix}$$

$$=\begin{bmatrix}0.0375&0.4625&0.0375&0.4625\\0.4625&0.0375&0.4625&0.4625\\0.4625&0.0375&0.0375&0.0375\\0.0375&0.4625&0.4625&0.0375\end{bmatrix}$$

进行迭代计算并进行规范化处理：

$$\boldsymbol{y}_1=\boldsymbol{A}\boldsymbol{x}_0=\begin{bmatrix}1\\1.425\\0.575\\1\end{bmatrix},\quad \boldsymbol{x}_1=\frac{1}{1.425}\begin{bmatrix}1\\1.425\\0.575\\1\end{bmatrix}=\begin{bmatrix}0.7018\\1\\0.4035\\0.7018\end{bmatrix}$$

$$\boldsymbol{y}_2=\boldsymbol{A}\boldsymbol{x}_1=\begin{bmatrix}0.8285\\0.8732\\0.4035\\0.7018\end{bmatrix},\quad \boldsymbol{x}_2=\frac{1}{0.8732}\begin{bmatrix}0.8285\\0.8732\\0.4035\\0.7018\end{bmatrix}=\begin{bmatrix}0.9488\\1\\0.4621\\0.8037\end{bmatrix}$$

继续进行迭代计算和规范化处理，得到 $\boldsymbol{x}_t(t=0,1,\cdots,10)$ 的向量序列：

$$\begin{bmatrix}1\\1\\1\\1\end{bmatrix},\begin{bmatrix}0.7018\\1\\0.4035\\0.7018\end{bmatrix},\begin{bmatrix}0.9488\\1\\0.4621\\0.8037\end{bmatrix},\cdots,\begin{bmatrix}0.2781\\0.3246\\0.1558\\0.2415\end{bmatrix},\begin{bmatrix}0.2781\\0.3246\\0.1557\\0.2416\end{bmatrix}$$

从而得到如下的稳定分布，即网页排序结果：

$$\boldsymbol{R}=\begin{bmatrix}0.2781\\0.3245\\0.1557\\0.2416\end{bmatrix}$$

从实际应用的角度看，搜索引擎收集的网页在数十亿数量级，网页数量不断增加，内存成了 PageRank 算法的瓶颈。因此，可根据内存大小对链接关系矩阵进行分块，按照分块来分别计算；由于在每一次递归计算中各块的计算是相互独立的，还可以将这些计算分布到多台机器上并行计算。

不难看出，PageRank 算法可快速找出图中占主导地位的节点，对每个节点计算出全局重要性，完全独立于查询、只依赖于网页的链接结构，针对整个 Web 的链接结构可离线计算，从而提升了检索效率，在实际应用中有利于快速响应用户请求；一个网页的拥有者很难将指向自己网页的链接添加到其他重要网页中，因此具有反作弊能力。

在实际应用中，谷歌对最终的搜索结果进行排序时，对于提问式 $\boldsymbol{q}$，首先利用 2.2.3 节中的相似度函数找到匹配的网页，然后利用式(2-9)计算每一个网页的重要性，即同时考虑网页的内容特征和链接信息，把检索词与网页的相似度和基于链接的网页重要程度结合起来，作为搜索结果排序的依据：

$$\text{RankingScore}(\boldsymbol{q},\boldsymbol{d})=\alpha\cdot\text{sim}(\boldsymbol{q},\boldsymbol{d})+\beta\cdot\text{PR}(\boldsymbol{d}) \tag{2-10}$$

其中，$\alpha,\beta\in[0,1]$，$\alpha+\beta=1$，$\text{sim}(\boldsymbol{q},\boldsymbol{d})\in[0,1]$，$\text{PR}(\boldsymbol{d})\in[0,1]$，$\alpha$ 和 β 的值也可根据具体情况随时进行调整。

2. 个性化 PageRank 算法

PageRank 算法模拟用户对网页的访问行为，PageRank 值根据状态转移矩阵进行随机游走，该过程中每个网页节点以等概率被随机选择，可表示为向量 $\boldsymbol{r}=\left[\frac{1}{n},\frac{1}{n},\cdots,\frac{1}{n}\right]$，第 $k+1$ 次游走的结果 $\text{PR}^{(k+1)}$ 基于第 k 次的结果 $\text{PR}^{(k)}$ 而计算，式(2-9)中 PageRank 值的迭代计算过程可进一步描述为

$$\text{PR}^{(k+1)}=(1-d)\boldsymbol{r}+d\boldsymbol{M}\text{PR}^{(k)} \tag{2-11}$$

其中，d 为阻尼因子，$\boldsymbol{M}$ 为转移矩阵。

针对图中所有节点进行全局 PageRank 值的计算，难以应对推荐系统类应用场景，为了根据用户喜好来推荐不同的商品，改进的个性化 PageRank 算法（Personalized PageRank，PPR）通过设置个性化向量，将式(2-9)第二项中的 $1/n$ 替换成为 0 或 1，为随机游走过程设置一个起始节点（或节点集），用来计算其他节点相对于该起始节点的重要性，把随机选择一个点开始游走的操作替换为首先计算所有节点对用户 u 的相关度，再从用户 u 对应的节点开始游走，每到一个节点，以 $1-d$ 的概率停止游走，并从 u 重新开始或以 d 的概率继续游走，从当前节点指向的节点按照均匀分布来随机选择继续游走的节点。对于某个用户而言，某些物品重要性的计算公式如下，具体包括：

$$\text{PR}(i)=(1-d)r_i+d\sum_{i=1}^{n}\frac{\text{PR}(T_i)}{L(T_i)} \tag{2-12}$$

其中，若 $i=u$、则 $r_i=1$，否则 $r_i=0$，即返回概率针对用户 u 是 1，其他节点为 0。T_i 为指向 i 的节点，$L(T_i)$ 为 T_i 链出的节点数。

经过多轮游走之后，每个节点被访问到的概率也会收敛趋于稳定。此时可依据概率对剩余节点进行排序，继而生成推荐列表。可以看出，PPR 每次重新游走时，总是从用户 u 节点开始，而传统 PageRank 算法可能从任一节点以 $\frac{1}{n}$ 的概率开始。

3. HITS 算法

HITS 算法最早由 IBM 的 J. Kleinberg 提出并应用于 IBM 研究院的 Clever 系统中，该系统中描述了以下两类网页：权威型（authority）网页，对于一个特定的检索，该网页提供最好的相关信息，包含用户要检索的内容；目录型（hub）网页，提供很多指向其他高质量权威型网页的超链接信息。

HITS 算法的基本思想是目录型与权威型网页之间存在相互作用和促进，具体包括：

(1) 一个目录型网页再指向一个或多个网页,提供了指向权威型网页的链接集合。

(2) 目录型网页提供了指向就某个公共话题而最为突出的站点链接。

(3) 好的目录型网页指向许多好的权威型网页,好的权威型网页也往往由许多好的目录型网页所指向。

因此,Clever系统为每个网页定义了"目录型权值"和"权威型权值"两个参数,HITS算法的执行是一个"迭代—收敛"的过程,基本步骤如下:

(1) 对提问式 $\boldsymbol{q}$ 进行检索,从返回的查找结果中选取前 n 个页面作为根集合(记为 S),其中的网页称为基页。例如,可从搜索引擎返回的结果中取前100个网页作为基页。通过向 S 中加入 S 所引用的网页和引用 S 的网页,将 S 扩展为一个更大的集合 T。重复该过程,直到 T 足够大。

(2) 以 T 中的目录型网页为顶点集合 V_1(指向很多网页的网页),以权威型网页(被很多网页所指向的网页)为顶点集合 V_2,V_1 中的网页到 V_2 中的网页的链接为边集合 E,这样形成一个二分图 $SG=(V_1,V_2,E)$。对 V_1 中的任何一个顶点 v,用 $h(v)$ 表示网页 v 的目录型权值(hub值);对 V_2 中的任何一个顶点 u,用 $a(u)$ 表示页面 u 的权威型权值(authority值)。

(3) 分别对 u 执行I操作,修改其 $a(u)$ 值,对 v 执行O操作,修改其 $h(v)$ 值。

① I操作:$a(u)=\sum h(v),v:(v,u)\in E$,用指向 u 的网页 v 的hub值修正 u 的authority值。

② O操作:$h(v)=\sum a(u),u:(v,u)\in E$,用 v 指向的网页 u 的authority值修正 v 的hub值。

以上I操作和O操作的实质是,指向 u 的网页越重要,u 的权威性越高;v 指向的网页越权威,v 的重要性越突出,即两类网页的重要性相互促进。

(4) 经过多次迭代计算之后,$a(u)$ 和 $h(v)$ 的值都会收敛到正常和稳定的值。选出authority值较大者即为好的权威型网页,选出hub值较大者即为好的目录型网页。

以上HITS算法在生成检索结果的同时计算网页的权重,优点是具有较强的灵活性,不足之处在于,对于提问式 $\boldsymbol{q}$ 实时进行计算,效率不高;步骤(1)包括了很耗时的根集扩展操作;只针对一个很小的子图进行链接分析,且对子图敏感;迭代计算过程并不考虑根集合中的词、仅关心基页之间的链接关系,而词描述了搜索的内容及主题,因此会导致主题漂移。

不难看出,PageRank算法和HITS算法有一些相似之处,它们都通过网页中的超链接信息来计算网页的重要程度,支持搜索结果的排序,是搜索引擎链接分析的两个最基础且最重要的算法。但是,两者在基本概念、模型、计算思路及技术实现细节等方面有很多不同之处,主要差异概括如下。

从计算效率和处理对象集合大小的角度:PageRank算法是离线(即预先)进行的,对数据库中的所有网页都计算权值,结果排序时直接使用,更适合部署在服务器端;而HITS算法是实时(即在线)进行的,仅为每个已执行的检索任务构建根集并作扩展,然后对其中的网页进行排序计算,更适合部署在客户端。

从网页权重值传播的角度：PageRank 算法基于网页间的单向链接，网页权重值从一个网页传递到另一个网页，只需计算一个参数值；而 HITS 算法基于网页间的双向链接，网页权重值会在权威型网页和目录型网页之间相互加强，对于每个页面，需要计算两个参数值。在搜索引擎领域，人们往往更重视 HITS 算法计算出的 authority 值。在一些应用 HITS 算法的其他领域，hub 值也有很重要的作用。

从满足用户检索查询的角度：PageRank 算法在处理宽泛的用户查询时更有优势；而 HITS 算法存在主题漂移问题，所以更适合处理具体的用户查询。

从算法灵活性的角度：PageRank 算法在收集网页的操作完成一个周期后计算每个网页的权重，用户检索时直接取出作为排序的部分依据，权重预先计算好，因此缺乏灵活性；而 HITS 算法在生成检索结果的同时计算网页的权重，相对 PageRank 算法灵活性更强。

从算法稳定性的角度：PageRank 算法对所有网页的链接关系图进行计算，稳定性较好；而 HITS 算法的计算只针对一个很小的子图，并对该子图很敏感，扩展网页集合内链接关系的很小改变，就会对最终结果的排序产生很大影响。

从链接反作弊的角度：PageRank 算法从机制上优于 HITS 算法，HITS 算法更易遭受链接作弊的影响。

2.5　信息检索评价指标

较少耗费情况下尽快、全面地返回准确的结果，是信息检索系统的目标。检索评价是对信息检索系统性能（即满足用户检索需求的能力）进行评价的活动，旨在提高检索系统资源分配的合理性，比较各种检索技术的优劣，发现各种因素对系统性能的影响，找出系统存在的缺陷和原因，改进现有检索系统，促进新技术和新系统的研发。信息检索评价一直是信息检索领域的重要课题，人们在长期的评价实践中已总结出一些较合理的评价指标和方法。随着信息资源的爆炸性增长、信息检索的应用日益广泛，检索评价也进一步发展成为一项专门技术。在各类信息检索评价活动中，性能评价指标受到研发人员的广泛关注，本节介绍单个查询、多个查询、面向用户的评价指标，以及搜索引擎的性能评价指标。

2.5.1　单个查询的评价指标

对于单个查询的情形，传统的检索性能评价包括以下 6 种：收录范围（coverage）、查全率（recall，简记为 R）、查准率（precision，简记为 P）、响应时间（response time）、用户负荷（user effort）和输出方式（output format），其中最重要、最常用的是查全率和查准率。下面分别介绍几个主要的评价指标。

1. 查全率和查准率

对于文档集 C 和提问式 $\boldsymbol{q}$，$\boldsymbol{q}$ 对应的标准相关文档集为 R，基于给定检索方法或系统针对 q 进行检索返回的文档集为 A，设 A 与 R 的交集（即 A 中实际相关的文档集）为 R_a，如图 2.8 所示。

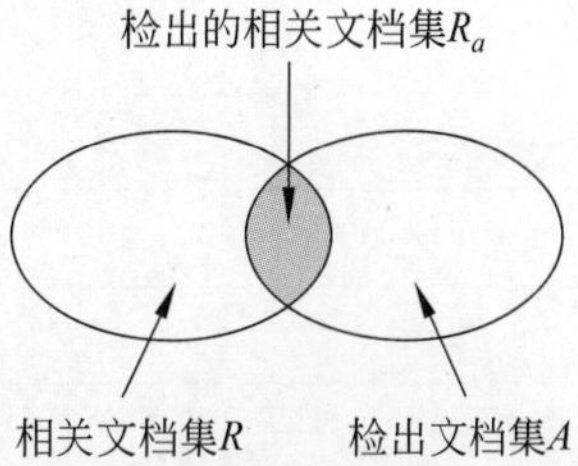

检出的相关文档集R_a

相关文档集R　　检出文档集A

图 2.8　提问式 q 的文档集

查全率（也称召回率）为检出的相关文档数与标准相关文

档数的比值，反映了标准的相关文档有多少被检出，是衡量系统在某一检索作业中检出相关文档能力的一种测度指标，计算公式为

$$R = |R_a| / |R| \tag{2-13}$$

查准率为检出的相关文档数与检出文档数的比值，反映了检出的文档中有多少是相关的，是衡量系统在实施某一检索作业中检索准确度的一个测度指标，计算公式为

$$P = |R_a| / |A| \tag{2-14}$$

例 2.8 对于提问式 $\boldsymbol{q}$，若标准的相关文档集为 $R=\{d_2, d_5, d_9, d_{12}, d_{23}\}$，而检出的文档集为 $A_q=\{d_3, d_4, d_5, d_6, d_8, d_{10}, d_{12}, d_{19}, d_{20}, d_{23}\}$，则 $R_a=\{d_5, d_{12}, d_{23}\}$。根据式(2-13)和式(2-14)，可得到 $R=3/5$ 和 $P=3/10$。

2. 查全率和查准率的替代性指标

1) 查准率—查全率曲线

作为一对最流行的评价指标，查全率和查准率之间存在密切的关系。实际中，由于检索系统对检索词返回的结果比较多，系统一般不会一次性地将检索出的结果文档集都返回给用户，而是先对 A 中文档进行相关度排序，然后由用户从第一篇文档开始查看排序列表。在这种情况下，查全率和查准率指标会随着用户对排序列表的检查而变化，此时，查全率—查准率曲线更能清晰地描述评价结果，如图 2.9 所示。

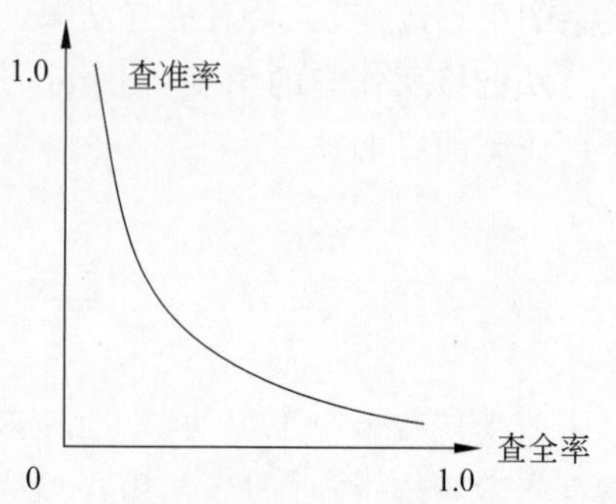

图 2.9 查准率—查全率曲线

例 2.9 对例 2.8 中的情形，假设检索系统对 q 返回的前 10 个文档进行排序，查全率和查准率如表 2.3 所示。随着查全率的增大，查准率逐渐减小，与图 2.9 中的情形相一致。

表 2.3 返回文档排序、查全率和查准率

序号	文档	是否相关	查全率/%	查准率/%
1	d_{23}	相关	20	100
2	d_3	不相关		
3	d_4	不相关		
4	d_5	相关	40	50
5	d_6	不相关		
6	d_8	不相关		
7	d_{10}	不相关		
8	d_{12}	相关	37.5	60
9	d_{19}	不相关		
10	d_{20}	不相关		

更一般地，人们往往采用 11 点标准查全率下的查准率曲线，即分别计算查全率为 0，10%，20%，…，100%（共 11 个点）下的查准率，再绘制查全率—查准率曲线。但是，由于每个查询的查全率值不一定就是这 11 个标准查全率，因此需要对查全率进行插补。设 r_j（$j=0,1,\cdots,10$）为第 j 个标准查全率的一个参量（如 r_2 是查全率为 20%的参量），则：

$$P(r_j)=\max_{r_j\leqslant r\leqslant r_{j+1}} P(r) \tag{2-15}$$

也就是说，第 j 个标准查全率水平的插补查准率是介于第 j 个和第 $j+1$ 个查全率之间的任意一个查全率所对应的查准率的最大值。对例 2.8 中的情形，查全率为 0 和 10%时，插补查准率为 100%；查全率为 30%时，插补查准率为 50%；查全率为 50%时，插补查准率为 37.5%；查全率为 70%、80%和 90%时，插补查准率为 0。

对于单个查询，查全率—查准率曲线简单直观，既体现了检索结果的覆盖度，也体现了检索结果的排序情况，但难以表示多个查询的检索结果的优劣。

2）调和平均数（harmonic mean）

R 和 P 的调和平均数记为 F，基于 F 可只需一个单一的数字就可评价系统的检索效果，便于比较不同搜索系统的整体效果，计算公式如下。

$$F=2\bigg/\left(\frac{1}{R}+\frac{1}{P}\right) \tag{2-16}$$

3）E 测度

R 和 P 的加权平均记为 E，计算公式如下。

$$E=1-(1+b^2)\bigg/\left(\frac{b^2}{R}+\frac{1}{P}\right) \tag{2-17}$$

与 F 类似，基于 E 也只需一个单一的数字就可评价系统的检索效果。与 F 不同的是，E 指标可通过调整参数 b 来反映 R 和 P 的相对重要性。当 $b=1$ 时，R 和 P 同等重要，此时 $E=1-F$；当 $b>1$ 时，P 的重要性大于 R；当 $b<1$ 时，R 的重要性大于 P。

4）$P@K$

用 $P@K$ 度量排名前 K 的检索结果中相关文档所占的比率，即前 K 个搜索结果的查准率，计算公式如下。

$$P@K=|\mathrm{R}_a@K|/K \tag{2-18}$$

其中，$\mathrm{R}_a@K$ 为搜索结果中排名前 K 的文档集。

2.5.2　多个查询的评价指标

前面介绍的基于查全率和查准率的评价指标，都是针对一个查询的。在实际中，也需要针对多个查询来评价检索算法，主要采用平均查准率、平均查准率均值和微平均查准率这 3 个评价指标。

1. 平均查准率（average precision）

平均查准率旨在比较同一目标的不同算法或对不同文档集合检索的相同算法之间查全率和查准率的关系，针对多个查询，对每个查全率情形下的查准率进行算术平均，计算公式如下。

$$\bar{P}(r)=\sum_{i=1}^{N_q}\frac{P_i(r)}{N_q} \tag{2-19}$$

其中，$P_i(r)$为查全率为 r 时第 i 个查询的查准率，N_q 为查询总数。

2. 平均查准率均值(mean average precision，MAP)

单个查询的 MAP 通过逐个考查排序结果中每个新的相关文档，再对其查准率进行算术平均后得到。系统检索出来的相关文档排序位置越靠前，平均查准率就可能越高。多个查询的 MAP 是查询的平均查准率的平均值，是反映系统在全部查询上性能的单值评价指标，也是代表性的排序感知的评价指标，计算公式如下。

$$\text{MAP}=\frac{1}{N_q}\sum_{i=1}^{N_q}\left[\frac{1}{r_i}\sum_{j=1}^{r_i}\frac{j}{\text{第 }j\text{ 个相关文档的位置}}\right] \tag{2-20}$$

其中，N_q 为查询总数，r_i 为第 i 个查询的相关文档数。

例 2.10 假设有两个查询，查询 1 和查询 2 的相关文档数分别为 4 和 5。检索系统对于查询 1 检索出 4 个相关文档，其排序分别为{1,2,4,7}；对于查询 2 检索出 3 个相关文档，其排序分别为{1,3,5}。查询 1 的平均查准率为(1/1+2/2+3/4+4/7)/4≈0.83，查询 2 的平均查准率为(1/1+2/3+3/5)/5≈0.45，因此，根据式(2-20)得到 MAP=(0.83+0.45)/2。

3. 微平均查准率(micro average precision)

微平均查准率是将所有查询视为一个查询，针对检出的所有相关文档得到的平均查准率，计算公式如下。

$$\text{Micro}P=\frac{\sum_{i=1}^{N_q}ra_i}{\sum_{i=1}^{N_q}a_i} \tag{2-21}$$

其中，N_q 为查询总数，ra_i 为第 i 个查询检出的相关文档数，a_i 为第 i 个查询检出的文档数。

例 2.11 假设有两个查询，检索系统对于查询 1 检索出 80 个文档，其中 40 个是相关文档；对于查询 2 检索出 30 个文档，其中 24 个是相关文档。根据式(2-21)得到 Micro$P$=(40+24)/(80+30)≈0.58。

2.5.3 面向用户的评价指标

对于特定查询，一个文档是否具有相关性，很大程度上取决于用户的主观判断，往往涉及用户知识状态、待处理问题、所处环境、检索目标和动机等因素。覆盖率、新颖率、相对查全率和查全努力是主要的面向用户的评价指标。

1. 覆盖率(coverage)

假设对于某一特定的用户查询，标准相关文档集和实际检出文档集分别用 R 和 A 表示($A\cap R\neq\varnothing$)，用户检索前已知与自己检索请求相关的文档集用 U 表示($U\subseteq R$)。令 $R_k=A\cap U$，表示已检出的、用户以前已知的相关文档集；令 $R_U=(A\cap R)-R_k$，表示已检出的、用户以前未知的相关文档集。覆盖率定义为在用户已知的相关文档集中被检出的相关文档所占比率，计算公式如下。

$$\text{coverage}=|R_k|/|U| \tag{2-22}$$

2. 新颖率

新颖率(novelty)定义为用户检出的相关文档集中,以前未知的相关文档所占比率,计算公式如下。

$$\text{novelty} = |R_U| / |R_U + R_k| \tag{2-23}$$

显然,高的覆盖率意味着检索系统可为用户发现大多数他所期望得到的相关文档,而高的新颖率意味着检索系统在一次检索中可为用户发现更多以前未知的新的相关文档。

3. 相对查全率

相对查全率(relative recall)是检索系统检索出的相关文档占用户期望得到的相关文档的比率,特别地,当用户已经获得了他所期望得到的所有文档时,相对查全率为 1。

4. 查全努力

查全努力(recall effort)是用户期望得到的相关文档占为得到这些相关文档而在检索结果中审查文档的比率。

实际中没有一个搜索引擎系统能搜集到所有网页,因此查全率很难计算。鉴于 Web 信息资源的海量性,查询返回的结果网页规模较大,因此目前的搜索引擎系统都非常关心查准率;同时,搜索引擎需反映 Web 信息资源的动态变化,且满足用户对信息查询的需求,提升用户的搜索体验,常用的包括收录范围、数据库内容、更新速度、死链接率等的数据库规模和内容指标,索引方式、范围和深度等的索引方法指标,基本检索功能(如布尔检索)和高级检索功能(如相似检索、多语种检索)的检索功能指标,排序方式、界面布局、联机帮助、界面广告、显示内容及格式、后处理功能(如摘要、聚类、翻译)等的检索结果处理指标,响应时间、查准率(主要是第一页结果的准确性)、重复信息返回的过滤、中英文混合检索能力等的检索效果指标,以及系统的稳定性指标,等等。

2.6　思　考　题

1. 列举一些信息检索的现实应用,并阐述其中信息检索任务的处理思路。

2. 一些停止词在特定任务中可能具有特殊意义而被保留,给出保留停止词的一些场景,并综合考虑任务目标和数据特征,说明保留停止词的原因。

3. 如何从文本中自动提取索引词?给出一种方法并阐述其可行性。

4. 如何处理倒排索引中的重复项?结合例子阐述方法的可行性。

5. 简述实现智能信息检索的系统结构、相关模型和主要方法。

6. 设计采用分治策略的 shingle 网页去重算法,给出算法思想和主要步骤。

7. 阐述 Web 挖掘和 Web 信息检索的区别和联系。

8. MapReduce 是面向大数据并行处理的编程模型和计算框架,Spark 是专为处理大规模数据而设计的通用计算引擎。查阅 MapReduce 和 Spark 的相关资料,分别设计基于 MapReduce 和 Spark 的 PageRank 算法,对大规模网页并行地计算其 PageRank 值。

9. 给定检索系统 1 和系统 2,对查询 1 和查询 2 的 5 次搜索结果("√"表示搜索结果相关),如表 2-4 所示。

表 2-4 数据表

	#1	#2	#3	#4	#5
系统 1,查询 1	d_3√	d_6√	d_8	d_{10}	d_{11}
系统 1,查询 2	d_1√	d_4	d_7	d_{11}	d_{13}√
系统 2,查询 1	d_6√	d_7	d_2	d_9√	
系统 2,查询 2	d_1√	d_2√	d_4	d_{13}√	d_{14}

分别计算 $P@2$ 和 $P@5$,并分析两个系统对查询 1 和查询 2 的优劣。

第3章　数据组织和架构

3.1　数据组织概述

自20世纪70年代起,传统数据库系统在事务处理上取得了显著成就,但在分析处理上却面临挑战。由于部门间数据抽取的差异、时间不一致、外部信息和分析程序的多样性,分析结果的可靠性受到影响;数据分散于多个数据库,导致分析处理效率低下;历史数据存储时间各异,数据集成性不足,加大了数据转化为信息的难度。因此,直接在事务处理环境中构建分析型处理应用并不理想。为解决这些问题,数据仓库(data warehouse)在20世纪90年代应运而生,它从事务处理环境中提取并重新组织分析型数据,构建了一个独立的分析处理环境。数据仓库有效地整合了跨业务、跨系统的数据,为管理分析和业务决策提供了统一的数据支持。与数据库系统不同,数据仓库专注于历史性、综合性和深层次的数据分析,提供多维查询分析,使用户能够更灵活、直观、简洁地进行数据操作,从而提高数据分析和决策的效率及有效性。

随着互联网尤其是移动互联网的迅速普及,数据规模急剧膨胀,远超传统数据仓库的扩展能力。同时,半结构化、非结构化数据的规模和类型迅速增加,使得数据仓库在存储容量和存储类型上捉襟见肘,难以满足企业的存储和分析需求。为应对这一挑战,数据湖(data lake)作为一种可扩展的新型数据存储库被提出,它以多样化原始数据为导向,实现了任意来源、速度、规模、类型数据的全量获取、全量存储、多模式处理与全生命周期管理,为数据挖掘、预测建模和机器学习等高级分析应用提供了强大的数据支持。然而,随着数据湖的广泛应用,数据割裂、资源重复浪费等问题逐渐浮现。为解决这些问题,2016年阿里巴巴率先提出了数据中台(data middle platform)的概念,其核心在于避免数据重复计算,通过数据服务化提升数据共享能力、赋能数据应用。

与此同时,向量数据库(vector database)作为一种先进的数据管理系统,专门设计用于处理和存储高维向量数据,这些数据通常来源于机器学习、深度学习或其他复杂的数据表示模型。与传统的关系型数据库和文档数据库不同,向量数据库的优势在于其高效的向量相似性搜索能力,这得益于其构建的KD树、球树或局部敏感哈希等复杂索引结构。随着人工智能和大数据技术的飞速发展,特别是在海量数据集中寻找与查询向量最接近的匹配项时,向量数据库的重要性日益凸显。向量可被视为多维空间中的点,每个维度代表数据的不同特征,这使得向量数据库在自然语言处理、图像和视频检索、目标检测、推荐系统、异常检测等多种应用场景中发挥着关键作用。随着技术的不断进步,向量数据库正逐渐展现出其在实时响应查询、实时决策和个性化服务等方面的卓越性能。尽管向量数据库是一个相对较新的领域,其迅速发展已吸引了大量研究和商业投资,在未来的数据管理和人工智能应用中将占据核心地位。

作为信息系统的核心需求和数据管理的重要内容,几乎所有信息系统都需要有效地组织、存储、操纵和管理业务数据。本章围绕数据组织和架构的关键问题,讨论数据仓库、数据湖与数据中台,以及向量数据库,介绍数据仓库的概念、特征及体系结构,数据湖和数据中台的基本原理、体系结构及代表性的数据湖平台 Hudi,最后介绍向量数据库的基本概念、核心技术原理及代表性产品。

3.2 数据仓库

3.2.1 数据仓库的基本特征

一个普遍认可的数据仓库的定义为:数据仓库是一个面向主题的、集成的、时变的、不可更新的数据集合,用以支持管理层的决策制定过程和商业智能。该定义指出了数据仓库的 4 个重要特征。

1. 面向主题

数据仓库中的数据是围绕企业的关键主题而组织的。主题是一个抽象的概念,是在较高层次上将企业信息系统中的数据综合、归类后进行分析利用的抽象,因此,主题也称为高层实体。例如,客户、患者、学生、产品、时间等,都是经常使用的主题。在逻辑意义上,主题是对企业中某一宏观分析领域所涉及的分析对象,针对某一决策问题而设置。面向主题的数据组织方式,就是在较高层次上对分析对象的一个完整和一致的描述,能统一刻画各个分析对象所涉及的各项数据及数据之间的相互联系。相对面向应用的数据组织方式而言,按照主题进行数据组织的方式具有更高的数据抽象级别。

需要说明的是,数据在数据仓库中可如同在数据库中一样,以表的形式进行存储,但数据的组织和建模方式与数据库系统相比有了较大的改变。

2. 集成

数据仓库中存储的数据使用一致的命名约定、格式、编码规则和相关特性来定义,这些相关特性可从内部记录系统或组织机构外部获得。

决策支持系统本身就需要全面、正确、集成的数据,相关数据收集越完整,得到的结果就越可靠。数据仓库将关系数据库、一般文件和联机事务处理记录等多个异构数据源集成在一起,在集成过程中使用数据清理和数据融合技术,确保命名约定、编码结构、属性度量等的一致性。一方面,原有数据库系统以事务处理方式记录每一项业务的数据,在进入数据仓库之前需经过综合处理,抛弃一些分析处理不需要的数据项,必要时还要增加一些相关的外部数据。另一方面,数据仓库的每一个主题所对应的源数据,在分散的数据源中可能存在重复或不一致的部分,需利用数据清理方法将这些数据转换为全局统一的定义,消除冗余、错误和不一致数据,以保证数据质量。

3. 时变

数据仓库中的数据包含一个时间维度,可用来研究趋势和变化。

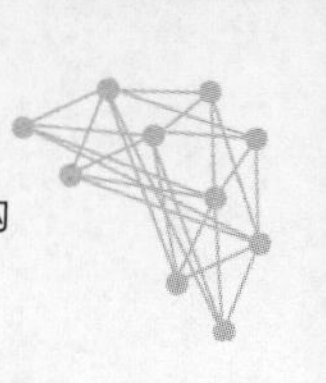

数据仓库以分析为目的，需把不同时间段的业务情况记录下来，如同一组镜头中的一幅幅画面，将其连续播放就会产生动画效果。对于瞬间图像而言，时间并不是一个变量，而是静止不变的，但对于动画而言时间，则是不断变化的，动画可根据观看者的要求按任意方向以任意速度播放。数据仓库类似动画，业务决策者按照不同的时间观察数据的曲线及趋势，便于制定决策。

4. 不可更新

也称为"非易失"或"稳定"，即数据仓库中的数据从操作型系统加载和刷新，但不可由最终用户来更新。

如前所述，数据仓库的数据与事务处理的数据物理分离，从而不影响事务处理系统的使用。由于这种分离，数据仓库不需要事务处理、恢复和并发控制机制，通常只需要数据初始化装入和数据访问这两种数据处理。由于数据仓库中的数据是只读的，所以不存在多个用户同时对同一记录进行读写操作时被锁定的问题。也就是说，数据仓库所创建的是一个只读数据库系统，系统只为数据库不断增加新的记录，而系统中已经存在的记录不会被改动。

3.2.2　从操作型系统到信息型系统

作为一种信息型系统（informational system），数据仓库中的数据来源于各分散的操作型系统（operational system）；独立的数据仓库，可避免操作型处理与信息型应用混淆时而导致对资源的争用。下面首先介绍这两类系统的基本概念，并从多个角度对其进行比较，也使读者进一步理解数据仓库的概念。

操作型系统是用来根据当前数据而实时运行业务的系统，也称为记录系统。例如，学生选课、销售订单处理、商品预订、患者挂号等都是典型的操作型系统，它们必须处理相对简单的读/写事务，并需要快速响应。信息型系统是为了支持依据历史时间点的瞬态数据和预测数据来执行决策而设计的系统，也是为复杂查询或数据挖掘应用而设计的系统。例如，销售趋势分析、客户与市场细分、人力资源规划等系统，都是典型的信息型系统，它们通过只读操作对数据进行分析处理。表 3.1 从不同特征的角度比较了操作型系统和信息型系统。

表 3.1　操作型系统和信息型系统的比较

特　征	操作型系统	信息型系统
主要目的	执行当前业务	支持管理层决策制定
数据类型	当前状态的当前表示	历史时间点和预测数据
主要用户	职员、销售人员和管理员	管理人员、业务分析人员和客户
使用范围	较窄，有计划、简单的查询和更新	较宽，复杂查询和分析
设计指标	性能、吞吐量和可用性	易于灵活地访问和使用
数据量	持续不断地查询或更新一条或多条记录	定期分批地查询或更新很多记录或所有记录

3.2.3　数据仓库体系结构

根据应用需求的不同和所采用技术本身的特点，数据仓库的体系结构可分为以下 4 种类型：一般两层结构、独立数据集市、依赖数据集市和操作型数据存储、逻辑数据集市和实时数据仓库。

1. 一般两层体系结构

数据仓库的一般两层体系结构如图 3.1 所示，包括源数据系统、数据和元数据存储区两个层次。

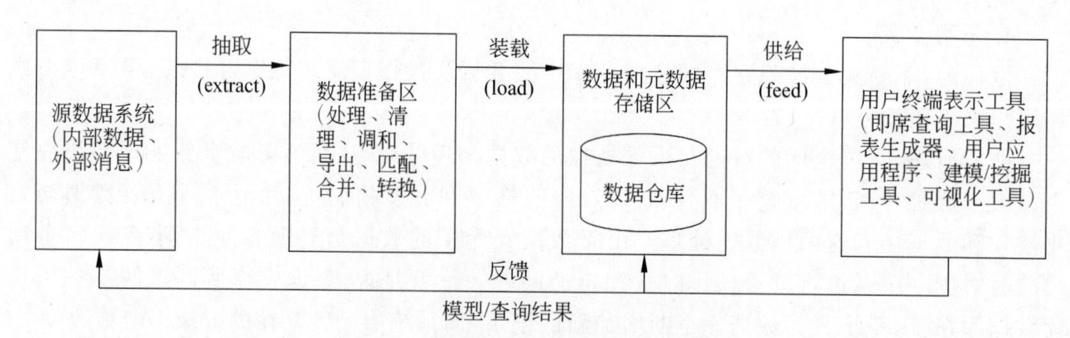

图 3.1　数据仓库的一般两层体系结构

构建这一体系结构的 4 个基本步骤如下。

(1) 从各种内部及外部的源系统文件和数据库中抽取数据，在大型组织机构中，通常可能有几十个甚至数百个这样的文件和数据库。

(2) 把来自各类源系统的数据加载到数据仓库之前进行转换和集成，事务可能被发送到源系统中，以纠正数据准备中发现的错误。

(3) 将数据准备预处理后的数据装载到数据仓库中，包括详细数据和汇总数据。

(4) 用户通过多种查询语言和分析工具来访问数据仓库，预测和预报等的结果会反馈到数据仓库和源系统中。

在以上步骤中，从源数据系统进行数据的抽取(extract)、转换(transform)和装载(load)，简记为 ETL，是数据仓库构建的基本流程，由于其重要性而被称为数据仓库的“血液”。经过多年的发展，目前已有许多有效的 ETL 工具，这些工具的功能越来越全面，多种数据源的处理能力和自动化处理功能也日益增强。具体而言，数据仓库的 ETL 工具一般包括以下功能部件。

1) 数据抽取

从源系统中提取出与数据仓库主题相关的必需数据。例如，若某超市确定以分析客户的购买行为为主题建立数据仓库，则只需将与客户购买行为相关的数据抽取出来，而对于其他数据，没有必要抽取并存储到数据仓库中。数据抽取一般包括静态(static)抽取和增量(incremental)抽取这两种类型，静态抽取是在某一时间点捕获所需要源数据快照的一种方法，用来在初始时填充数据仓库；增量抽取是一种只捕获自上次捕获之后源数据所发生变化的方法，用于数据仓库的维护。

2) 数据清理

保证足够的数据质量是 ETL 面临的最大挑战，直接影响后续的分析处理和所得到信息的有效性。从数据仓库的角度，对不同源系统中冗余、不一致或不同步的数据，在进入数据仓库之前就予以更正或删除，以保证数据仓库中数据的质量，是数据清理的主要目的。

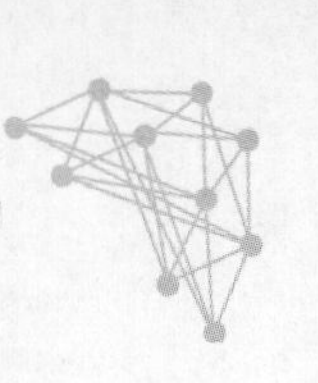

3）数据转换

将不同源系统中同类信息的不同数据类型及不同数据格式转换为统一的表示，数据转换功能可分为记录级功能和字段级功能。最重要的记录级功能包括选择（根据条件分割数据集）、连接（合并各种数据源）、规范化（消除数据异常）和聚合（获得概要级别的数据）；字段级功能将数据从源记录中的给定格式转换为目标记录中的不同格式，包括从单一源字段转换为单一目标字段，以及从一个或多个源字段转换到一个或多个目标字段。例如，对零售业务记录按照商店、商品及日期等进行汇总，以得到总销售额；将时间格式“年/月/日”和“月/日/年”统一转换为“日—年—月”。

4）数据装载

将预处理后的数据按照物理数据模型定义的结构装入数据仓库，包括清空数据域、填充空格和有效性检查等操作。刷新（refresh）和更新（update），是将数据装载到数据仓库的两种基本模式。刷新模式采用定期批量重写目标数据来填充数据仓库，而更新模式只将源数据中的变化写入数据仓库。最初创建数据仓库时，一般采用刷新模式来填充数据仓库，而在随后的维护中，一般采用更新模式；刷新模式与静态抽取一并使用，而更新模式与增量抽取一并使用。此外，为了高效地管理和检索数据仓库中的数据，需要为其创建索引，数据仓库常用的索引是位图索引（bitmap index）和连接索引（join index）。索引的概念，这里不做赘述。

2. 独立数据集市的数据仓库体系结构

在图3.1给出的一般两层体系结构中，数据仓库中存储了按照不同主题而组织的整个企业的信息。然而，针对实际中一些特定的分析任务，若只涉及某一个或几个主题，则没有必要检索数据仓库中所有主题的数据，而只需对相关主题的部分数据进行分析，这样也可提高分析处理的效率。例如，市场发展规律的分析主题主要由市场部门的人员使用，可在逻辑上或物理上将这部分数据分离出来，当市场部门人员需要信息时，只需在与市场部相关的部门数据上进行分析。因此，为了特定用户群的决策制定，关注面向企业中某个部门（主题）的数据子集，可从数据仓库中划分出来，或从源数据系统由独立的ETL过程获得，这样的数据子集称为数据集市（data mart，DM）。

由于组织机构可能只关注一系列短期有利的业务目标，因此通常需要创建独立数据集市，图3.2给出了包含独立数据集市的数据仓库体系结构。在这一体系结构中，数据集市中的数据相分离，每个数据集市对应了独立的ETL过程，使得用户访问独立数据集市中的数据时较复杂，且可能导致各数据集市中数据的不一致性。鉴于该体系结构的实际需求及技术上的缺点，人们对独立数据集市的价值展开了激烈争论，包括数据集市是否应该从企业范围内决策支持数据的一个子集以自底向上的方式发展，针对分析处理的数据集市数据库应该规范化到什么程度，等等。

3. 依赖数据集市和操作型数据存储体系结构——三层结构

从技术和可伸缩性的角度，针对独立数据集市体系结构的局限性，人们提出数据仓库三层体系结构，其出发点主要包括：降低冗余数据及其处理的较高代价，提供一个清晰的企业级数据视图，具备向下钻取细节信息的分析能力，降低扩大规模和保持分离数据一致性的成本。

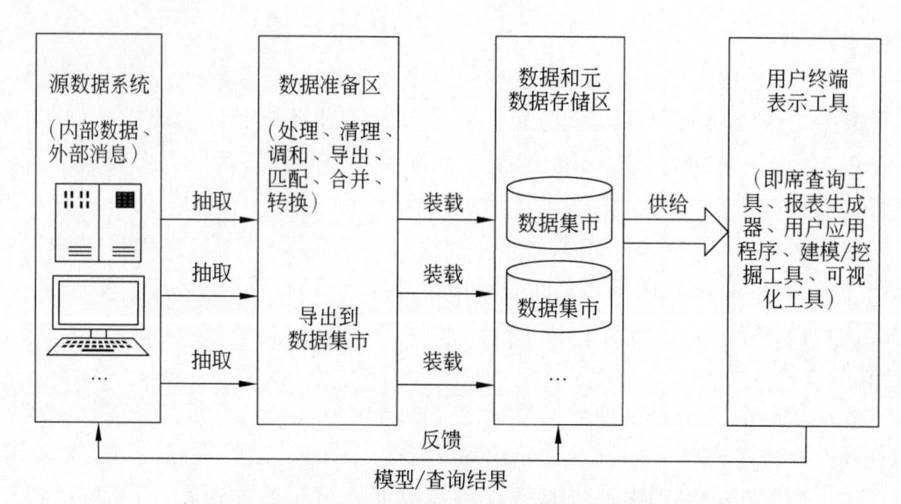

图 3.2　独立数据集市的数据仓库体系结构

采用"源数据系统—操作型数据存储—企业数据仓库和依赖数据集市"表示的三层结构，是较早出现用来解决独立数据集市局限性最普遍的一种方法，如图 3.3 所示。与独立数据集市体系结构相比，新增加的一层是"操作型数据存储"，而"数据和元数据存储层"则重新进行了配置。这种体系结构也被称为"中心辐射型"(hub and spoke)结构，其中，企业数据仓库(enterprise data warehouse，EDW)是中心、源数据系统和数据集市输入/输出辐射的两端。

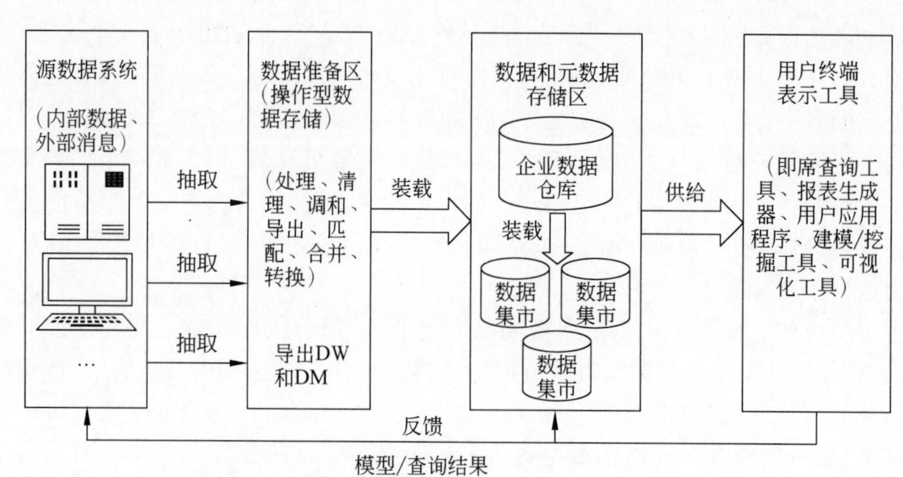

图 3.3　依赖数据集市和操作型数据存储的三层体系结构

EDW 是一个集中式的集成数据仓库，是决策支持应用程序最终用户可获得的所有数据的控制点和唯一"真实版本"；依赖数据集市(dependent data mart)是从 EDW 中以互斥方式而填充的数据集市。通过从 EDW 把数据根据部门或主题装载到依赖数据集市，解决了冗余数据和企业数据视图的局限性。一是 EWD 提供了一个简化的、高性能的环境，与特定部门用户群的决策制定需求相一致；二是用户群可访问其数据集市，同时需要其他数据时，用户仍可访问 EDW；三是由于每个数据集市都以同步方式从 EDW 这一相同数据源装载而

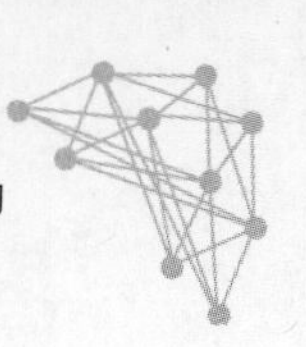

来，跨依赖数据集市的冗余在计划之内，且冗余的数据是一致的。

操作型数据存储(operational data store，ODS)是一个集成、面向主题、可更新、具有当前值、企业范围的详细数据库，其设计目的是为操作型用户执行决策支持处理提供服务，为操作型数据提供综合来源，克服了向下钻取细节信息方面的局限性。一般情况下，ODS 是一个关系数据库，其规范化针对决策制定应用程序，通过类似关系数据库规范化的方式进行。ODS 包含易变的当前数据，而不包含历史数据，因此，对 ODS 的相同查询在不同时间可能产生不同的结果。ODS 可立即从源数据系统接收数据，也可在一定延迟后接收数据，无论何种情况，ODS 都起着数据准备区的作用，通过它将数据装载到 EDW。

图 3.3 给出的依赖数据集市和操作型数据存储体系结构，也称为企业信息工厂(corporate information factory)，被视为组织机构数据的综合视图，支持用户对数据的所有需求。

4. 逻辑数据集市和实时数据仓库体系结构

针对中等规模的数据仓库或使用高性能数据仓库技术的情形，可使用逻辑数据集市和实时数据仓库体系结构，如图 3.4 所示。其中，操作型数据存储和企业数据仓库并不分开，比常用的三层体系结构少了一层。事实上，如果 EDW 和 ODS 为同一个存储实体，用户自底向上或自顶向下的钻取都会更容易实现。

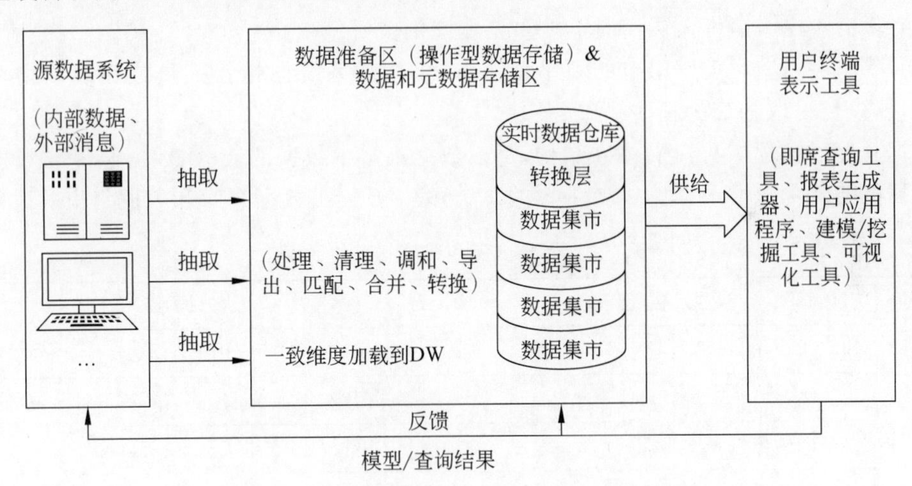

图 3.4　逻辑数据集市和实时数据仓库体系结构

从逻辑数据集市的角度，该体系结构具有如下特征。

(1) 逻辑数据集市(logical data mart)并不是物理上分离的数据库，而是具有一定反规范化特征的关系型数据仓库的不同关系视图。

(2) 数据从源数据系统抽取后被转移到数据仓库，而不是转移到与数据仓库相分离的数据准备区，从而可利用数据仓库技术的高性能计算能力来执行清理和转换任务。

(3) 由于数据集市是数据仓库的视图，因此，一方面，数据集市可被快速地创建，并不需为其创建物理数据库，也不需专门编写装载例程；另一方面，视图被使用时其中的数据才被创建，数据集市总是最新的，避免了由于数据重复存储而造成的不一致。此外，若用户需频繁执行相同的查询来处理数据集市的相同实例，可使用物化视图机制来进行查询优化。

从实时数据仓库的角度,该体系结构具有如下特征。

(1) 实时数据仓库(real-time data warehouse),是一种近乎实时地接受源数据系统供给事务数据的企业数据仓库。它分析数据仓库中的数据,并近乎实时地将新的业务规则传递到数据仓库和源数据系统,以便立即采取行动来响应业务事件。

(2) 针对需要对组织机构当前的、综合的状态做出快速响应的情形,该体系结构保证了源数据系统、决策支持服务和数据仓库可接近实时的速度来交换数据和业务规则。也就是说,实时数据仓库通过所有信息的共同作用减少了从事件发生到采取行动之间的延迟,缩短了业务事件发生时捕获客户数据、分析客户行为、预测客户对可能采取行动的反应、制定优化客户交互的规则等的处理时间。

邮政快递和包裹投递服务是实时数据仓库的一个典型范例,通过频繁地扫描包裹,可精确地知道包裹在传输系统中所处的位置;根据包裹数据、定价、客户服务等级协议及物流时机等,通过实时分析,能自动为包裹重新选择路线,以较好地实现对客户所做的投递承诺。事实上,除了上述范例,实时数据仓库有许多有益的实际应用,例如:

(1) 及时运送。根据最新库存水平重新选择投递路线。

(2) 电子商务。在用户下线之前,通过弃置的购物车信息给用户发送电子邮件,告诉用户一些奖励或优惠政策。

(3) 营销监控。销售人员实时监控重要账户的关键绩效指标。

(4) 欺诈检测。对于信用卡的不平常事务模式,使系统向销售人员或在线购物车例程发出警报,以便采取相应的预防措施。

数据仓库的前述 3 种典型体系结构,都以数据集市中数据的装载、数据仓库与数据集市之间数据的流动为核心。作为本节内容的总结,表 3.2 给出数据仓库和数据集市的区别。

表 3.2　数据仓库和数据集市的区别

	数据仓库	数据集市
范围	独立于应用	特定决策支持应用
	企业级,集中式	部门级,区域分散
数据	大量的历史数据	适度的历史数据
	最细的粒度	较粗的粒度
	稍微反规范化	高度反规范化
	大规模	开始小规模,逐渐变大
主题	企业多个主题	部门或特殊的分析主题
来源	多个内部或外部来源	少数几个内部或外部来源
其他	面向数据	面向项目
	生命周期长	生命周期短
	复杂的单一结构	相对简单的多种结构,合在一起较复杂
	海量数据分析处理和探索	便于访问分析,快速查询

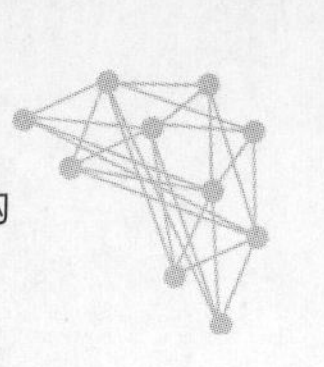

需要说明的是，数据量并不是区分数据仓库和数据集市的唯一尺度；单一数据集市的复杂程度低于数据仓库，但是建立数据集市的过程很耗时，几乎与建立一个数据仓库一样，需要相同的计划和管理，且需要把数据模型化，因此，建立数据集市并不比建立数据仓库容易；由于数据集市针对特殊的业务需求而采取面向特定应用的数据模型，数据集市的伸缩、追加数据、扩展数据宽度都非常困难，因此，数据集市并不能较容易地升级到数据仓库。

3.3　数　据　湖

3.3.1　数据湖概述

从 20 世纪 90 年代起，数据仓库就开始大量用于企业决策，经过多年的发展，已成为企业信息集成和辅助决策应用的关键技术。然而，随着 Web 2.0 的兴起，非结构化数据迅速增加，数据仓库作为一个面向主题、以关系型数据库为基础、用以支持管理决策的数据集合，逐渐难以满足企业的数据存储和处理需求，而以数据湖的方式构建的数据存储和处理系统可面向海量、多源、异构的数据进行决策分析。例如，可通过对论坛和微博等非结构化数据进行综合分析，梳理或检验其中蕴含的事实和趋势，揭示隐藏的内容和信息传播的规律，对事件发展做出预测，以协助相关部门有效应对各种突发事件。

数据湖的概念最早由 Pentaho 首席技术官 James Dixon 于 2010 年提出，他将数据集比喻为大自然的水，各个江川河流的水未经加工、源源不断地汇聚到数据湖中，为企业带来各种分析和探索的可能性。随着数据湖研究和应用的不断深入，一个普遍认可的数据湖定义是：数据湖是一种灵活的、可扩展的数据存储库和管理系统，以原始数据格式接收和存储数据，并提供按需处理和数据分析的能力。该定义指出了数据湖的两个重要特征。

数据湖存储原始数据：数据湖可存储未经任何处理的数据，且支持存储任意类型的数据，包括结构化数据（如关系型数据库表）、半结构化数据（如 JSON 和 XML 文档等）和非结构化数据（如电子邮件和视频等）。

数据湖支持按需处理和数据分析：当把数据写入数据湖时，不需提前定义数据的存储结构和模式，只有应用程序需要数据时才会根据需求定义数据的存储结构和模式，因此数据处理更加灵活，可满足按需处理和数据分析的要求。

由上述定义可知，数据湖与数据仓库形成鲜明对比，数据仓库通常以关系型数据库为基础，在数据类型和数据量上都有很大限制，而数据湖是一种灵活且可扩展的数据存储库，可将任意大小和类型的数据存储到数据湖中；数据仓库遵循传统的 ETL 流程，首先从源数据系统中抽取数据，然后对数据进行转换，并将转换后的数据装载到数据仓库中，数据在装载到数据仓库之前需定义好数据的存储结构和模式，即“写时模式”（schema-on-write）。而数据湖以原始格式存储数据，只有当准备使用数据时，才对数据的存储结构和模式进行定义，即“读时模式”（schema-on-read）。因此，数据湖与传统数据仓库的 ETL 思想不同，数据湖首先从源数据系统中抽取数据，并将数据装载到数据湖中，直到应用程序需要数据时才会根据需求执行转换操作。总的来说，数据湖的主要特点是可存储任意类型的数据，利用“读时模式”的方法，以 ELT 流程处理数据，避免了复杂、昂贵的数据建模和数据集成工作，可满足用户需求灵活多变的高效率分析需求。这也是数据湖近年来被广泛关注的原因，它从设计理

念和具体实现等方面都与数据仓库有本质区别，如表3.3所示。

表3.3 数据仓库与数据湖的区别

	数据仓库	数据湖
数据类型	结构化数据	结构化、半结构化、非结构化数据
处理模式	写时模式	读时模式
性能	较高成本的存储获得最快的查询结果	低成本存储获得较快的查询结果
数据访问	通过SQL语句访问数据	通过开发人员创建的程序访问数据
可靠性	可靠性高	可靠性较低
主要用户	业务分析师	数据工程师、数据科学家

3.3.2 数据湖与数据中台

中台的概念源于芬兰的游戏公司Supercell，是以数据共享及功能开发为主的、面向前台的架构，旨在减少开发成本、提高业务创新能力。中台在实践中衍生出了很多新的概念，如业务中台和数据中台等。业务中台是中心化的能力复用平台，通过整合后台业务资源，将企业核心能力以共享服务的形式沉淀，形成业务中心，实现后台业务资源到前台易用能力的转换，避免系统重复功能建设和维护带来的资源浪费；数据中台以数据建设和数据治理等数据管理活动为特征，将企业各个业务应用场景中形成的数据资源经过整合加工，以共享的方式将数据复用到不同业务，从而提高企业数据的利用率和整合程度，在同时开展数量较多的业务时，可明显提升管理效率，加快组织间的协作能力，快速响应前台业务需求，使得数据更加充分有效地利用，解决企业面临不同业务数据互通受限、数据管理困难、数据应用开发冗长等问题。

随着数字化进程的不断推进，数字化转型进入了一个新的阶段，数据湖和数据中台作为一种新型数据存储架构和数据处理机制，成为了支撑企业数字化转型的数据底座和战略核心，能提供数据驱动和精准决策等全方位技术支持。企业针对不同业务开发的信息系统，难以做到数据的互联互通，导致企业内部形成"数据孤岛"，分散在各个"孤岛"的数据无法很好地支撑企业的经营决策，也无法很好地应对快速变化的前端业务。数据湖是一个可扩展的集中存储库，能存储任意规模和任意类型的数据，将企业各个业务应用场景中形成的数据资源进行整合，并支持按需处理和分析数据，助力企业高效低成本地完成数字化转型。数据中台能聚合企业内部和外部的数据，将用户的共同需求抽象出来并转换为数据资产，构建基于平台、组件化的系统能力，并以接口和组件等形式服务各个业务单元，使企业能快速、灵活地调用资源，以数据洞察来驱动决策和运营，为前台业务提供快速响应，精细化运营和服务支撑，从而促进数字化转型。

数据湖和数据中台都以大数据技术作为底层技术支撑，二者也存在一些相似的功能，例如，数据湖和数据中台都能将底层不同类型的数据统一综合到一个平台上处理，解决"数据孤岛"等问题。因此，人们通常会将数据湖与数据中台进行比较，从定义来看，数据中台与数据仓库、数据湖等数据存储和组织技术不同，数据中台是一套可持续"让企业的数据用起来"

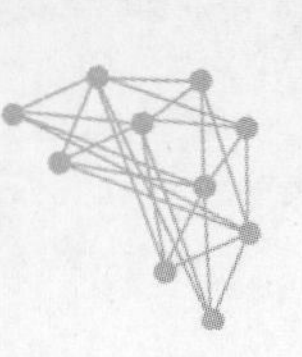

的机制，是一种战略选择和组织方式，是依据企业特有的业务模式和组织架构，通过有形的产品和实施方法论支撑，构建的一套持续不断把数据变成资产并服务于业务的机制，由人工智能技术、大数据平台、数据治理产品与数据管理系统等组成，可持续不断地将数据进行资产化、价值化，并应用到业务；从实际用途来看，数据仓库和数据湖是为了支持管理决策和数据分析，而数据中台则是将数据进行服务化之后提供给业务系统，目标是将数据服务能力渗透到企业各个业务环节，不仅限于决策分析场景；从技术层面来看，数据仓库和数据湖都是集中存储库，而数据中台是加速企业从数据到业务价值的中间层，是位于数据底座与上层数据应用之间的一整套体系，包含数据体系建设，可建立在数据仓库和数据湖之上。

3.3.3　数据湖体系结构

数据湖的体系结构描述了数据湖中数据在概念上的组织方式，然而目前尚无完全成熟且得到广泛认可和应用的统一结构。一般而言，根据应用需求的不同和所采用技术本身的特点，数据湖的体系结构可分为数据池（data pond）和数据区域（data zone）两种体系结构。

1. 数据池

数据池体系结构将原始数据分类存储到不同的数据池，并在各数据池中进行优化整合，转换成容易分析的统一存储格式，可根据需求从不同数据池中获取数据。数据池的体系结构如图3.5所示，包括初始数据池（row data pond）、模拟数据池（analog data pond）、应用程序数据池（application data pond）、文本数据池（textual data pond）和归档数据池（archival data pond）。

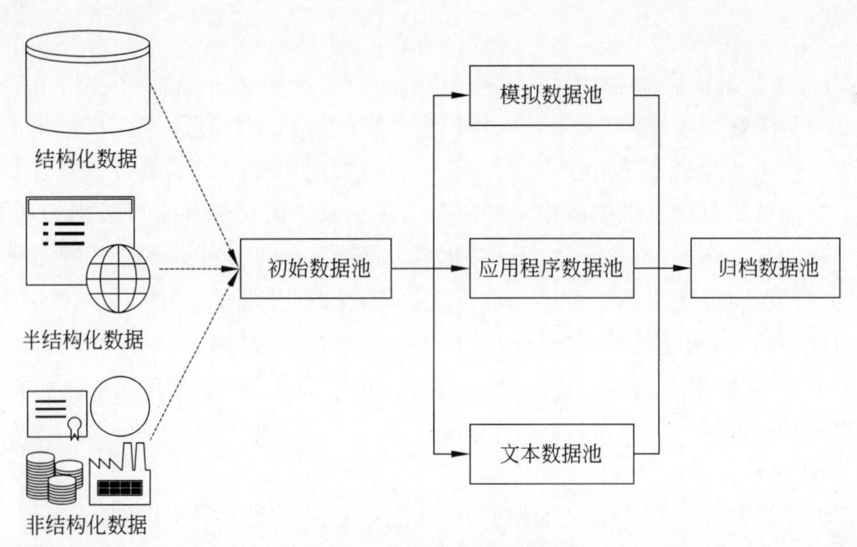

图3.5　数据池体系结构

1）初始数据池

摄取的结构化、半结构化和非结构化原始数据，首先存储在初始数据池中，作为其他数据池的数据暂存区，随后传输到所支持的数据池内（如模拟数据池、应用程序数据池或文本数据池），并将原始数据从初始数据池中清除。

2）模拟数据池

用来存储和处理半结构化数据，通常半结构化数据由于数据量大而难以进行处理，因此模拟数据池中的一个重要处理步骤为数据缩减，即将半结构化数据的数据量减少到可管理和可分析的数据量。数据缩减的常用方法有数据去重、数据采样和数据压缩。数据去重的关键是如何判断 2 条记录是否重复，相似重复记录的识别算法（也称匹配算法）主要有字段匹配法（field matching）、编辑距离法（edit distance）和 N-gram 算法等。下面简单介绍编辑距离法的基本思想。

编辑距离是一种常用的尺度，是将一个串转换为另一个串的过程中需插入、删除及替换字符个数的最小值。设 A 为不同字母构成的有限字母表，$x^T \in A^T$ 表示字母表 A 上长度为 T 的任意一个串，x_i^j 表示 x^T 中位置 i 而终于位置 j 的子串，将单位长度的子串 x_i^i 简记为 x_i，将 x^T 中长度为 t 的前缀子串简记为 x^t。编辑距离用三元组$[A,B,c]$描述，其中：

（1）A 和 B 为有限字母表。

（2）c 为代价函数，$c:E \rightarrow R_+$。其中，$\mathcal{R}_+$ 为非负实数集，$E=E_s \cup E_d \cup E_i$ 为编辑操作构成的字母表，$E_s=A \times B$ 为替换（substitution）的集合，$E_d=A \times \{\varepsilon\}$为删除（delection）的集合，$E_i=\{\varepsilon\} \times B$ 为插入（insertion）的集合，ε 为空字符。

（3）每个三元组包括一个距离函数 $d_c: a^* \times b^* \rightarrow \mathcal{R}_+$，将一对串映射到一个非负值。子串 $x^t \in a^*$ 和 $y^v \in b^*$ 之间的距离递归地定义为

$$d_c(x^t, y^v) = \min \begin{cases} c(x^t, y_v) + d_c(x^{t-1}, y^{v-1}) \\ c(x^t, \varepsilon) + d_c(x^{t-1}, y^v) \\ c(\varepsilon, y^v) + d_c(x^t, y^{v-1}) \end{cases} \tag{3-1}$$

3）应用程序数据池

本质上为一个数据仓库，存储来自应用程序产生的结构化数据。在应用数据池中，由于不同应用程序产生的数据格式可能不同，需对来自不同应用程序的数据进行整合和转换，从而实现有价值的数据分析。数据转换功能可分为记录级别的功能和字段级别的功能。最重要的记录级功能包括选择（根据条件分割数据集）、连接（合并各种数据源）、规范化（消除数据异常）和聚合（获得概要级别的数据）；字段级功能将数据从源记录中的给定格式转换为目标记录中不同的格式，包括从单一源字段转换为单一目标字段，以及从一个或多个源字段转换到一个或多个目标字段。例如，对零售业务记录按照商店、商品及日期等进行汇总，从而得到总销售额；将时间格式“年/月/日”和“月/日/年”统一转换为“日—年—月”。

4）文本数据池

用来存储和处理非结构化的文本数据，例如电子邮件或光学字符识别（optical character recognition）产生的数据。文本消歧是文本数据池的一个重要处理步骤，通过对非结构的文本数据进行标准化处理，产生可作为分析记录存储在数据库中的数据。文本消歧的常用方法是通过机器学习或深度学习等模型，对池中的文本数据进行情感分类（情感分类模型将在 6.3 节详细介绍）。

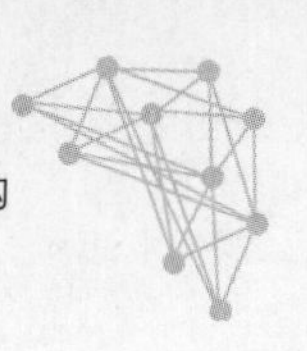

5）归档数据池

用来存储来自模拟数据池、应用程序数据和文本数据池中使用频率较小的数据。

2. 数据区域体系结构

数据区域体系结构存在着多种变体，不同变体的区域数量和功能都有所不同，尽管没有统一的数据区域体系结构，但其核心思想都是根据数据处理程度将数据分配到不同区域。一个经典的数据区域架构如图 3.6 所示，包括初始区域（row zone）、黄金区域（gold zone）、工作区域（work zone）和敏感区域（sensitive zone）。

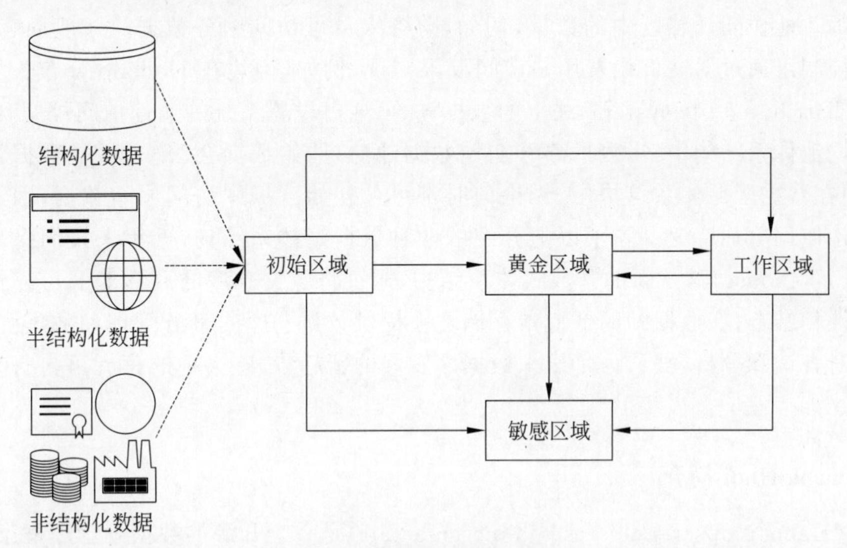

图 3.6　数据区域体系结构

1）初始区域

是数据区域体系结构的第一个存储区域，用于存储原始数据类型，即结构化数据、半结构化数据和非结构化数据。该区域主要面向技术开发人员、数据工程师和数据科学家。

2）黄金区域

存储数据工程师对初始区域中原始数据进行数据清理和数据转换处理后的数据，主要面向数据分析师和数据科学家。在黄金区域常用的数据清理方法为错误数据清理（错误数据是指数据源中的记录值与实际值不相符，即记录字段的值异常或不符合概念一致性、值域一致性和格式一致性等业务规则），主要包括基于孤立点检测的方法和基于业务规则的错误数据清理方法。下面简单介绍基于业务规则的错误数据清理方法的 4 个步骤。

步骤 1：分析具体业务，在规则库中定义业务规则。

步骤 2：通过数据查询技术获得待清理数据，并根据要检查的记录来检索规则库中的规则。

步骤 3：根据检索出的业务规则，根据字段域对每一条记录进行检测；根据同一记录中字段之间存在的函数依赖或业务规则等关系，对每条记录的多个字段进行检测。

步骤 4：通过步骤 3 可判断每条记录是否符合所定义的业务规则，如果不符合，则说明该记录含有错误数据，进一步从规则库中调用相关规则来改正该记录中的错误字段值；若无合适的规则，就由人工来处理。

3）工作区域

用于存储数据工程师从黄金区域中复制的数据，并根据业务需求进一步加工处理，为数据科学家提供更加精练的数据，因此大部分数据分析业务都发生在工作区域。工作区域中经处理和分析后的结果可写入黄金区域，以供进一步分析。该区域主要面向数据工程师和数据科学家。

4）敏感区域

用于存储初始区域、黄金区域和工作区域的重要数据文件，只有数据管理员和有权限的数据分析师才能访问敏感区中的数据，例如，财务人员可访问财务数据。一般而言，敏感区域的访问控制可通过对文件设置用户访问权限实现，例如，构建在 Hadoop 分布式文件系统（Hadoop distributed file system）之上的数据湖，可通过设置系统的文件访问控制列表实现。

在数据池体系结构中，当数据离开初始数据池时，原始数据会丢失，这与数据湖的概念相矛盾，而在数据区域体系结构中，无论何时都可从初始区域中访问原始数据，因此数据区域体系结构使用更加广泛。除了以上介绍的两种数据湖体系结构，近年来人们提出了湖仓一体（data lakehouse）这一新的开放式体系结构，通过将数据仓库的高性能及可靠性与数据湖的灵活性相结合，在数据湖的低成本存储之上提供数据仓库的事务管理和数据管理功能，并支持实时查询和分析，被认为是未来数据库发展的新趋势，感兴趣的读者可自行查阅相关文献学习。

3.3.4 Apache Hudi 简介

Hudi（Hadoop upserts deletes and incrementals）是一个开源的数据湖管理框架，最初于 2016 年由 Uber 开发，以实现在 HDFS 之上高效的数据增量更新，该项目于 2017 年开源，并于 2020 年被 Apache 软件基金会收录为顶级项目，正式进入 Hadoop 生态系统。Hudi 根据内部维护的时间轴（timeline）和文件管理机制，能有效地管理数据生命周期，并提高数据质量，通过 Spark 和 Flink 等分布式计算引擎，可对 Hudi 中不同类型的表进行更新、查询等操作。下面分别介绍 Hudi 的时间轴、文件管理、表类型和查询方式这 4 个核心概念，并结合 PySpark 给出 Hudi 程序示例。

1. 时间轴

Hudi 的核心是维护 Hudi 表在不同时刻执行的所有操作的时间轴，这有助于提供表的即时视图，同时还能根据数据的到达顺序高效地检索数据，例如仅查询某个时间点之后成功提交的数据，可有效避免扫描更大范围的数据。每一次对数据的操作都会在 Hudi 表的时间轴上生成一个 Hudi Instant 实例，每个 Instant 实例由即时操作（instant action）、即时时间（instant time）和即时状态（instant state）3 个部分组成。

1）即时操作

指在表上执行的操作类型，包括 COMMITS、CLEANS、DELTA_COMMIT、COMPACTION、ROLLBACK 和 SAVEPOINT。

（1）COMMITS：将一批数据原子性地写入表中。

（2）CLEANS：清除表中过期的数据，限制表占用的存储空间。

（3）DELTA_COMMIT：将一批数据原子性地写入增量日志文件中，仅适用于读时合

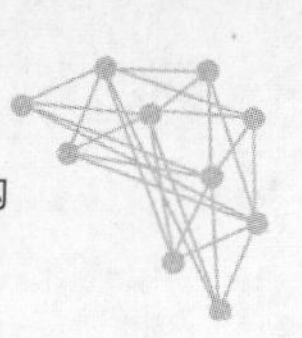

并类型的表(后续介绍 Hudi 中表类型的定义)。

(4) COMPACTION：协调 Hudi 中差异数据结构的后台活动，合并基于行的日志文件与基于列的数据文件、生成新的基于列的数据文件。

(5) ROLLBACK：在 COMMITS 或 DELTA_COMMIT 操作执行失败时进行回滚，并删除执行过程中产生的文件，保证 COMMITS 和 DELTA_COMMIT 操作的原子性。

(6) SAVEPOINT：标记需要备份的文件，在执行 CLEANS 操作时不会清除标记的文件；当需要数据恢复时，可将数据还原到标记时的状态。

2) 即时时间

按照即时操作开始执行时间顺序单调递增的时间戳。

3) 即时状态

在指定时间点对表执行操作后表所处的状态，包括已调度但未初始化的状态(REQUESTED)、当前正在执行的状态(INFLIGHT)和操作执行完成的状态(COMPLETED)。

2. 文件管理和索引

Hudi 中每个表都有相应的分布式文件系统目录，表被分为多个分区，用以确定表目录的各子目录中数据的分布。例如，表 T 的数据目录在/data/T 中，表 T 按日分为 2022-09-27 和 2022-09-28 两个分区，那么 2022 年 9 月 28 日产生的数据将存储在/data/T/2022-09-28 中。

在每个分区中，文件被组织为文件组(file group)，每个文件组包含多个文件切片(file slice)，每个文件切片包含一个数据文件和多个日志文件。每个文件组对应一个唯一的文件 ID，Hudi 写入新数据时，通过数据的记录键(record key)与分区路径组合映射到文件组的文件 ID 定位旧数据所在的文件组。在文件组内，Hudi 默认通过数据文件携带的布隆过滤器(bloom filter)来判断写入数据所属的数据文件，避免读取不需要的数据文件，从而实现高效的更新操作。

布隆过滤器由一个长度为 $n(n>0)$的数组 A 和一组哈希函数 $H=\{h_i(x)|i\in[1,k]\}$ 组成，数组中的元素初始化为 0。对于含有 m 个元素的集合 $S=\{s_j|j\in[1,m]\}$，布隆过滤器使用 H 中 k 个相互独立的哈希函数，将 S 中任意元素 s 的哈希值映射到数组 A 的 k 个单元中，也就是将 A 中 $h_i(s)\%n$ 位置相应的元素置为 $1(1\leqslant i\leqslant k)$。在判断某个元素 w 是否在集合 S 时，布隆过滤器取出$\{h_i(w)|i\in[1,k]\}$位置上的 k 个值，若存在 0，则元素不在集合 S 中，若均为 1，则元素可能存在集合 S 中。下面通过一个简单的例子来介绍布隆过滤器在 Hudi 中的应用。

例 3.1　数据文件中存在数据记录 A、B 和 C，根据数据的记录键，使用长度为 18 的数组和 3 个哈希函数构建布隆过滤器。在写入新数据 D 时，加载存储于数据文件中的布隆过滤器，并根据简单的计算即可确定数据 D 是否存在于该数据文件中。如图 3.7 所示，可发现布隆过滤器中数组的第 15 位元素为 0，进而确定数据 D 不在该数据文件中。

3. 表类型

表类型定义了如何在分布式文件系统中写入或查询数据，Hudi 提供了写时复制(copy on write，COW)和读时合并(merge on read，MOR)这两种类型的表。

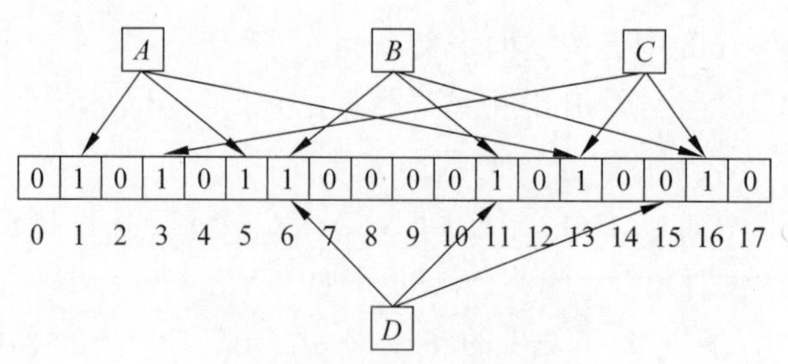

图 3.7 布隆过滤器示例

1）写时复制表

数据存储在基于列的数据文件中，数据更新时会重写数据所在的文件，生成新版本的数据文件，具有非常大的 I/O 资源消耗；读取数据时只需读取对应分区的一个数据文件，效率较高，因此写时复制表适用于读取密集型的场景。

2）读时合并表

数据存储在基于列的数据文件和基于行的日志文件中，数据更新时，首先以追加的方式写入日志文件，由于日志文件较小，写入成本也较低。而读取数据时需通过 COMPACTION 操作合并数据文件和日志文件，消耗大量 I/O 资源，因此读时合并表适用于写入密集型的场景。

4. 查询类型

Hudi 支持快照查询（snapshot query）、增量查询（incremental query）和读优化查询（read optimized query）这 3 种不同的查询方式，其中写时复制表仅支持快照查询和增量查询，读时合并表支持所有查询方式。需要说明的是，Hudi 本身不具备查询处理的功能，需借助分布式计算引擎，例如将 Hudi 表转为 Spark 支持的 DataFrame 类型，从而在 Spark 上执行高效的查询操作。

1）快照查询

用于查询给定操作后表的最新快照。对于写时复制表，直接读取所有分区下每个文件组内最新版本的数据文件，然后根据给定条件进行过滤而得到查询结果，查询延迟较低。对于读时合并表，需动态合并每个文件组内的日志文件和数据文件，然后根据给定条件进行过滤而得到查询结果，查询延迟较高。图 3.8 为日志文件和数据文件合并的示意图，Hudi 从日志文件读取所有增量数据形成一个数据集合后与数据文件通过 Join 操作进行合并更新，生成新版本的数据文件。

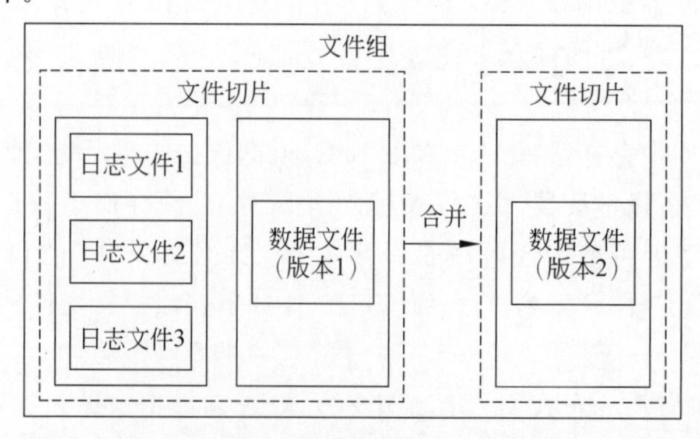

图 3.8 日志文件和数据文件合并示意图

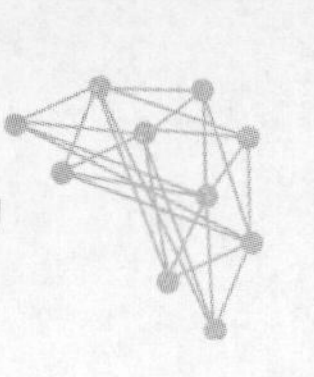

2）增量查询

用于查询给定时间戳后的新写入数据。对于写时复制表，读取所有分区下每个文件组内最新版本的数据文件，数据文件中的每条数据都有一个关于该数据的提交时间，若给定查询的时间戳大于数据提交的时间戳，则跳过该数据。对于读时合并表，可根据给定查询的时间戳跳过某些数据文件和日志文件，从而实现更高效的增量查询。

3）读优化查询

与快照查询方式不同，读优化查询用于优化读时合并表的读取性能，该查询方式仅读取所有分区下的数据文件，然后根据给定条件进行过滤而得到查询结果，不执行动态合并文件操作，因此查询延迟较低。

例 3.2　图 3.9 为数据写入 MOR 表并执行 3 种不同查询方式的示意图。在时间戳为 1 的时刻执行 COMMITS 操作，将数据记录 A、B、C、D 和 E 写入数据文件；在时间戳为 2 的时刻执行 DELTA_COMMIT 操作，将更新数据记录 A1 和 D1 写入日志文件；在时间戳为 3 的时刻执行 DELTA_COMMIT 操作，将更新数据记录 A2、E1 和数据 F 写入日志文件；在时间戳为 4 的时刻执行 COMPACTION 操作，将数据文件和日志文件合并为新的数据文件。

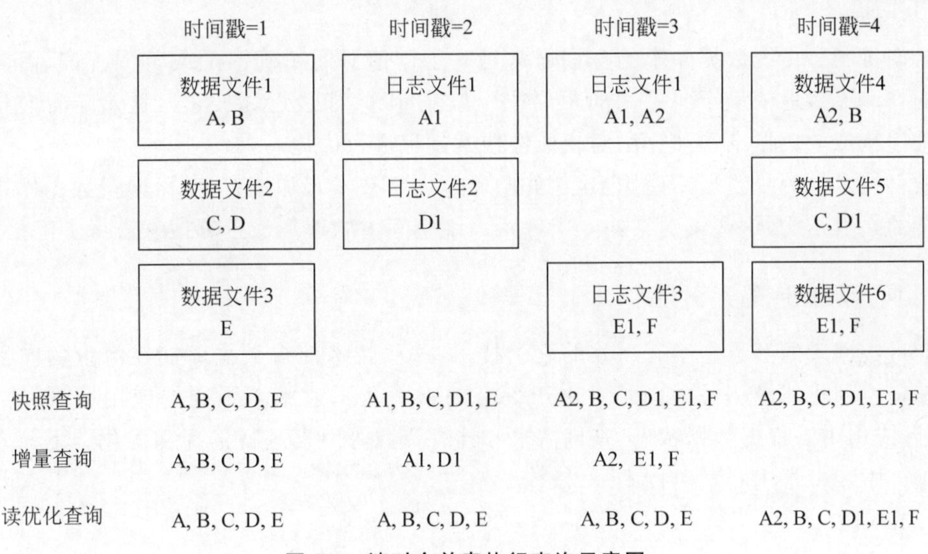

图 3.9　读时合并表执行查询示意图

3.4　向量数据库

3.4.1　向量数据库概述

随着互联网的普及、物联网设备的激增及数据存储技术的快速发展，全球数据量呈指数级增长。在大数据时代，数据不再仅仅是数字和文本，还包括了图像、视频、声音和各种传感器数据，这些数据往往蕴含着丰富的信息，给数据的处理和分析创造了新的机遇，也带来了前所未有的挑战。与此同时，以深度学习为代表的当代人工智能技术推动了机器学习模型达到前所未有的复杂度和精度，使得机器能够理解、分析并生成复杂的数据形式。

向量数据库是一种专门为存储、管理和查询高维向量数据而设计的数据库系统，这些向量数据通常来源于对图像、音频、文本等非结构化数据的特征提取，经过卷积神经网络、循环神经网络和 BERT 等机器学习模型转换而来。向量数据库能有效处理大量高维数据点，提供高效的数据检索和相似性搜索能力，其特点主要包括：

维度。向量数据具有多个维度，每个维度代表特征的一个方面。例如，一个文本向量可能有数百或数千个维度，每个维度对应一个词频或词嵌入的特定位置。

特征表示。向量数据以数学向量的形式来表示数据的特征，这使得数据可进行向量间的距离或内积计算等数学运算，从而度量数据点之间的相似度。

向量数据库的出现弥补了传统数据库在处理高维向量数据时的不足，特别是在需进行快速相似性搜索的场景下，提供了更为专业和高效的解决方案。与传统数据库相比，向量数据库在数据存储、查询机制、索引技术等方面具有显著区别，主要包括：

数据存储。传统的关系型数据库（如 MySQL）和文档数据库（如 MongoDB），主要处理结构化和非结构化数据，使用表格或文档作为数据存储单元，通常不直接支持高维向量的存储和高效检索。向量数据库则专注于存储和检索高维向量数据，且能高效地实现这些数据的相似性搜索。

查询机制。传统数据库中的查询通常是基于键值对的精确匹配或范围查询，而向量数据库的查询更多地依赖于向量间的距离或相似度计算（如最近邻搜索），这意味着向量数据库需采用特殊的数据结构和算法对相似性搜索过程进行优化。

索引技术。传统数据库使用 B^+ 树和哈希索引等技术来加速查询，而向量数据库则使用更复杂的索引结构，这些索引结构专门针对高维空间中的近似最近邻搜索进行了优化。

3.4.2 向量数据库的索引技术

向量数据库的核心在于其高效的索引技术，这些技术使得数据库能在海量的向量数据中快速定位到相似或相关的向量。由于现有的索引技术适用于不同的应用场景和数据类型，实际应用中需根据数据特点、查询需求和计算资源等因素进行选择和优化。下面介绍向量数据库中 3 种常用的索引技术。

1. KD 树

KD 树（K-dimension tree）是一种对 K 维空间中的数据点进行存储，以便对其进行快速检索的树形数据结构。它是一种特殊的二叉树，主要用于多维空间关键数据的搜索（如范围搜索和最近邻搜索）。KD 树的构建采用递归的方式，通常从根节点开始，选择某一维进行划分，将数据点按照该维的值进行排序，然后选择中位数作为划分点，将数据点划分为两个子集，并分别作为左子树和右子树的根节点。递归地在每个子集中选择新的维度进行划分，直到所有数据点都被划分到叶子节点为止。下面通过一个例子展示 KD 树的构建过程。

例 3.3 给定 7 个二维（$K=2$）的数据点组成的数据集 $X=\{(3,7),(2,6),(0,5),(1,8),(7,5),(5,4),(6,7)\}$，为其构建 KG 树。

首先，将 X 中的数据点按照第一维（如 x 轴）进行排序，得到$\{(7,5),(6,7),(5,4),(3,7),(2,6),(1,8),(0,5)\}$，选择中位数 3 对应节点(3,7)作为划分点，将数据点划分为子集$\{(7,5),(6,7),(5,4)\}$和$\{(2,6),(1,8),(0,5)\}$。对于根节点(3,7)，将其第 1 维数据 3 与待分配节

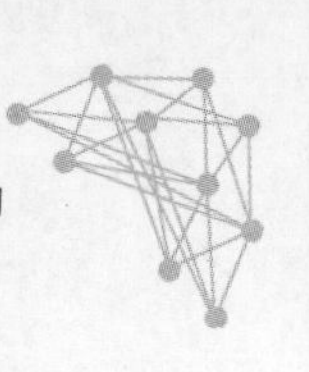

点(2,6)的第1维数据2进行比较，由于2小于3，则该节点被分配到左子树并作为其根节点。

接着，继续递归地在每个子树上进行划分，但此时切换到第2维(如 y 轴)进行划分。将左子树根节点(2,6)的第2维数据6与所有待分配节点(1,8)的第2维数据8进行比较，由于8大于6，则该节点被分配到右子树，(0,5)被分配到左子树。

同样地，对右子树进行类似的划分，递归地执行该过程，直到所有数据点都被分配到KD树的叶子节点上，最终得到的二维KD树如图3.10所示。不难看出，对于KD树中的任何一个非叶子节点，其左子树中的所有节点在指定维度(当前正在考虑的维度)上的值都小于该节点在相应维度上的值，而右子树中所有节点在指定维度的值都大于该节点在相应维度上的值。

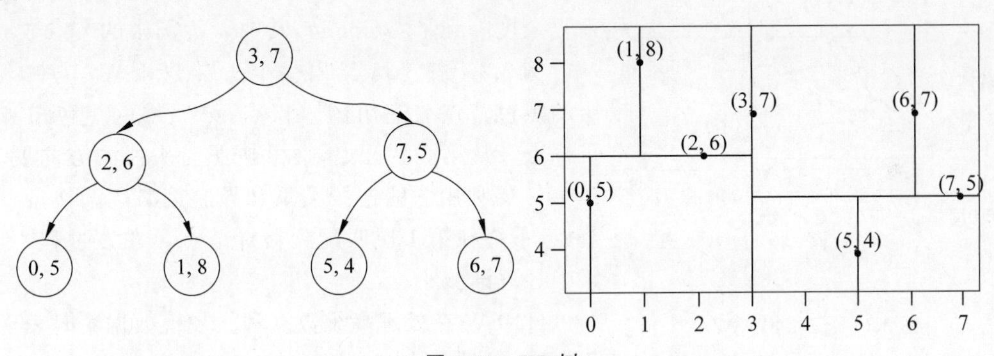

图3.10　KD树

对于给定的查询点，KD树的查询基于最近邻搜索的思想，从根节点开始，沿着与查询点最近的子树方向进行搜索，直到达到叶子节点。然后回溯到父节点，检查另一个子树中是否存在距离查询点更近的节点。通过不断回溯和搜索，最终找到距离查询点最近的节点。KD树在处理低维数据时表现良好，但在高维空间中由于"维数灾难"的存在，树的性能会急剧下降。因此，在实际应用中，需根据数据的维度和分布来选择合适的索引技术。

2. 局部敏感哈希

局部敏感哈希(locality-sensitive hashing，LSH)是一种用于高维空间数据近似最近邻搜索的哈希技术，其基本原理是，若两个数据点在原始空间中相近，则其经过哈希函数映射后得到的哈希值也相近。LSH通过设计一系列哈希函数族将数据点映射到不同的哈希桶中，从而实现快速查找。哈希函数的选择是LSH的关键所在，一种常见的方法是随机投影法，将高维数据点随机投影到低维空间中，然后计算投影后的向量之间的距离。若两个数据点在原始空间中相近，那么它们在低维空间中投影向量之间的距离也较小。因此，可选择一个合适的阈值，将距离小于该阈值的投影向量映射到同一个哈希桶中。

LSH的优点在于其可扩展性和处理高维数据的能力。然而，由于哈希函数的选择和阈值的设定对性能影响较大，因此需在实际应用中根据数据的特性进行调优。

3. 分层导航小世界图

分层导航小世界图(hierarchical navigable small world，HNSW)是一种基于图的索引技术，它结合了小世界网络和层次结构的优点，能在保持搜索效率的同时降低内存消耗。HNSW的基本思想是将数据点组织成一个多层的图结构，每层图中的节点都与下一层图中的多个节点相连。通过层次结构和导航策略，HNSW 能在图中快速定位到与查询点相近的节点。

HNSW 的构建过程包括初始化和优化两个阶段。在初始化阶段，随机选择一部分数据点作为初始节点并构建第一层的图结构，然后将剩余的数据点依次插入到图中，并更新图的结构。在优化阶段，通过迭代地选择图中的节点进行插入和删除操作，进一步优化图的结构和性能。

HNSW 的查询过程从最高层的图开始，逐层向下搜索与查询点相近的节点。在每一层利用图的连接关系和导航策略进行搜索，直到找到满足要求的节点或达到指定的搜索深度为止。HNSM 通过采用层次结构，将边按特征半径进行分层，从而将搜索复杂度降到了 $O(\log n)$，其中 n 为图中的节点数。

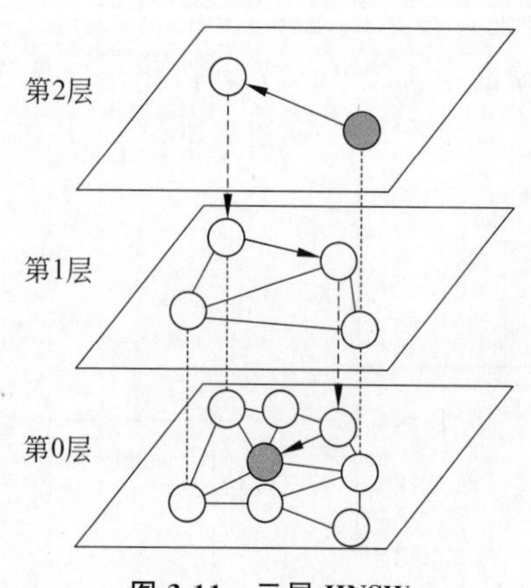

图 3.11　三层 HNSW

例 3.4　图 3.11 给出一个三层 HNSW，其中，第 2 层的黑色节点为遍历的入口点，第 0 层的黑色节点为目标点。从第 2 层开始，搜索按照箭头线的方向展开；在第 1 层利用图的连接关系和导航策略逐渐接近目标节点，最终在第 1 层匹配到目标节点。在该过程中，搜索半径逐渐减小。

HNSW 在处理高维数据和大规模数据集时表现出色，具有较低的内存消耗和较高的搜索效率。然而，其构建和优化过程相对复杂，计算开销也较大。

3.4.3　向量数据库的搜索技术

在自然语言处理、图像识别和推荐系统等领域，高维向量数据处理是其核心任务。如何在这些高维向量数据中高效准确地找到相似的向量（向量搜索），是向量数据库的技术关键。下面介绍近似最近邻搜索算法和常用的相似性度量方法。

1. 近似最近邻搜索

在向量数据库中，最近邻搜索是最基本、最重要的操作之一。然而，在高维空间中直接进行最近邻搜索往往面临计算复杂度高、效率低等问题。为了解决这一问题，人们提出了近似最近邻(approximate nearest neighbor，ANN)搜索算法，其基本思想是在保证一定精度的前提下，通过优化搜索策略来降低计算复杂度，即通过牺牲一定的精度来提高搜索效率。具体而言，ANN 算法通常在构建索引时采用聚类和哈希等启发式方法，以减少需搜索的向量数量。在查询时，ANN 算法首先根据索引找到可能与查询向量相似的候选向量，然后再对这些候选向量进行精确的相似度计算，从而找到最近邻向量。

根据不同的实现方式和应用场景，基于树结构的算法（如 KD 树、球树等）和基于哈希的算法（如局部敏感哈希、谱哈希等）是最常见的两类 ANN 算法。基于树结构的算法利用树形结构来组织向量数据，通过剪枝等策略来减少搜索空间；基于哈希的算法则通过哈希函数将高维向量映射到低维空间，然后在低维空间中进行搜索。

ANN 算法一方面希望算法能找到尽可能准确的最近邻向量，另一方面也希望算法能在

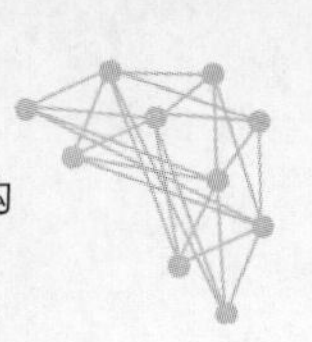

有限的时间内完成搜索任务。因此，需根据实际应用的具体需求和数据特点来选择合适的ANN算法，并在精度和效率之间进行权衡。

2. 相似性度量

在向量数据库中，相似性度量是判断两个向量是否相似的依据，不同的相似性度量方法适用于不同的数据类型和应用场景。下面介绍几种常用的相似性度量方法。

1）欧几里得距离(Euclidean distance)

是最常用的相似性度量方法，表示两个点在欧几里得空间中的直线距离。给定 n 维向量 $\boldsymbol{x}=(x_1,x_2,\cdots,x_n)$ 和 $\boldsymbol{y}=(y_1,y_2,\cdots,y_n)$，$\boldsymbol{x}$ 和 $\boldsymbol{y}$ 的欧几里得距离表示为

$$d(\boldsymbol{x},\boldsymbol{y})=\sqrt{(x_1-y_1)^2+(x_2-y_2)^2+\cdots+(x_n-y_n)^2} \tag{3-2}$$

欧几里得距离越小，表示两个向量越相似。然而，在高维空间中，由于“维数灾难”的存在，欧几里得距离可能无法有效地反映向量之间的相似性。

2）余弦相似度(Cosine similarity)

余弦相似度通过计算两个向量夹角的余弦值来度量它们之间的相似性，向量 $\boldsymbol{x}$ 和 $\boldsymbol{y}$ 的余弦相似度表示为

$$\cos(\boldsymbol{x},\boldsymbol{y})=\frac{(\boldsymbol{x}\cdot\boldsymbol{y})}{|\boldsymbol{x}|\times|\boldsymbol{y}|} \tag{3-3}$$

其中，$\boldsymbol{x}\cdot\boldsymbol{y}$ 表示向量 $\boldsymbol{x}$ 和 $\boldsymbol{y}$ 的点积，$|\boldsymbol{x}|$ 和 $|\boldsymbol{y}|$ 分别表示 $\boldsymbol{x}$ 和 $\boldsymbol{y}$ 的模长。余弦相似度的取值范围为[−1,1]，值越大表示两个向量越相似。与欧几里得距离相比，余弦相似度在高维空间中能更稳定、更好地反映向量之间的方向关系。

3）Jaccard 系数(Jaccard coefficient)

Jaccard 系数主要用于度量两个集合之间的相似性，集合 A 和 B 的 Jaccard 系数表示为

$$J(A,B)=\frac{|A\cap B|}{|A\cup B|} \tag{3-4}$$

其中，$|A\cap B|$ 表示集合 A 和 B 的交集的大小，$|A\cup B|$ 表示集合 A 和 B 的并集的大小。Jaccard 系数的取值范围为[0,1]，值越大表示两个集合越相似。虽然 Jaccard 系数最初是用于集合相似性的度量，但在文本相似度计算等应用场景下，也可将其用于向量数据的相似性度量。

3.4.4 向量数据库产品介绍

1. Milvus

Milvus 是一款由 Zilliz 公司发起并维护的开源向量数据库，它允许用户自由使用、修改和分发其代码，从而吸引了全球开发者、研究人员和企业的关注。Milvus 支持原始文本索引(FLAT)、倒排文件索引(inverted file，IVF)和基于图的索引(refined navigating spreading-out graph，RNSG)等多种索引类型，以满足不同场景下的性能需求。

在数据导入方面，Milvus 提供了直接插入、文件导入和分布式导入等多种方式，适用于各种规模的数据集。直接插入适用于小规模数据，文件导入适合中等规模数据，而分布式导入则能高效处理超大规模数据集。在查询功能方面，Milvus 支持基于布尔表达式的标量过滤，用户可通过 API 接口定制查询结果，包括查询表达式、结果偏移量、返回数量及字段选

择。此外，Milvus 还支持迭代器查询，方便处理大量数据。

Milvus 在快速图像检索、推荐系统和自然语言处理等多个领域有广泛的应用。通过比较特征向量的相似度，Milvus 能帮助用户从海量数据中快速找到相似项，为用户推荐最符合其兴趣的内容，或在文档检索中快速找到相关文档。

2. Pinecone

Pinecone 是一款云原生向量数据库，专为高性能人工智能应用提供长期记忆，用户无须自行部署硬件，即可通过 API 接口享受高效、稳定的向量搜索服务。Pinecone 采用分布式架构，支持水平扩展，确保服务高可用性和高性能，满足数据量增长需求；支持多租户模式，保障数据安全性和隔离性，为不同规模客户提供灵活、经济的解决方案。Pinecone 提供丰富的 API 接口，支持 Python、Java 和 Go 等多种编程语言及 TensorFlow 和 PyTorch 等主流框架，便于集成到现有人工智能应用中。Pinecone 广泛应用于电商、新闻、社交、娱乐、教育、金融和医疗等领域，通过处理大规模用户数据和多媒体内容提升搜索、推荐和问答等人工智能应用的能力，从而提高用户体验和服务质量。

3. Weaviate

Weaviate 是一款结合了图数据库技术的向量数据库，通过知识图谱对数据进行组织和表示，可将实体、属性及它们之间的关系表示为多节点网络结构，提供深入的语义理解功能。Weaviate 利用知识图谱构建复杂的实体和属性网络，并支持在查询时进行推理和导航，找到最相关的实体和属性。Weaviate 结合自然语言处理技术和向量空间模型，使搜索不再仅依赖关键词匹配，而能通过向量比较找到最相似的实体，并支持多模态数据的语义搜索。Weaviate 具有强大的图谱构建、实体关联和语义搜索功能，在知识图谱和语义理解等方面有良好的应用前景。

4. Qdrant

Qdrant 具有卓越的查询速度和数据吞吐量，成为大规模向量数据处理的首选工具，它基于向量检索算法，为自然语言处理、图像识别和推荐系统等场景提供高性能的存储和查询能力。Qdrant 使用 IVF 和 HNSW 等多种索引结构进行高效的近似最近邻搜索，在保持高效率的前提下能在一定程度上保证搜索的准确性。此外，Qdrant 通过智能缓存机制来减少重复计算，以提高查询性能，同时支持并行处理，能充分利用多核 CPU 和多线程技术提高数据处理和查询的并行度，保证了在高负载情况下仍能得到良好的性能表现。为了方便开发者集成和使用，Qdrant 提供了一套直观处理数据操作和查询的 API，还提供了演示和 SDK 支持，帮助开发者更便捷地构建高效、可扩展的向量搜索应用。

5. VectorDB

VectorDB 向量数据库平台为深度学习从业者提供了卓越的性能和精准的向量数据存储与检索方案，基于向量相似度计算实现了对大规模多媒体数据的实时相似度检索。VectorDB 支持水平扩展，通过简单添加节点来增强存储和计算能力，确保在大数据量时仍能保持稳定的性能；其集群中的数据分布和负载均衡策略，保证了系统的高效运行。该平台支持多种数据类型和相似度度量方法，包括但不限于浮点型、整型、二进制和稀疏向量等数据类型，以及欧几里得距离、余弦相似度和曼哈顿距离等多种相似度度量方法，这种广泛的适用性使 VectorDB 能满足不同场景下的存储和检索需求。在数据安全性和服务可靠性方

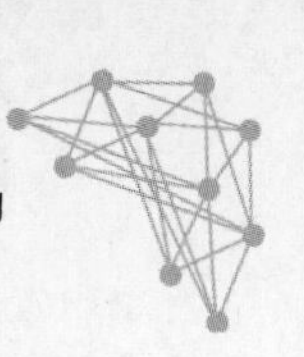

面，VectorDB通过数据备份和恢复机制及内置的身份验证和授权功能为用户提供了安全保障。VectorDB还拥有活跃的社区和完善的生态系统，提供了丰富的开发文档、教程和示例代码，帮助开发者快速上手并构建自己的应用，同时还与多个深度学习框架和工具进行了集成，为开发者提供了多元化的应用场景和解决方案。

6. Faiss

Faiss是Meta AI开发并开源的一个针对密集向量集合进行高效相似度搜索和聚类的库，通过优化算法和硬件加速实现高性能的相似性搜索和聚类，能处理大规模的向量数据集，并在毫秒级时间内返回相似度最高的结果。Faiss提供了基于平衡树的索引、基于哈希的索引和基于量化的索引等多种索引算法，适用于不同的数据集和查询需求。Faiss支持欧几里得距离和余弦相似度等多种相似度度量方法，使其能广泛应用于各种需要计算向量相似度的场景。Faiss支持分布式计算，可通过多机部署来扩展处理能力，使其能处理更大规模的向量数据集，满足企业级应用的需求。Faiss提供了简洁易用的API和示例代码，方便用户快速上手和集成到自己的应用中，也提供了丰富的文档和社区支持，帮助用户解决遇到的问题。

3.5　思　考　题

1. 阐述数据组织的基本概念及其在数据管理中的作用。数据组织与数据结构有何区别？

2. 从数据组织和分析处理的角度看，数据仓库有哪些常用模型？它们的优缺点及其区别是什么？

3. 从数据管理的角度阐述SQL、NoSQL和NewSQL的含义、区别与联系。

4. 阐述数据库、数据仓库、数据湖、数据中台的异同。

5. 从数据处理需求和数据特点等方面举例说明数据湖适用的场景。

6. 阐述向量数据库的主要应用领域或场景，分析与传统关系数据库相比的特点及优势。

7. 查阅资料，列举本章内容之外的其他相似性度量方法，并说明其适用的数据特点和应用场景。

8. 通常将量化索引(quantization index)与已有索引技术相结合来处理高维向量数据，请简要阐述其技术原理。

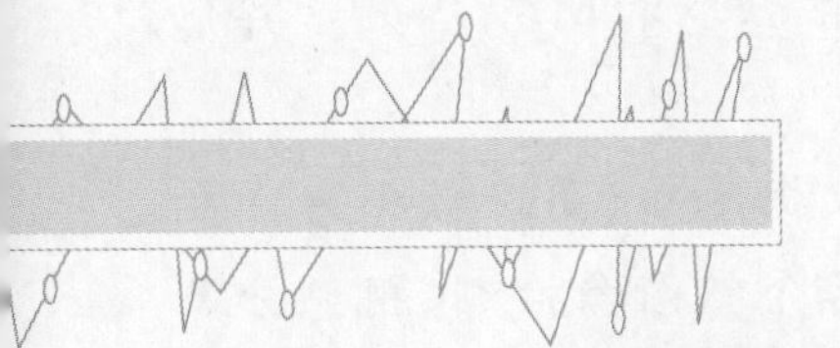

第 2 篇

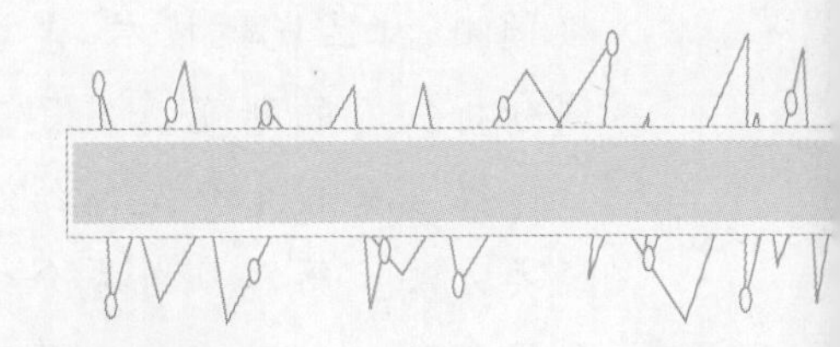

数据挖掘和智能分析篇

如何对实际中的结构化数据、非结构化视觉数据和文本数据、图数据进行挖掘分析，并支持下游应用，一直是数据挖掘领域的重要任务。人们提出了许多性能良好的模型，产生了深远的影响。依托各类应用收集并存储的数据，维度通常较高，且数据维度、模态、规模及复杂性快速增长，对高维数据进行降维，减少高维数据的维度灾难问题，成为高维数据处理与挖掘的重要基础。采用神经网络的非线性降维技术成为当前主流的数据降维技术，克服了传统方法不能在降维过程中较好地保持数据集非线性特征的问题。针对分类和聚类两类经典数据挖掘任务，建立泛化性强、能有效分析高维数据的分类和聚类算法，是高维数据挖掘的经典代表，也是高维数据有监督学习和无监督学习算法研究的重要参考。

由于深度神经网络能从大量数据中学习到丰富的特征，对图像或视频这两类主要的视觉数据进行分析，是深度神经网络模型发展初期最成功的场景。视觉数据分析旨在充分提取图像和视频数据的特征，进而根据特定任务、利用提取的特征完成相应的功能，图像分类、目标检测、图像分割和视频目标跟踪这几类典型任务备受学界和业界关注。

类似视觉数据分析，深度神经网络模型和算力设施的快速发展，促进了自然语言处理领域研究范式的转变、算法的快速演进。文本数据分析旨在通过特征提取和统计分析，尽可能地挖掘蕴含在文本中的知识。语言模型对语言的内隐知识进行有效表示，既是自然语言处理的基本问题，也是该领域研究的热点。以预训练语言模型为基础，情感分析和机器翻译等文本数据分析下游任务备受关注，新的方法层出不穷。

图数据是社交网络、知识图谱和生物信息等领域中信息表示和存储的重要形式，以图神经网络为代表的深度学习模型实现了图数据与深度神经网络的有效结合，可精准高效地挖掘图数据中的知识。基于图神经网络的图节点分类、链接预测、社区发现技术，是近年来研究的热点，也为关系抽取和问答系统等其他图分析技术的研究奠定了基础。

第4章首先介绍高维数据挖掘的概念，然后介绍数据降维、高维数据分类和聚类方法。第5章首先介绍视觉数据分析的概念，然后介绍图像检测、视频分割和视频目标跟踪方法。第6章首先介绍文本数据分析和语言模型的概念，然后介绍预训练语言模型、情感分析和机器翻译技术。第7章首先介绍图分析的概念和图神经网络模型，然后介绍图节点分类、链接预测和社区发现方法。这四章内容分别针对结构化数据、非结构化视觉数据和文本数据、图数据，介绍其挖掘与分析的代表性方法，以提供数据挖掘和智能分析的模型和技术基础。

第4章　高维数据挖掘

4.1　高维数据挖掘概述

随着数据采集手段的日益丰富、数据存储技术的快速发展、数据分析应用的不断普及，依托各类应用收集并存储的文档词频数据、多媒体数据、用户评分数据、商品交易数据、社交网络数据、医疗档案数据、基因表达数据等，其维度(即包含的属性)通常较高。例如，在自然语言处理中，一个文档可表示为一个高维向量，其中每个维度代表一个词在文档中出现的频率；在图像识别中，每个像素可视为图像的一个特征。从当前机器学习的主流技术看，深度神经网络模型的输入往往都是高维数据。由于高维数据存在普遍性，且数据维度、模态、规模及复杂性快速增长，高维数据挖掘技术的研究得到日益广泛的关注，成为当前数据挖掘的重点和难点。

以提升计算效率、提高数据质量、增强数据挖掘结果的准确性为目标，数据降维旨在减少高维数据的维度灾难问题，成为高维数据挖掘中的关键步骤。基于特征变换的降维技术，将高维空间中的数据通过线性或非线性映射投影到低维空间中，找出隐蔽在高维观测数据中有意义且能揭示数据本质的低维向量，成了目前数据降维的常用技术。基于特征变换的降维技术分为线性降维和非线性降维技术。典型的线性降维技术包括奇异值分解(singular value decomposition)、主成分分析(principal component analysis)和线性判别分析(linear discriminant analysis)等，这类技术通常不能在降维过程中较好地保持数据集的非线性特性。非线性降维技术通常基于线性降维技术进行非线性扩展，或采用神经网络等方法进行降维，包括局部线性嵌入(local linear embedding)、等距特征映射(isometric feature mapping)和自编码器(autoencoder)等。自编码器采用带隐藏层的神经网络，将高维数据映射成低维空间中的嵌入向量，进而实现数据的降维和下游处理任务的高效执行。变分自编码器(variational autoencoder)通过将输入编码为低维空间中的概率分布(如高斯分布)，使低维空间中的两个相邻取值解码后呈现相似内容，自编码器和变分自编码器的良好表现使其广泛应用于数据降维。

作为有监督学习(supervised learning)和无监督学习(unsupervised learning)的代表，数据分类(classification)和数据聚类(clustering)是数据挖掘的经典任务，广泛应用于实际中。数据分类旨在根据新数据样本的属性，将其分配到一个正确的类别中，使用预测算法来确定给定数据样本的类标号。经典的分类算法包括决策树(decision tree)、k-近邻(k-nearest neighbor)、贝叶斯(bayesian)分类、支持向量机(support vector machine，SVM)、人工神经网

络(neural network)、关联分类(association classification)等。贝叶斯分类是基于概率统计理论的分类算法,待分类数据量较大时具有较高的准确率;支持向量机是基于超平面、以最大化分类间隔为原则的分类算法,具有良好的泛化能力。贝叶斯分类和支持向量机广泛用于高维数据的分类分析。

数据聚类旨在根据数据样本之间的距离和相似性将其划分为多个互不相交的子集,每个子集称为一个簇(cluster),在同一簇中的数据样本之间具有较高的相似度,而不同簇中的数据样本之间具有较大的差异性。聚类质量的高低通常取决于聚类算法所使用的相似性度量策略和实现方式,也取决于聚类算法能否揭示多维数据中呈现出来的多样性结构。聚类分析涉及多个学科的方法和技术,主要包括基于划分、基于密度、基于网格、基于图论等传统的聚类算法。k-均值(k-means)是最经典的基于划分的聚类算法,是许多聚类算法的基础;DBSCAN(density-based spatial clustering of applications with noise)是经典的基于密度的聚类算法,主要用于点数据的聚类,并不适用于大规模的数据集。CLIQUE(clustering in quest)是经典的基于网格的聚类算法,可自动发现最高维的子空间,对数据样本输入顺序不敏感,无须假设任何规范的数据分布;谱聚类(spectral clustering)是经典的基于图论的聚类算法,对数据分布具有较强的适应性,计算量小、实现简单,成为当前最为流行的聚类算法。CLIQUE 和谱聚类算法广泛用于高维数据的聚类分析。

本章介绍自编码器和变分自编码器、朴素贝叶斯分类和支持向量机、k-均值聚类、CLIQUE 聚类和谱聚类,分别作为高维数据降维、分类和聚类算法的典型代表。

4.2 数据降维

4.2.1 自编码器

自编码器是一种无监督学习算法,其输出能实现对输入数据的复现,由编码器(encoder)和解码器(decoder)两部分组成。其中,编码器将高维数据映射为低维数据,从而减少数据量,实现对输入数据的降维;解码器则将低维数据映射成高维数据,实现对输入数据的复现。自编码器具有重构过程简单、可堆叠多层的优点,广泛用于图像分类、视频异常检测、模式识别、数据生成等领域。

1. 基本思想

自编码器主要包括编码器和解码器,如图 4.1 所示,具有对称的结构,旨在输出层重构输入数据,最理想的情况是输入数据与输出数据完全相同。

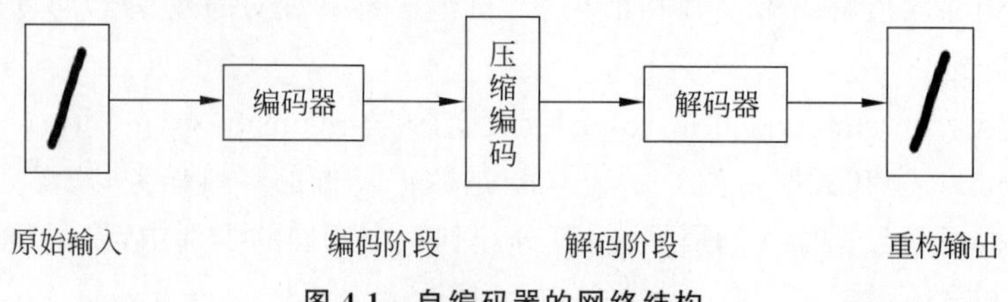

图 4.1 自编码器的网络结构

1）编码阶段

对于输入数据 $\boldsymbol{x}$，通过编码函数 f 得到编码向量 $\boldsymbol{h}$：

$$\boldsymbol{h}=f(\boldsymbol{x})=s_f(\boldsymbol{Vx}+\boldsymbol{\gamma}) \tag{4-1}$$

其中，$\boldsymbol{V}$ 为输入层和隐藏层之间的权重矩阵，$\boldsymbol{\gamma}$ 为偏置矩阵，s_f 为编码器的激活函数（常用 Sigmoid 函数）。

2）解码阶段

对于编码得到的编码向量 $\boldsymbol{h}$，通过解码函数 g 得到输出数据 $\boldsymbol{y}$：

$$\boldsymbol{y}=g(\boldsymbol{h})=s_g(\boldsymbol{Wh}+\boldsymbol{\Theta}) \tag{4-2}$$

其中，$\boldsymbol{W}$ 为隐藏层和输出层之间的权重矩阵，$\boldsymbol{\Theta}$ 为偏置矩阵，s_g 为解码器的激活函数（常用 Sigmoid 函数和恒等函数）。

3）重构误差

自编码器基于损失函数最小化来重构误差 $J_{\mathrm{AE}}(\boldsymbol{V},\boldsymbol{W},\boldsymbol{\gamma},\boldsymbol{\Theta})$：

$$J_{\mathrm{AE}}(\boldsymbol{V},\boldsymbol{W},\boldsymbol{\gamma},\boldsymbol{\Theta})=L(\boldsymbol{x},g(f(\boldsymbol{x}))) \tag{4-3}$$

$L(\boldsymbol{x},g(f(\boldsymbol{x})))$ 可为均方误差，表示为

$$L(\boldsymbol{x},g(f(\boldsymbol{x})))=\|g(f(\boldsymbol{x}))-\boldsymbol{x}\|_2^2 \tag{4-4}$$

$L(\boldsymbol{x},g(f(\boldsymbol{x})))$ 也可为交叉熵，表示为

$$L(\boldsymbol{x},g(f(\boldsymbol{x})))=-\sum_{i=1}^{n}x_i\log(f(x_i))+(1-x_i)\log(1-f(x_i)) \tag{4-5}$$

2. 模型训练

训练数据集 D 由 m 个输入数据 $\boldsymbol{x}$ 构成，其中 $\boldsymbol{x}\in\mathbb{R}^d$ 表示输入的 d 维实值向量。图 4.2 给出了一个包含 d 个输入神经元、d 个输出神经元、q 个隐藏层神经元的 3 层自编码器网络结构，其中输出层第 j 个神经元的偏置用 θ_j 表示，隐藏层第 k 个神经元的偏置用 γ_k 表示，输入层第 i 个神经元与隐藏层第 k 个神经元之间的权重用 v_{ik} 表示，隐藏层第 k 个神经元与输出层第 j 个神经元之间的权重用 w_{kj} 表示。将隐藏层第 k 个神经元接收到的输入记为 $\alpha_k=\sum_{i=1}^{d}v_{ik}x_i$，输出层第 j 个神经元接收到的输入记为 $\beta_j=\sum_{k=1}^{q}w_{kj}h_k$，其中 h_k 为隐藏层第 k 个神经元的输出。隐藏层和输出层神经元均用 Sigmoid 激活函数，采用梯度下降法训练自编码器网络。

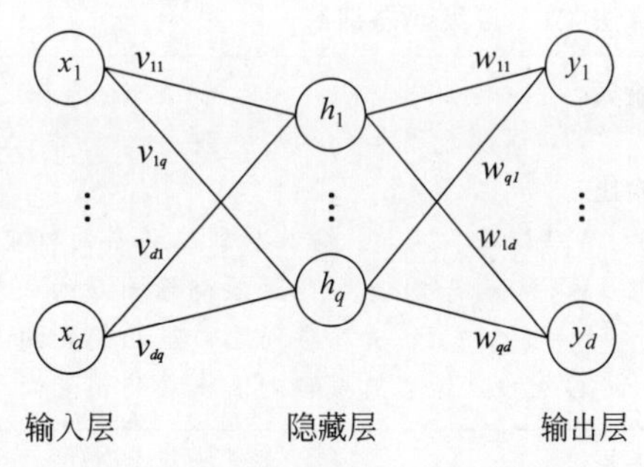

图 4.2　自编码器网络中的变量符号

对 D 中的输入数据 $\boldsymbol{x}$，训练步骤如下。

1）输入层到隐藏层的输出计算

隐藏层的输出记为 $\boldsymbol{h}=\{h_1,h_2,\cdots,h_q\}$，即

$$h_k=s_f(\alpha_k+\gamma_k)=\frac{1}{1+\mathrm{e}^{-(\alpha_k+\gamma_k)}} \tag{4-6}$$

2）隐藏层到输出层的输出计算

输出层的输出记为 $\boldsymbol{y}=\{y_1,y_2,\cdots,y_d\}$，即

$$y_j = s_g(\beta_j + \theta_j) = \frac{1}{1 + e^{-(\beta_j + \theta_j)}} \tag{4-7}$$

3）权重和偏置更新

令自编码器网络在输入数据 $\boldsymbol{x}$ 上的重构误差为均方误差，则 $\boldsymbol{x}$ 对应的损失函数为

$$L = \sum_{j=1}^{d} (y_j - x_j)^2 \tag{4-8}$$

使用梯度下降法，以损失函数的负梯度方向对参数进行调整，给定学习率 $\eta(0<\eta<1)$，参数更新过程如下。

$$w_{kj} = w_{kj} - \eta \frac{\partial L}{\partial w_{kj}} \tag{4-9}$$

$$v_{ik} = v_{ik} - \eta \frac{\partial L}{\partial v_{ik}} \tag{4-10}$$

$$\theta_j = \theta_j - \eta \frac{\partial L}{\partial \theta_j} \tag{4-11}$$

$$\gamma_k = \gamma_k - \eta \frac{\partial L}{\partial \gamma_k} \tag{4-12}$$

算法 4.1 给出自编码器训练过程，时间复杂度为 $O(N \times m \times d^2 \times q)$，其中 N 为算法的总迭代次数。

算法 4.1　自编码器训练

输入：

D：训练数据集，$\eta(0<\eta<1)$：学习率，N：总迭代次数

输出：

$\boldsymbol{V}=\{v_{ik}\}_{i=1,k=1}^{d,q}$：输入层到隐藏层的权重矩阵
$\boldsymbol{W}=\{w_{kj}\}_{k=1,j=1}^{q,d}$：隐藏层到输出层的权重矩阵
$\boldsymbol{\gamma}=\{\gamma_k\}_{k=1}^{q}$：输入层到隐藏层的偏置向量
$\boldsymbol{\Theta}=\{\theta_j\}_{j=1}^{d}$：隐藏层到输出层的偏置向量

步骤：

1. 随机初始化网络中的所有权重矩阵 $\boldsymbol{V}$ 和 $\boldsymbol{W}$，偏置向量 $\boldsymbol{\gamma}$ 和 $\boldsymbol{\Theta}$
2. $t \leftarrow 1, L \leftarrow 0$
3. While $t \leqslant N$ Do
4. 　For Each $\boldsymbol{x}$ In D Do
5. 　　根据当前参数，使用式(4-6)～式(4-7)计算 $\boldsymbol{x}$ 对应的输出 $\boldsymbol{y}$
6. 　　$L \leftarrow L + \sum_{j=1}^{d}(y_j - x_j)^2$　　//根据式(4-8)计算损失函数值
7. 　End For
8. 　根据式(4-9)～式(4-12)更新权重 w_{kj} 和 v_{ik}、偏置 θ_j 和 γ_k
9. 　$t \leftarrow t+1$
10. End While
11. Return $\boldsymbol{V}, \boldsymbol{W}, \boldsymbol{\gamma}, \boldsymbol{\Theta}$

动画 4-1

例 4.1　采用 MNIST 数据集构建具有三层网络的自编码器模型，模型的输入层、隐藏层和输出层的维度分别为 784、256 和 784。隐藏层和输出层的激活函数均采用 Sigmoid 函

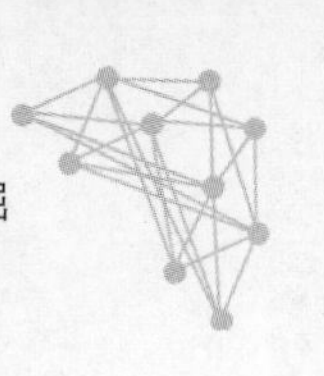

数，损失函数采用均方误差，训练迭代次数设为 5 次。前 5 个测试样本数据和数据重构结果对比如图 4.3 所示，其中，Image 1～Image 5 是原始输入数据，Image 6～Image 10 是对应的重构结果。

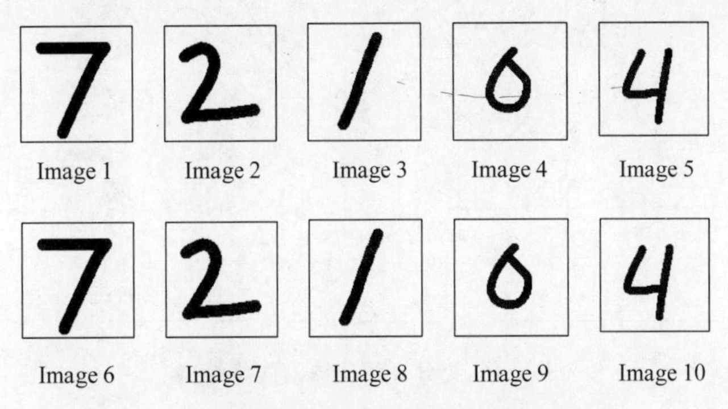

图 4.3　自编码器模型输入数据和重构结果对比

自编码器旨在让隐藏层表示尽可能低维且包含输入数据中最主要的特征，从而实现数据降维。自编码器结构简单，能够自动提取特征，有效降低了手工提取特征的不足。自编码器泛化性强，能从数据样本中进行无监督学习，不需要新的特征工程，只需要适当地训练数据就能学到输入数据高效表示，且对大数据训练问题能有效地避免过拟合。根据输入数据的特点，可通过改变输入数据或对自编码器的隐藏层增加约束来改进自编码器，典型的改进模型包括降噪自编码器(denoising autoencoder)、稀疏自编码器(sparse autoencoder)、收缩自编码器(contractive autoencoder)等。降噪自编码器通过对输入数据加入噪声提高模型对输入噪声数据的鲁棒性。稀疏自编码器在自编码器的隐藏层神经元增加稀疏性约束，用尽可能少的神经元提取有用的特征，使网络达到稀疏的效果。收缩自编码器通过在自编码器的目标函数上增加一个惩罚项来抵抗输入中的微扰。

4.2.2　变分自编码器

变分自编码器是以自编码器结构为基础的深度生成模型，通过编码器将样本映射到低维空间的隐变量，然后通过解码器将隐变量还原为重构样本。变分自编码器作为一种显式生成模型，能显式地构建样本的概率分布，具有生成新样本的能力，用描述每个隐变量的概率分布来替代自编码器中描述每个隐变量的值，并通过最大似然估计来求解参数。变分自编码器假设隐变量为服从某种概率分布(通常假设为高斯分布)的随机变量，从分布中采样进而生成样本，广泛应用于数据降维、特征提取、变分推理、聚类和图像生成等。

1. 基本思想

变分自编码器的结构如图 4.4 所示。首先，编码器将输入数据 $\boldsymbol{x}(\boldsymbol{x}\in\mathbb{R}^d)$映射为隐变量所服从的概率分布，通常是彼此独立的均值和标准差，分别为 $\boldsymbol{\mu}$ 和 $\boldsymbol{\sigma}$ 的多元高斯分布。然后从高斯分布中采样得到隐变量对应的样本 $\boldsymbol{z}$，其中，$\boldsymbol{z}\in\mathbb{R}^f$ 且 $z_i\sim N(\mu_i,\sigma_i^2)$。最后，解码器将隐变量对应的样本 $\boldsymbol{z}$ 重构为$\hat{\boldsymbol{x}}$，其中，$Q(\boldsymbol{z}|\boldsymbol{x})$和 $P(\boldsymbol{x}|\boldsymbol{z})$分别为编码过程和解码过程学习到的概率分布。

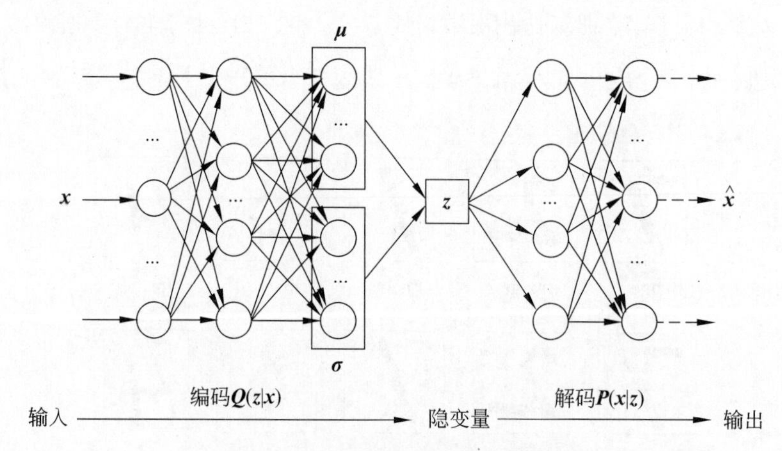

图 4.4　变分自编码器的网络结构

变分自编码器的目标是最小化输入数据分布 $P(\boldsymbol{x})$ 与重构数据分布 $P(\hat{\boldsymbol{x}})$ 间的距离，通常采用如下 KL 散度(Kullback-Leibler Divergence)来衡量分布之间的距离：

$$D_{\mathrm{KL}}(P(\boldsymbol{x}) \parallel P(\hat{\boldsymbol{x}})) = \int P(\boldsymbol{x}) \log \frac{P(\boldsymbol{x})}{P(\hat{\boldsymbol{x}})} \mathrm{d}\boldsymbol{x} \tag{4-13}$$

但由于分布 $P(\boldsymbol{x})$ 未知，不可直接计算 KL 散度。因此，变分自编码器引入近似后验分布 $Q(\boldsymbol{z}|\boldsymbol{x})$，旨在逼近未知的真实后验分布 $P(\boldsymbol{z}|\boldsymbol{x})$，并采用极大似然法优化目标函数，推导出如下对数似然函数：

$$\log P(\boldsymbol{x}) = D_{\mathrm{KL}}(Q(\boldsymbol{z} \mid \boldsymbol{x}) \parallel P(\boldsymbol{z} \mid \boldsymbol{x})) + L(\boldsymbol{x}) \tag{4-14}$$

由于 KL 散度具有非负性，将其称为似然函数的变分下界，计算公式为

$$L(\boldsymbol{x}) = E_{Q(\boldsymbol{z}|\boldsymbol{x})}[-\log Q(\boldsymbol{z} \mid \boldsymbol{x}) + \log P(\boldsymbol{z}) + \log P(\boldsymbol{x} \mid \boldsymbol{z})] \tag{4-15}$$

由于变分自编码器拟同时最大化 $P(\boldsymbol{x})$ 和最小化 $D_{\mathrm{KL}}(Q(\boldsymbol{z}|\boldsymbol{x}) \parallel P(\boldsymbol{z}|\boldsymbol{x}))$，因此，由式(4-14)和式(4-15)可推导出如下的损失函数：

$$J_{\mathrm{VAE}} = D_{\mathrm{KL}}(Q(\boldsymbol{z} \mid \boldsymbol{x}) \parallel P(\boldsymbol{z})) - E_{Q(\boldsymbol{z}|\boldsymbol{x})}[\log(P(\boldsymbol{x} \mid \boldsymbol{z}))] \tag{4-16}$$

其中，等号右边的第一项为正则化项，第二项为变分自编码器期望重构误差的负值。

为了简化计算，通常假设隐变量服从多元标准高斯分布，即 $P(\boldsymbol{z}) \sim N(\boldsymbol{0},\boldsymbol{1})$。给定 $Q(\boldsymbol{z}|\boldsymbol{x}) \sim N(\mu,\sigma^2)$，式(4-16)中的第一项可化简为

$$D_{\mathrm{KL}}(Q(\boldsymbol{z} \mid \boldsymbol{x}) \parallel P(\boldsymbol{z})) = \frac{1}{2} \sum_{i=1}^{f} (\mu_i^2 + \sigma_i^2 - \log \sigma_i^2 - 1) \tag{4-17}$$

其中，f 为隐变量个数。

假设 $P(\boldsymbol{x}|\boldsymbol{z})$ 服从高斯分布，解码器($\hat{\boldsymbol{x}} = g(\boldsymbol{z})$)用于拟合高斯分布的均值，且标准差为常数 c，则 $P(\boldsymbol{x}|\boldsymbol{z})$ 可表示为 $N(g(\boldsymbol{z}),c^2)$。令隐变量的随机采样样本数为 1，则式(4-16)中的第二项可化简为

$$-E_{Q(\boldsymbol{z}|\boldsymbol{x})}[\log(P(\boldsymbol{x} \mid \boldsymbol{z}))] = \|\boldsymbol{x} - \hat{\boldsymbol{x}}\|^2 \tag{4-18}$$

变分自编码器通过最小化损失函数，使后验分布 $Q(\boldsymbol{z}|\boldsymbol{x})$ 接近 $P(\boldsymbol{z})$，且期望重构误差接近 0。值得注意的是，对隐变量进行随机采样的操作不能求导，导致无法采用反向传播算法

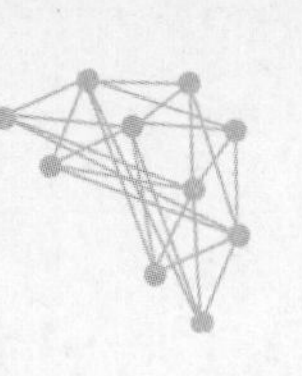

进行参数优化。对此，变分自编码器通过重参数化（re-parameterization）方法，引入参数 $\boldsymbol{\varepsilon}_i \sim N(\mathbf{0},\mathbf{I})$，通过从标准高斯分布对 $\boldsymbol{\varepsilon}_i$ 进行采样，对隐变量进行直接采样并将其转化为 $z_i=\mu_i+\sigma_i\varepsilon_i\ (1\leqslant i\leqslant f)$ 的线性运算，从而利用梯度下降法优化参数。

2. 模型训练

训练数据集 D 由 m 个输入数据 $\boldsymbol{x}$ 构成，其中 $\boldsymbol{x}\in\mathbb{R}^d$ 表示 d 维实值向量。变分自编码器的训练过程如图 4.5 所示，包括编码、采样、解码和参数更新 4 个阶段。

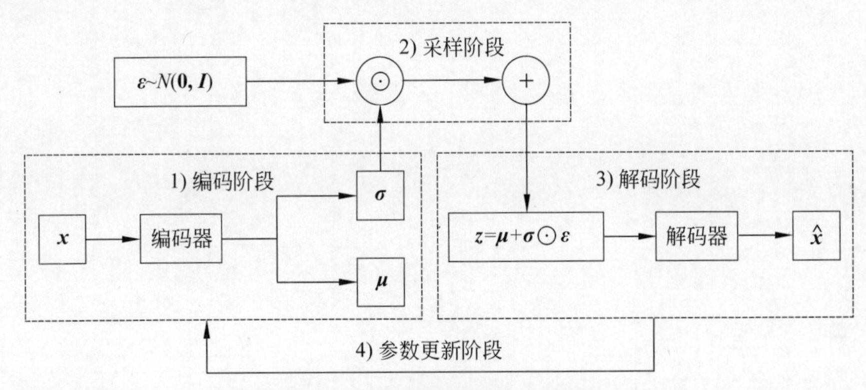

图 4.5　变分自编码器的训练过程

1）编码阶段

对于 D 中的输入数据 $\boldsymbol{x}$，通过编码器首先将 $\boldsymbol{x}$ 映射到 $\boldsymbol{h}$，再将 $\boldsymbol{h}$ 分别映射为隐变量所服从多元高斯分布的均值 $\boldsymbol{\mu}$ 和标准差 $\boldsymbol{\sigma}$，计算公式为

$$\boldsymbol{h}=\sigma_h(\boldsymbol{W}_h\boldsymbol{x}+\boldsymbol{b}_h) \tag{4-19}$$

$$\boldsymbol{\mu}=f_1(\boldsymbol{x})=\sigma_\mu(\boldsymbol{W}_{\boldsymbol{\mu}}\boldsymbol{h}+\boldsymbol{b}_{\boldsymbol{\mu}}) \tag{4-20}$$

$$\boldsymbol{\sigma}=f_2(\boldsymbol{x})=\sigma_\sigma(\boldsymbol{W}_{\boldsymbol{\sigma}}\boldsymbol{h}+\boldsymbol{b}_{\boldsymbol{\sigma}}) \tag{4-21}$$

其中，$\boldsymbol{W}_h$、$\boldsymbol{W}_{\boldsymbol{\mu}}$ 和 $\boldsymbol{W}_{\boldsymbol{\sigma}}$ 为权重矩阵，$\boldsymbol{b}_h$、$\boldsymbol{b}_{\boldsymbol{\mu}}$ 和 $\boldsymbol{b}_{\boldsymbol{\sigma}}$ 为偏置，σ_h、$\sigma_{\boldsymbol{\mu}}$ 和 $\sigma_{\boldsymbol{\sigma}}$ 为激活函数。

2）采样阶段

使用重参数化方法，从高斯分布中生成隐变量的随机采样样本 $\boldsymbol{z}$，即

$$\boldsymbol{z}=\boldsymbol{\mu}+\boldsymbol{\sigma}\odot\boldsymbol{\varepsilon} \tag{4-22}$$

其中，$\odot$ 为对应矩阵元素相乘的哈达玛乘积（Hadamard product），$\boldsymbol{\varepsilon}$ 为从标准高斯分布进行 f 次采样构成的向量。

3）解码阶段

对于采样样本 $\boldsymbol{z}$，通过解码器映射为重构数据 $\hat{\boldsymbol{x}}$，计算公式为

$$\boldsymbol{h}'=\sigma_{h'}(\boldsymbol{W}_{h'}\boldsymbol{z}+\boldsymbol{b}_{h'}) \tag{4-23}$$

$$\hat{\boldsymbol{x}}=\sigma_g(\boldsymbol{W}_g\boldsymbol{h}'+\boldsymbol{b}_g) \tag{4-24}$$

其中，$\boldsymbol{W}_{h'}$ 和 $\boldsymbol{W}_g$ 为权重矩阵，$\boldsymbol{b}_{h'}$ 和 $\boldsymbol{b}_g$ 为偏置，$\sigma_{h'}$ 和 σ_g 为激活函数。

4）参数更新阶段

利用式(4-17)～式(4-18)计算损失函数值，再计算参数的梯度，并基于梯度更新参数。算法 4.2 给出变分自编码器的训练算法，时间复杂度为 $O(N\times|D|\times d)$，其中，N 为算法总迭代次数，$|D|$ 为数据集规模，且输入数据维度远大于隐变量的维度（$d\gg f$）。

算法 4.2　变分自编码器训练

输入：

　　D：训练数据集，$\eta(0<\eta<1)$：学习率，N：总迭代次数

输出：

　　$\boldsymbol{W}$：权重矩阵，$\boldsymbol{b}$：偏置

步骤：

1. 随机初始化网络中的权重矩阵 $\boldsymbol{W}$ 和偏置 $\boldsymbol{b}$；$t\leftarrow 1$
2. While $t\leqslant N$ Do
3. 　　$J_{\text{VAE}}\leftarrow 0$
4. 　　For Each $\boldsymbol{x}$ In D Do
5. 　　　$\boldsymbol{h}\leftarrow\sigma_h(\boldsymbol{W}_h\boldsymbol{x}+\boldsymbol{b}_h)$
6. 　　　$\boldsymbol{\mu}\leftarrow f_1(\boldsymbol{x})=\sigma_\mu(\boldsymbol{W}_\mu\boldsymbol{h}+\boldsymbol{b}_\mu)$
7. 　　　$\boldsymbol{\sigma}\leftarrow f_2(\boldsymbol{x})=\sigma_\sigma(\boldsymbol{W}_\sigma\boldsymbol{h}+\boldsymbol{b}_\sigma)$
8. 　　　从 $N(0,\boldsymbol{I})$ 采样 $\boldsymbol{\varepsilon}$
9. 　　　$\boldsymbol{z}\leftarrow\boldsymbol{\mu}+\boldsymbol{\sigma}\odot\boldsymbol{\varepsilon}$
10. 　　　$\boldsymbol{h}'\leftarrow\sigma_{h'}(\boldsymbol{W}_{h'}\boldsymbol{z}+\boldsymbol{b}_{h'})$
11. 　　　$\hat{\boldsymbol{x}}\leftarrow\sigma_g(\boldsymbol{W}_g\boldsymbol{h}'+\boldsymbol{b}_g)$
12. 　　　$J_{\text{VAE}}\leftarrow J_{\text{VAE}}+\dfrac{1}{2}\sum_{i=1}^{f}(\mu_i^2+\sigma_i^2-\log\sigma_i^2-1)+\|\boldsymbol{x}-\hat{\boldsymbol{x}}\|^2$
　　　//根据式(4-17)～式(4-18)计算损失函数值
13. 　　End For
14. 　　$\boldsymbol{W}\leftarrow\boldsymbol{W}-\eta\dfrac{\partial J_{\text{VAE}}}{\partial\boldsymbol{W}}$；$\boldsymbol{b}\leftarrow\boldsymbol{b}-\eta\dfrac{\partial J_{\text{VAE}}}{\partial\boldsymbol{b}}$
15. 　　$t\leftarrow t+1$
16. End While
17. Return $\boldsymbol{W},\boldsymbol{b}$

动画 4-2

4.3　数据分类

4.3.1　朴素贝叶斯分类

1. 贝叶斯分类的基本思想

设样本数据集 $D=\{\boldsymbol{x}_1,\boldsymbol{x}_2,\cdots,\boldsymbol{x}_i,\cdots,\boldsymbol{x}_n\}$，每个样本 $\boldsymbol{x}_i$ 的属性集合 $A_i=\{a_{i1},a_{i2},\cdots,a_{ij},\cdots,a_{in_A}\}$，类别集合 $C=\{c_1,c_2,\cdots,c_k,\cdots,c_m\}$，即样本数据集 D 可分为 m 个类别。如图 4.6 所示，网络结构含有属性集合 $A=\{a_1,a_2,\cdots,a_{n_A}\}$ 和类别集合 C，在此结构上，使 $P(c_k|a_1,a_2,\cdots,a_{n_A})$ 最大的分类任务称为贝叶斯分类，表示为

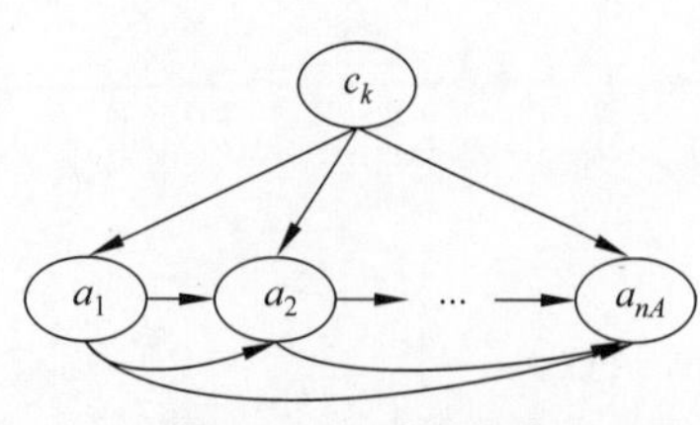

图 4.6　贝叶斯分类

$$C(\boldsymbol{x})=\arg\max_{c_k\in C}\{P(c_k\mid a_1,a_2,\cdots,a_{n_A})\}\quad(\boldsymbol{x}\in D)\tag{4-25}$$

根据贝叶斯定理，给定 $A=\{a_1,a_2,\cdots,a_{n_A}\}$，$c_k$ 的后验概率为

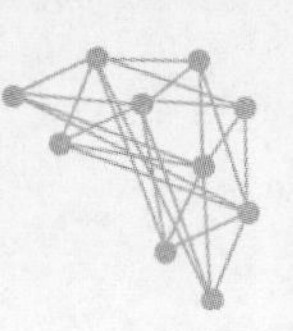

$$
\begin{aligned}
P(c_k \mid a_1, a_2, \cdots, a_{n_A}) &= \frac{P(c_k, a_1, a_2, \cdots, a_{n_A})}{P(a_1, a_2, \cdots, a_{n_A})} \\
&= \frac{P(a_1, a_2, \cdots, a_{n_A} \mid c_k) P(c_k)}{P(a_1, a_2, \cdots, a_{n_A})}
\end{aligned} \tag{4-26}
$$

其中，$P(a_1, a_2, \cdots, a_{n_A})$对每个类别 c_k 都相同；类别概率 $P(c_k)$也称先验概率，可用样本空间中属于类别 c_k 的样本数占样本空间中的样本总数的比例来估计。因此，后验概率计算的关键在于 $P(a_1, a_2, \cdots, a_{n_A} | c_k)$的计算，在没有变量独立假设的情况下，该值的计算需指数时间。

2. 朴素贝叶斯分类的基本思想

相对贝叶斯分类中结构的复杂性而言，朴素贝叶斯分类是最简单的概率分类模型。设在给定类别变量下属性变量之间条件独立，使 $P(c_k | a_1, a_2, \cdots, a_{n_A})$最大的分类任务称为朴素贝叶斯分类。在条件独立性假设下，朴素贝叶斯分类具有简单的星形结构，如图 4.7 所示，每个属性只有唯一的类 c_k 作为其父节点，这意味着给定类 c_k 时，$a_1, a_2, \cdots, a_{n_A}$ 条件独立，即

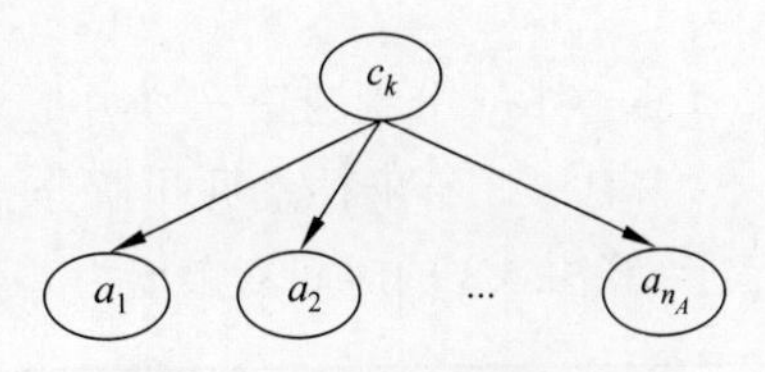

图 4.7　朴素贝叶斯分类

$$
P(a_1, a_2, \cdots, a_{n_A} \mid c_k) = \prod_{j=1}^{n_A} P(a_j \mid c_k) \tag{4-27}
$$

那么，针对朴素贝叶斯分类的结构，为了降低条件概率 $P(c_k | a_1, a_2, \cdots, a_{n_A})$的计算复杂度，根据条件独立性将联合概率分解为

$$
\begin{aligned}
P(c_k, a_1, a_2, \cdots, a_{n_A}) &= P(c_k) P(a_1, a_2, \cdots, a_{n_A} \mid c_k) \\
&= P(c_k) \prod_{j=1}^{n_A} P(a_j \mid c_k)
\end{aligned} \tag{4-28}
$$

根据联合概率的分解形式，对于给定的待预测样本 $\boldsymbol{x}$，朴素贝叶斯分类形式表示为

$$
C(\boldsymbol{x}) = \arg \max_{c_k \in C} \left\{ P(c_k) \prod_{j=1}^{n_A} P(a_j \mid c_k) \right\} \tag{4-29}
$$

3. 朴素贝叶斯分类算法

为了训练朴素贝叶斯分类器，首先给出训练样本数据集及这些数据对应的分类，根据样本数据集来训练朴素贝叶斯分类器分别计算出类别概率和条件概率，最后使用贝叶斯理论对新样本进行预测。朴素贝叶斯分类算法的基本思想和步骤如下。

步骤 1：确定特征属性，获取样本数据集。

步骤 2：训练分类器，分别计算每个类别的概率 $P(c_k)$和每个属性在该类别下的条件概率 $P(a_j | c_k)$。

步骤 3：对每个类别计算 $P(c_k) \prod_{j=1}^{n_A} P(a_j \mid c_k)$，以 $P(c_k) \prod_{j=1}^{n_A} P(a_j \mid c_k)$ 的最大项作为 $\boldsymbol{x}$ 所属的类别。

步骤 2 中朴素贝叶斯分类的参数估计，包括类别概率估计 $\hat{P}(c_k)$和条件概率估计 $\hat{P}(c_k | a_j)$。当属性值为离散型时，按以下方法进行参数估计。

(1) 类别概率估计：$\hat{P}(c_k)=\frac{n_{c_k}}{n}$，其中，$n_{c_k}$ 为第 c_k 类中样本的数量，n 为样本总数。

(2) 条件概率估计：$\hat{P}(a_j|c_k)=\frac{n_{a_j|c_k}}{n_{c_k}}$，其中，$n_{a_j|c_k}$ 为第 c_k 类中属性为 a_j 的样本数量。

当属性值为连续型时，按以下方法进行参数估计。

(1) 类别概率估计：$\hat{P}(c_k)=\frac{n_{c_k}}{n}$，其中，$n_{c_k}$ 为第 c_k 类中样本的数量，n 为样本总数。

(2) 条件概率估计：$\hat{P}(a_j|c_k)=\frac{1}{\sqrt{2\pi}\sigma_{c_k}}\exp\left\{-\frac{(a_j-\mu_{c_k})^2}{2\sigma_{c_k}^2}\right\}$，其中，$\hat{P}(a_j|c_k)\sim N(\mu_{c_k},\sigma_{c_k}^2)$，$\mu_{c_k}$ 和 $\sigma_{c_k}^2$ 分别为第 c_k 类中 a_j 的均值和方差。

算法 4.3 给出朴素贝叶斯分类的过程。对于包含 n_A 个属性，每类中包含 n_{c_k} 个样本的情形，算法 4.3 的时间复杂度为 $O(n_{c_k}\times n_A)$。

算法 4.3　朴素贝叶斯分类

输入：

　D：数据样本集，A：待预测样本的属性集合，C：类别集合

输出：

　$C(\boldsymbol{x})$　　//以 $P(\boldsymbol{x}|c_k)P(c_k)$ 最大项作为样本 $\boldsymbol{x}$ 的所属类别

动画 4-3

步骤：

1. 统计 D 中样本的总数 n
2. 统计 D 中每类样本的数量 n_{c_k}
3. 统计 D 中第 c_k 类中属性为 a_j 的样本数量 $n_{a_j|c_k}$
4. 统计 A 中属性的总数 n_A
5. $\hat{P}(a_j|c_k)\leftarrow 1, P(c_k|\boldsymbol{x})\leftarrow\varnothing$
6. For $k=1$ To n_{c_k} Do
7. 　　$\hat{P}(c_k)\leftarrow n_{c_k}/n$　　　　　　　　//类别概率估计
8. 　　For $j=1$ To n_A Do
9. 　　　　$\hat{P}(a_j|c_k)\leftarrow(n_{a_j|c_k}/n_{c_k})\times\hat{P}(a_j|c_k)$　　//条件概率估计
10. 　　　　$\hat{P}(c_k|\boldsymbol{x})\leftarrow\hat{P}(c_k)\times\hat{P}(a_j|c_k)$
11. 　　　　$P(c_k|\boldsymbol{x})\leftarrow P(c_k|\boldsymbol{x})\times\hat{P}(c_k|\boldsymbol{x})$
12. 　　End For
13. End For
14. $C(\boldsymbol{x})\leftarrow\arg\max\{P(c_k|\boldsymbol{x})\}$

下面通过一个例子来展示算法 4.3 的执行过程。

例 4.2　对于表 4.1 中的样本数据集，已知身高为“高”、体重为“中”和鞋码为“中”，对给定属性的人，预测其性别。设“男”和“女”为两个类别，分别用 c_1 和 c_2 表示；属性集合为“身高”、“体重”和“鞋码”，分别用 a_1、a_2 和 a_3 表示。使用算法 4.3 进行分类，主要步骤如下。

(1) 类别概率估计：类别为“男”的概率为 $\hat{P}(c_1)=1/2$，类别为“女”的概率为 $\hat{P}(c_2)=1/2$。

表 4.1　样本数据集

编　号	身　高	体　重	鞋　码	性　别
1	高	重	大	男
2	高	重	大	男
3	中	中	大	男
4	中	中	中	男
5	矮	轻	小	女
6	矮	轻	小	女
7	矮	中	中	女
8	中	中	中	女

(2) 条件概率估计：性别为“男”、身高为“高”、体重为“中”、鞋码为“中”的概率为 $\hat{P}(a_1, a_2, a_3 \mid c_1) = \hat{P}(a_1 \mid c_1)\hat{P}(a_2 \mid c_1)\hat{P}(a_3 \mid c_1) = (1/2) \times (1/2) \times (1/4) = 1/16$，性别为“女”、身高为“高”、体重为“中”、鞋码为“中”的概率为 $\hat{P}(a_1, a_2, a_3 \mid c_2) = \hat{P}(a_1 \mid c_2) \times \hat{P}(a_2 \mid c_2) \times \hat{P}(a_3 \mid c_2) = 0$。

(3) 类别预测：由于 $\hat{P}(c_1) \times \hat{P}(a_1, a_2, a_3 \mid c_1) > \hat{P}(c_2) \times \hat{P}(a_1, a_2, a_3 \mid c_2)$，此人性别为“男”。

4.3.2　支持向量机

基于 SVM 的分类，旨在寻找能正确划分训练数据集且几何间隔最大的分离超平面，从训练样本训练得到最大边距超平面，以最大边距超平面作为决策边界，使分类器在新样本上的分类误差(泛化误差)尽可能小。SVM 算法分为线性 SVM 和非线性 SVM 算法，对于输入空间中的非线性分类问题，可通过非线性变换将其转化为某个维特征空间中的线性分类问题，在高维特征空间中学习线性 SVM。

SVM 分类算法具有较好的鲁棒性，在小样本训练集上能得到优于其他算法的结果，其目标是结构化风险最小，可避免过拟合问题。因此，SVM 成为机器学习中最受关注的算法之一，可使用该算法在小样本数据集上训练出分类表现良好的分类器。下面介绍 SVM 的基本概念、训练过程和常用的核函数。

1. 基本概念

SVM 是一种二分类模型，其基本模型是定义在特征空间上的间隔最大的线性分类器，通过在样本空间中找出一个超平面来对数据进行分类，并使分类误差尽可能小。分离超平面是比所在数据空间小一维的空间，在二维数据空间中是一条直线，在三维数据空间中就是一个平面。以二维数据空间为例，图 4.8 给出了分离超平面将两类训练样本分开的示例，训练数据集线性可分，有两个特征和两类标签，其中，特征一用 $\boldsymbol{x}_1$ 表示，特征二用 $\boldsymbol{x}_2$

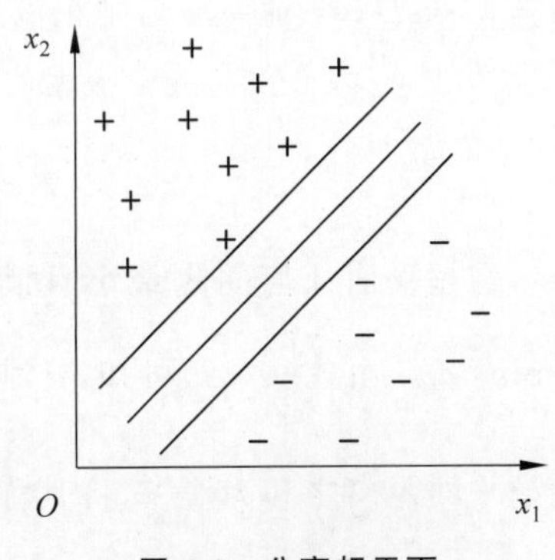

图 4.8　分离超平面

表示;一类标签用"+"表示正例,另一类标签用"−"表示负例。显然,在二维平面上存在多条直线,把两类标签"+"和"−"分开。训练数据集与分离超平面距离最近的样本称为支持向量,SVM的目的是求解距离这些样本点最远的分离超平面。

当需预测一个未知样本的分类值时,使用从训练数据集中寻找到的几何间隔最大的最优分离超平面对未知样本进行分类。

2. 训练算法

SVM的基本原理是求解能正确划分训练数据集且几何间隔最大的分离超平面,对于线性可分的数据集来说,这样的超平面有无穷多个,但几何间隔最大的分离超平面却是唯一的。下面介绍线性SVM算法的基本思想及关键步骤,作为读者学习其他SVM算法的基础。

1) 训练数据集

给定一个特征空间上线性可分的训练数据集,表示为

$$D=\{(\boldsymbol{x}_1,y_1),(\boldsymbol{x}_2,y_2),\cdots,(\boldsymbol{x}_n,y_n)\} \tag{4-30}$$

其中,$\boldsymbol{x}_i\in\mathbb{R}^n$,$y_i=\{+1,-1\}$,$i=1,2,\cdots,n$。$\boldsymbol{x}_i$ 为第 i 个训练样本,是一个特征向量,y_i 为 $\boldsymbol{x}_i$ 的类标记,$(\boldsymbol{x}_i,y_i)$称为样本点。当 $y_i=+1$ 时,称 $\boldsymbol{x}_i$ 为正例;当 $y_i=-1$ 时,称 $\boldsymbol{x}_i$ 为负例。

2) 寻找最大间隔超平面

在训练数据集中找到的几何间隔最大的超平面,不仅要将样本点分开,且和最难分的样本点(离超平面最近的样本点)保持一定的函数距离,这样的超平面对未知测试数据集有很好的分类预测能力。在样本空间中,对于 D 中的样本 $\boldsymbol{x}$,通过线性方程 $\boldsymbol{w}^{\mathrm{T}}\boldsymbol{x}+b=0$ 来描述分离超平面,其中,$\boldsymbol{w}=(w_1,w_2,\cdots,w_d)$为决定超平面方向的法向量,$b$ 为决定超平面与原点之间距离的位移项。相应的分类策略函数为

$$f(\boldsymbol{x})=\mathrm{sign}(\boldsymbol{w}^{\mathrm{T}}\boldsymbol{x}+b) \tag{4-31}$$

其中,sign(·)为符号函数。

对于给定的训练数据集 D 和超平面$(\boldsymbol{w},b)$,关于样本点$(\boldsymbol{x}_i,y_i)$的几何间隔为

$$\gamma_i=\frac{y_i(\boldsymbol{w}^{\mathrm{T}}\boldsymbol{x}_i+b)}{\|\boldsymbol{w}\|},\quad i=1,2,\cdots,n \tag{4-32}$$

若超平面$(\boldsymbol{w},b)$能将所有样本点正确分类,即 $y_i(\boldsymbol{w}^{\mathrm{T}}\boldsymbol{x}_i+b)>0$,对于任何样本点$(\boldsymbol{x}_i,y_i)\in D$,若 $y_i=+1$,则正例 $\boldsymbol{x}_i$ 满足约束条件 $\boldsymbol{w}^{\mathrm{T}}\boldsymbol{x}_i+b>0$;若 $y_i=-1$,则负例 $\boldsymbol{x}_i$ 满足约束条件 $\boldsymbol{w}^{\mathrm{T}}\boldsymbol{x}_i+b<0$。令 $y_i(\boldsymbol{w}^{\mathrm{T}}\boldsymbol{x}_i+b)\geqslant 1$,则约束条件表示为

$$\begin{cases}\boldsymbol{w}^{\mathrm{T}}\boldsymbol{x}_i+b\geqslant +1,y_i=+1\\ \boldsymbol{w}^{\mathrm{T}}\boldsymbol{x}_i+b\leqslant -1,y_i=-1\end{cases} \tag{4-33}$$

与超平面几何间隔最小且满足式(4-33)的样本点称为支持向量,则支持向量表示为 $\min\limits_{i=1,2,\cdots,n}\gamma_i$。由式(4-32)可知,样本点到超平面的最小几何间隔为$\dfrac{1}{\|\boldsymbol{w}\|}$,则两个异类支持向量到超平面距离之和为$\dfrac{2}{\|\boldsymbol{w}\|}$,将其称为间隔。

由此,最大间隔分离超平面的求解,可表示为以下最优化问题。

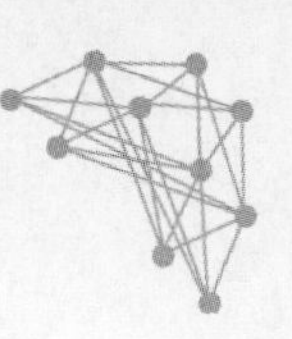

$$\max_{w,b} \frac{2}{\|\boldsymbol{w}\|}$$
$$\text{s.t. } y_i(\boldsymbol{w}^{\mathrm{T}}\boldsymbol{x}_i + b) \geqslant 1, \quad i=1,2,\cdots,n \tag{4-34}$$

也就是需找到满足式(4-34)约束条件的 $\boldsymbol{w}$ 和 b,使超平面到样本点的间隔最大。由于 $\max\limits_{w,b}\frac{2}{\|\boldsymbol{w}\|}$ 和 $\min\limits_{w,b}\frac{1}{2}\|\boldsymbol{w}\|^2$ 是等价的,因此,训练 SVM 的最优化问题描述如下。

$$\min_{w,b} \frac{1}{2}\|\boldsymbol{w}\|^2$$
$$\text{s.t. } (\boldsymbol{w}^{\mathrm{T}}\boldsymbol{x}_i + b) \geqslant 1, \quad i=1,2,\cdots,n \tag{4-35}$$

需要强调的是,求解上述最优化问题需使用对偶算法和序列最小优化算法(sequential minimal optimization)。最大间隔超平面本身是一个凸二次规划问题,使用拉格朗日乘法求解对偶问题得到原始问题的最优解,而序列最小优化算法则将优化问题分解为多个规模较小的优化问题进行求解,这些小规模优化问题的顺序求解结果与整体求解结果完全一致,从而极大地减小了训练 SVM 的计算开销。

3）软间隔最大化

若分离超平面能正确划分所有样本,称之为“硬间隔”,但实际情况下几乎不存在完全线性可分的数据。为了解决该问题,引入“软间隔”的概念,即允许某些点不满足约束,可对每个样本点$(\boldsymbol{x}_i, y_i)$引入松弛变量 $\xi_i \geqslant 0$,则约束条件变为

$$y_i(\boldsymbol{w}^{\mathrm{T}}\boldsymbol{x}_i + b) \geqslant 1 - \xi_i \tag{4-36}$$

目标函数变为

$$\min_{w,b,\xi_i} \frac{1}{2}\|\boldsymbol{w}\|^2 + C\sum_{i=1}^{n}\xi_i \tag{4-37}$$

其中,正常数 C 称为惩罚系数。

式(4-37)中的目标函数包含两层含义:使 $\frac{1}{2}\|\boldsymbol{w}\|^2$ 尽量小(即间隔尽量大),同时使误差分类点的个数尽量少,其中,C 是调和两者的系数。

松弛变量 ξ_i 本质是一个损失函数,表示为

$$l_{0/1}(y_i(\boldsymbol{w}^{\mathrm{T}}\boldsymbol{x}_i + b) - 1) \tag{4-38}$$

其中,$l_{0/1}$ 是 0/1 损失函数,表示为

$$l_{0/1}(z) = \begin{cases} 1, & z < 0 \\ 0, & z \geqslant 0 \end{cases} \tag{4-39}$$

其中,$z = y_i(\boldsymbol{w}^{\mathrm{T}}\boldsymbol{x}_i + b) - 1$。

然而,该损失函数具有非凸和非连续性,是一个单位跃迁函数,使得目标函数不易求解。因此,常使用替代损失函数来取代式(4-39)中的 0/1 损失函数,这些替代损失函数通常是凸连续函数。下面给出常用的 3 种替代损失函数:

$$\text{Hinge 损失}: l_{\text{hinge}}(z) = \max(0, 1 - z) \tag{4-40}$$

$$\text{指数损失}: l_{\exp}(z) = \exp(-z) \tag{4-41}$$

$$\text{对数损失}: l_{\log}(z) = \log(1 + \exp(-z)) \tag{4-42}$$

SVM分类算法首先构造凸二次规划问题，然后用惩罚系数来调节对误分类的容忍程度，使用拉格朗日乘法求解最优目标函数，算法4.4给出上述过程。对于包含 n 个样本的训练数据集，算法4.4的时间复杂度为 $O(n^3)$，空间复杂度为 $O(n^2)$。

算法4.4　支持向量机训练

输入：

D：训练数据集，C：惩罚系数

输出：

$f(\boldsymbol{x})$：分类决策函数

步骤：

1. 构造线性支持向量机原始最优化问题：

$$\min_{\boldsymbol{w},b}\frac{1}{2}\|\boldsymbol{w}\|^2 \text{ s.t. } y_i(\boldsymbol{w}^{\mathrm{T}}\boldsymbol{x}_i+b)\geqslant 1,\quad i=1,2,\cdots,n$$

2. 使用拉格朗日乘法求解对偶问题，得到原始问题的最优解：

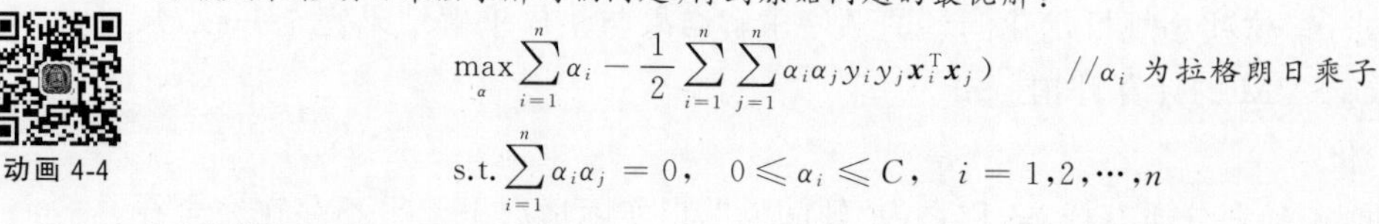
动画4-4

$$\max_{\alpha}\sum_{i=1}^{n}\alpha_i-\frac{1}{2}\sum_{i=1}^{n}\sum_{j=1}^{n}\alpha_i\alpha_j y_i y_j \boldsymbol{x}_i^{\mathrm{T}}\boldsymbol{x}_j) \qquad //\alpha_i \text{ 为拉格朗日乘子}$$

$$\text{s.t.}\sum_{i=1}^{n}\alpha_i\alpha_j=0,\quad 0\leqslant\alpha_i\leqslant C,\quad i=1,2,\cdots,n$$

3. 计算法向量 $\boldsymbol{w}^*$ 和位移项 b^*：

$$\boldsymbol{w}^*=\sum_{i=1}^{n}\alpha_i^* y_i\boldsymbol{x}_i$$

$$b^*=y_i-\sum_{i=1}^{n}y_i\alpha_i(\boldsymbol{x}_i^{\mathrm{T}}\boldsymbol{x}_j)$$

4. 计算最大间隔分离超平面和分类决策函数：

$$\boldsymbol{w}^*\boldsymbol{x}+b^*=0$$
$$f(\boldsymbol{x})=\text{sign}(\boldsymbol{w}^*\boldsymbol{x}+b^*)$$

5. Return $f(\boldsymbol{x})$

---

3. 核函数

如前所述，线性可分SVM通过超平面可将训练数据集完全分离开来，然而在实际任务中，原始样本空间可能不存在一个能正确划分两类样本的超平面。对此，将原始样本低维特征空间映射到另一个高维特征空间，这种从某个特征空间到另一个特征空间的映射通过核函数来实现。经过空间转换后，可在高维空间解决线性问题，等价于在低维空间中解决非线性问题。通过核函数可将线性SVM扩展到非线性SVM，表4.2给出几种常用的核函数。除了线性核函数以外，其余核函数均可处理非线性问题，其中高斯核也称为径向基函数，是SVM中一个常用的核函数，并不需确切地理解数据的表现，通常能得到一个理想的结果。针对实际任务，可采用基于专家先验知识、交叉验证法、混合核函数等方法来选择核函数。

表4.2　常用核函数

名　称	表　达　式	参　　数
线性核	$k(\boldsymbol{x}_i,\boldsymbol{x}_j)=\boldsymbol{x}_i^{\mathrm{T}}\boldsymbol{x}_j$	
多项式核	$k(\boldsymbol{x}_i,\boldsymbol{x}_j)=(\boldsymbol{x}_i^{\mathrm{T}}\boldsymbol{x}_j)^d$	$d\geqslant 1$ 为多项式的幂次

续表

名　称	表 达 式	参　　数
高斯核	$k(\boldsymbol{x}_i,\boldsymbol{x}_j)=\exp\left(-\frac{\|\boldsymbol{x}_i-\boldsymbol{x}_j\|^2}{2\sigma^2}\right)$	$\sigma>0$ 为高斯核的宽度
拉普拉斯核	$k(\boldsymbol{x}_i,\boldsymbol{x}_j)=\exp\left(-\frac{\|\boldsymbol{x}_i-\boldsymbol{x}_j\|}{\sigma}\right)$	$\sigma>0$
Sigmoid	$k(\boldsymbol{x}_i,\boldsymbol{x}_j)=\tanh(\beta\boldsymbol{x}_i^{\mathrm{T}}\boldsymbol{x}_j+\theta)$	$\beta>0,\theta<0$

4.4　数据聚类

4.4.1　*k*-均值聚类

k-均值算法的目标是根据输入的簇数目 k，将 n 个数据样本划分为 k 个互不相交的簇，并使得簇内的样本尽可能相似，而簇间的样本尽可能相异。相似及相异通常使用距离函数进行度量，距离越近越相似，反之亦然。虽然 k-均值算法从最初提出至今已超过 60 年，但仍是目前应用最广泛的聚类算法之一。简单高效、容易实施，拥有众多的成功应用案例和经验，使得该算法一直备受青睐。下面介绍 k-均值算法的基本思想和算法步骤。

1. 基本思想

k-均值是一种基于原型的聚类算法，其核心思想是通过选择一组具有代表性的样本(即原型)刻画每个簇的类别，并将所有样本划分到离它最近的原型所代表的簇中，使得样本紧密地分布在原型周围。具体地，对于给定的一个包含 n 个 d 维数据样本的数据集 $D=\{\boldsymbol{x}_1,\boldsymbol{x}_2,\cdots,\boldsymbol{x}_n\}(\boldsymbol{x}_i\in\mathbb{R}^d)$ 及簇的数目 k，k-均值算法将数据样本划分为 k 个互不相交的簇 $\mathbb{C}=\{C_1,C_2,\cdots,C_k\}$，每个簇 $C_j(1\leqslant j\leqslant k)$ 有一个簇中心 $\boldsymbol{r}_j$。使用欧氏距离作为相似性的判断标准，计算簇内各个数据样本到其所属的簇的中心 $\boldsymbol{r}_j$ 的距离平方和，记为 $J(C_j)$。

$$J(C_j)=\sum_{x_i\in C_j}\|\boldsymbol{x}_i-\boldsymbol{r}_j\|_2 \tag{4-43}$$

k-均值算法的目标是使所有样本到其簇中心的距离平方和 $J(\mathbb{C})$ 最小，$J(\mathbb{C})$ 定义如下。

$$J(\mathbb{C})=\sum_{j=1}^{k}J(C_j) \tag{4-44}$$

k-均值算法的关键是最小化式(4-44)，为了找到其最优解，需考察数据集 D 所有可能的簇划分，这是一个 NP 难问题。因此，k-均值算法采用贪心策略，通过迭代优化的方式来近似求解式(4-44)，算法终止时找到的是局部最优解。根据最小二乘法和拉格朗日原理，当簇中心 $\boldsymbol{r}_j$ 取簇 C_j 中数据样本的平均值时，可使当前簇划分下式(4-44)最小化。簇 C_j 中数据样本的平均值为

$$\boldsymbol{r}_j=\frac{1}{|C_j|}\sum_{x_i\in C_j}\boldsymbol{x}_i \tag{4-45}$$

其中，$|C_j|$ 为 C_j 中的数据样本个数。

2. 算法步骤

k-均值聚类通过反复迭代的方式执行。首先，算法随机选择 k 个数据样本作为各个簇

的中心，对剩余的每个数据样本，根据其与各个簇中心的欧氏距离将其划分到最近的簇中。然后，利用式(4-46)计算每个簇内数据样本的平均值，将其作为新的簇中心，反复执行上述过程，直至簇中心不再发生变化。算法 4.5 给出 k-均值聚类的时间复杂度为 $O(t\times n\times k\times d)$，其中，$t$ 为迭代次数，n 为样本个数，k 为簇数目，d 为数据维度。

算法 4.5　k-均值聚类

输入：

　　数据集 $D=\{\boldsymbol{x}_1,\boldsymbol{x}_2,\cdots,\boldsymbol{x}_n\}$，簇数目 k

输出：

　　簇划分 $\mathbb{C}$

步骤：

1. 从 D 中随机选择 k 个数据样本作为初始的簇中心 $\{\boldsymbol{r}_1,\boldsymbol{r}_2,\cdots,\boldsymbol{r}_k\}$

2. Repeat
3. 　$C_1\leftarrow\varnothing, C_2\leftarrow\varnothing,\cdots,C_k\leftarrow\varnothing$　　　　//初始化簇划分
4. 　For $i=1$ To n Do　　　　//生成簇划分
5. 　　$\lambda_i\leftarrow\underset{j\in\{1,2,\cdots,k\}}{\arg\min}\|\boldsymbol{x}_i-\boldsymbol{r}_j\|_2$　　　　//根据欧氏距离将 $\boldsymbol{x}_i$ 划分到最近的簇中
6. 　　$C_{\lambda_i}\leftarrow C_{\lambda_i}\cup\{\boldsymbol{x}_i\}$　　　　//将 $\boldsymbol{x}_i$ 划入第 λ_i 个簇中
7. 　End For
8. 　For $j=1$ To k Do　　　　//更新簇中心
9. 　　$\boldsymbol{r}_j\leftarrow\dfrac{1}{|C_j|}\sum_{\boldsymbol{x}_i\in C_j}\boldsymbol{x}_i$
10. 　End For
11. Until $\{\boldsymbol{r}_1,\boldsymbol{r}_2,\cdots,\boldsymbol{r}_k\}$ 不发生变化
12. Return $\mathbb{C}\leftarrow\{C_1,C_2,\cdots,C_k\}$

动画 4-5

例 4.3　考虑二维空间中的数据集 $D=\{\boldsymbol{x}_1=(2,3),\boldsymbol{x}_2=(1,2),\boldsymbol{x}_3=(1,1),\boldsymbol{x}_4=(2,2),\boldsymbol{x}_5=(4,2),\boldsymbol{x}_6=(4,1),\boldsymbol{x}_7=(5,1)\}$，假设簇数目 k 为 2，初始时随机选择两个簇中心，$\boldsymbol{r}_1=\boldsymbol{x}_1=(2,3)$，$\boldsymbol{r}_2=\boldsymbol{x}_2=(1,2)$，用 $d(\boldsymbol{x}_i,\boldsymbol{x}_j)$ 表示 $\boldsymbol{x}_i$ 与 $\boldsymbol{x}_j$ 之间的欧氏距离。下面给出基于 k-均值聚类算法的执行过程。

(1) 第 1 次迭代。对于 $\boldsymbol{x}_3$，由欧氏距离公式可得 $d(\boldsymbol{x}_3,\boldsymbol{r}_1)=\sqrt{5}$ 和 $d(\boldsymbol{x}_3,\boldsymbol{r}_2)=1$，则 $\boldsymbol{x}_3$ 应被划分到簇 C_2 中。经过类似计算，可得 $C_1=\{\boldsymbol{x}_1,\boldsymbol{x}_4,\boldsymbol{x}_5,\boldsymbol{x}_6,\boldsymbol{x}_7\}$ 和 $C_2=\{\boldsymbol{x}_2,\boldsymbol{x}_3\}$，如图 4.9(a)中虚线所描绘的轮廓。然后，更新簇中心，新的簇中心分别为 $\boldsymbol{r}_1=(\boldsymbol{x}_1+\boldsymbol{x}_4+\boldsymbol{x}_5+\boldsymbol{x}_6+\boldsymbol{x}_7)/5=(3.4,1.8)$ 和 $\boldsymbol{r}_2=(\boldsymbol{x}_2+\boldsymbol{x}_3)/2=(1.0,1.5)$。显然，簇中心发生变化，需继续迭代。

(2) 第 2 次迭代。根据 $\boldsymbol{r}_1=(3.4,1.8)$ 和 $\boldsymbol{r}_2=(1.0,1.5)$，可得 $C_1=\{\boldsymbol{x}_5,\boldsymbol{x}_6,\boldsymbol{x}_7\}$ 和 $C_2=\{\boldsymbol{x}_1,\boldsymbol{x}_2,\boldsymbol{x}_3,\boldsymbol{x}_4\}$，如图 4.9(b)中虚线所描绘的轮廓。然后，更新簇中心，新的簇中心分别为 $\boldsymbol{r}_1=(4.333,1.333)$ 和 $\boldsymbol{r}_2=(1.5,2.0)$。显然，簇中心发生变化，需继续迭代。

(3) 第 3 次迭代。根据 $\boldsymbol{r}_1=(4.333,1.333)$ 和 $\boldsymbol{r}_2=(1.5,2.0)$，可得 $C_1=\{\boldsymbol{x}_5,\boldsymbol{x}_6,\boldsymbol{x}_7\}$ 和 $C_2=\{\boldsymbol{x}_1,\boldsymbol{x}_2,\boldsymbol{x}_3,\boldsymbol{x}_4\}$，且新的簇中心依旧为 $\boldsymbol{r}_1=(4.333,1.333)$ 和 $\boldsymbol{r}_2=(1.5,2.0)$。显然，簇中心不发生变化，将此时的簇划分作为聚类结果。

包括以上步骤的聚类结果如图 4.9 所示。

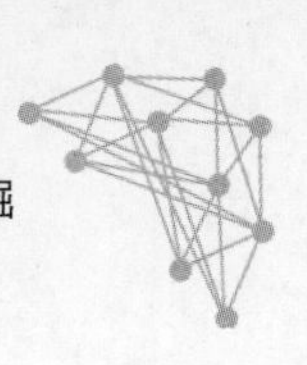

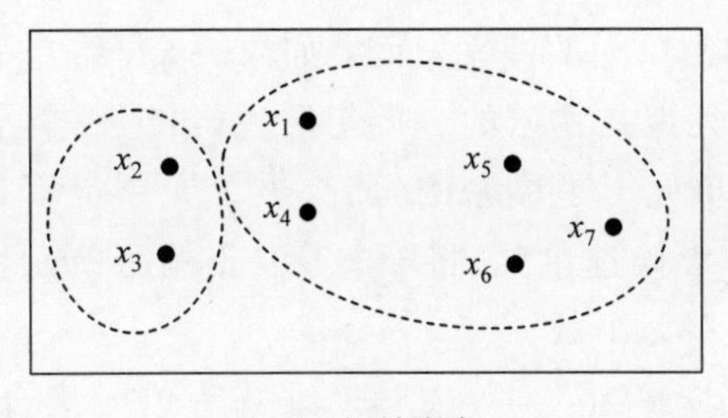

(a) 初始聚类

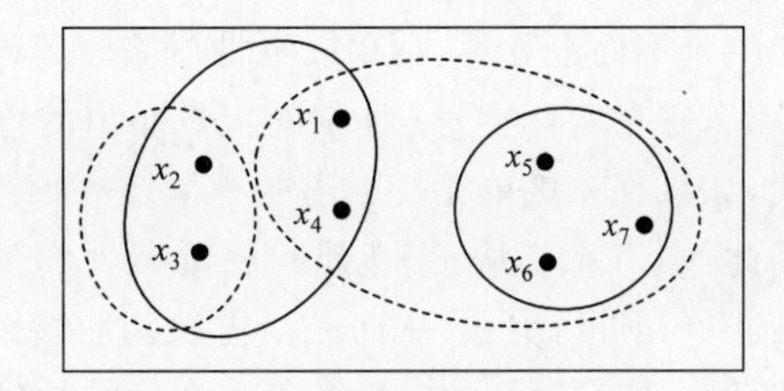

(b) 最终聚类结果

图 4.9　k-均值聚类结果

k-均值聚类算法的优点在于，时间复杂度较低，同时可以结合并行计算，扩展到大规模数据集上；聚类原理直观、易于实现，输出结果是明确的簇及对应的中心（也就是原型），容易理解和解释；容易扩展到其他非数值类型的数据上。然而，k-均值算法仍有许多可进一步改进之处，例如由于采用欧氏距离作为相似性度量的标准，存在“维度灾难”的问题，对高维数据支持并不好；由于假设样本分布上原型的周围，只能处理凸簇，不适用于非凸簇的聚类；需用户指定聚类的簇数目 k，但这在实际应用中并不容易实现。

4.4.2　CLIQUE 聚类

CLIQUE 是一种适用于高维数据的聚类算法，它不是在整个高维的数据空间中搜索簇，而是基于密度在数据的不同子空间中搜索簇。下面介绍 CLIQUE 算法的基本思想和步骤。

1. 基本思想

CLIQUE 是一种基于网格和密度的聚类算法，它首先将高维数据的每个维度划分为多个不重叠的区间，形成一个网格结构，使得高维空间被划分为一系列低维的单元。然后，使用预定义的密度阈值来识别稠密单元，如果一个单元包含的样本数量超过了该密度阈值，则被认为是稠密单元，只有由稠密单元组成的区域才会被考虑为潜在的簇。最后，通过连通不同子空间中的稠密单元来生成簇。因此，该算法需给定用于划分网格的区间个数 $\xi(\xi>0)$ 和用于识别稠密网格的密度阈值 $\tau(\tau\geqslant 0)$ 这两个超参数。

1）网格划分

对于来自 d 维数值空间 $\mathcal{A}=\{A_1,A_2,\cdots,A_d\}$ 的数据样本 $D=\{\boldsymbol{x}_1,\boldsymbol{x}_2,\cdots,\boldsymbol{x}_n\}$（$\boldsymbol{x}_i\in\mathbb{R}^d$），CLIQUE 将$\mathcal{A}$的每一维度划分成 ξ 个等长区间，利用区间构成 ξ^d 个单元。第 j 个单元 $\boldsymbol{u}_j=[u_{j1},u_{j2},\cdots,u_{jd}]$由 d 个维度的区间构成，其中 $u_{jk}=[h_{jk},t_{jk})$且 $1\leqslant k\leqslant d$。此外，可从$\mathcal{A}$中选取任意 f 维（$1\leqslant f<d$），得到一个包含 ξ^f 个单元的 f 维子空间。

2）稠密单元识别

对于一个 d 维单元 $\boldsymbol{u}_j$ 和样本 $\boldsymbol{x}_i=[x_{i1},x_{i2},\cdots,x_{id}]$，若在 d 个维度上均满足 $h_{jk}\leqslant x_{ik}<t_{jk}$（$1\leqslant k\leqslant d$），则样本 $\boldsymbol{x}_i$ 属于单元 $\boldsymbol{u}_j$。将单元 $\boldsymbol{u}_j$ 包含的样本个数定义为 $\rho(\boldsymbol{u}_j)$，CLIQUE 把 $\rho(\boldsymbol{u}_j)$大于 τ 的 $\boldsymbol{u}_j$ 作为稠密单元。统计各个子空间中所有单元包含的样本个数，是识别稠密单元的最简单方法，但高维数据的单元个数过多，导致这种方法对于高维数据效率较低。

3）候选网格剪枝

为了提高稠密单元识别的效率，CLIQUE 利用类似关联规则挖掘中 Apriori 算法生成候

选项集的自下而上思想，利用以下性质来修剪稠密单元的搜索空间：如果一个f维单元是稠密的，那么它在所有$f-1$维空间上投影出的单元也是稠密的。换句话说，给定一个f维候选单元，如果存在该单元投影出的一个$f-1$维单元不是稠密的，那么该单元一定不是稠密的。因此，CLIQUE从$f-1$维稠密单元生成f维候选单元，将$f-1$维非稠密单元生成的f维候选单元进行剪枝，从而减少需识别的候选单元个数。

从低维稠密单元生成高维候选单元的具体步骤为：对于$f-1$维稠密单元集合$\mathcal{S}_{f-1}$，CLIQUE将$f-2$个维度的区间相同作为条件，通过自连接$\mathcal{S}_{f-1}$中的稠密单元来生成f维候选单元集合$\mathcal{C}_f$。例如，给定属性A_1和A_2对应的2维稠密单元集合$\mathcal{S}_2^{(12)}=\{\{[1,2),[1,2)\},\{[2,3),[1,2)\}\}$，以及$A_1$和$A_3$对应的2维稠密单元集合$\mathcal{S}_2^{(23)}=\{\{[1,2),[3,4)\}\}$，通过对$\mathcal{S}_2^{(12)}$和$\mathcal{S}_2^{(23)}$进行自连接，得到三维候选单元集合$\mathcal{C}_3^{(123)}=\{[1,2),[1,2),[3,4)\},\{[2,3),[1,2),[3,4)\}$。

当数据维度较高时，随着子空间维度的增加，从低维稠密单元生成高维候选单元的个数将迅速增加，CLIQUE利用基于最小描述长度（minimum description length，MDL）的剪枝去除部分稠密单元，从而进一步减少高维候选单元的个数。对于包含m个$f-1$维子空间的集合$\{A_1,A_2,\cdots,A_m\}$，基于MDL的剪枝将同一子空间中的稠密单元作为一组，计算每个子空间中所有稠密单元包含的样本个数之和（简称为子空间覆盖度）。

$$\rho(A_i)=\sum_{\boldsymbol{u}_j\in A_i}\rho(\boldsymbol{u}_j) \tag{4-46}$$

其中，$\boldsymbol{u}_j$为$f-1$维子空间A_i中的单元，$\rho(\boldsymbol{u}_j)$为单元u_j包含的样本个数。

按照子空间覆盖度对$\{A_1,A_2,\cdots,A_m\}$进行降序排列，得到$\{A'_1,A'_2,\cdots,A'_m\}$。给定任意序号$l(1\leqslant l<m)$，将$\{A'_1,A'_2,\cdots,A'_m\}$划分为被选择集合$\{A'_1,A'_2,\cdots,A'_l\}$和被剪枝集合$\{A'_{l+1},A'_{l+2},\cdots,A'_m\}$，则两个集合中子空间覆盖度的平均值分别为

$$\mu_1(l)=\left|\frac{\sum\limits_{1\leqslant i\leqslant l}\rho(A'_i)}{l}\right| \tag{4-47}$$

$$\mu_2(l)=\left|\frac{\sum\limits_{l+1\leqslant i\leqslant m}\rho(A'_i)}{m-l}\right| \tag{4-48}$$

因此，对$\{A'_1,A'_2,\cdots,A'_l\}$和$\{A'_{l+1},A'_{l+2},\cdots,A'_m\}$进行编码的目标函数如下：

$$\begin{aligned}\mathrm{CL}(l)=&\log_2\mu_1(l)+\sum_{1\leqslant i\leqslant l}\log_2(\rho(A'_i)-\mu_1(l))+\\&\log_2\mu_2(l)+\sum_{l+1\leqslant i\leqslant m}\log_2(\rho(A'_i)-\mu_2(l))\end{aligned} \tag{4-49}$$

最后，找到使CL(l)取值最小的l，将其作为剪枝的分割点，CLIQUE仅从覆盖度较高的稠密单元$\{A'_1,A'_2,\cdots,A'_m\}$生成高维候选单元。值得注意的是，虽然将覆盖度较低的稠密单元$\{A'_{l+1},A'_{l+2},\cdots,A'_m\}$进行剪枝，能减少高维候选单元的个数，提升算法效率，但可能使得部分存在簇的高维候选单元被剪枝，从而在最终聚类结果中丢失部分簇。因此，基于MDL的剪枝是效率和有效性的折中策略。

4）簇的发现

把d维数值空间A看作它自身的一个子空间，可将A中的f维$(1\leqslant f\leqslant d)$子空间定义

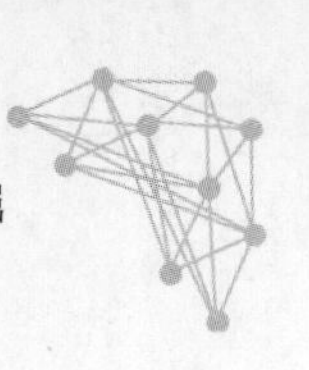

为$\{A_{s_1},A_{s_2},\cdots,A_{s_f}\}$，当$i<j$时，$s_i<s_j$恒成立。CLIQUE 将一个$f$维子空间的簇定义为该子空间中连通稠密单元的最大集合，一个f维子空间的单元$\boldsymbol{u}_1=[u_{1s_1},u_{1s_2},\cdots,u_{1s_f}]$和$\boldsymbol{u}_2=[u_{2s_1},u_{2s_2},\cdots,u_{2s_f}]$连通需满足以下条件之一：存在该子空间的单元$\boldsymbol{u}_3$与$\boldsymbol{u}_1$、$\boldsymbol{u}_2$连通或$\boldsymbol{u}_1$和$\boldsymbol{u}_2$具有相同的面。对于$\boldsymbol{u}_1$和$\boldsymbol{u}_2$，当在某个$f-1$维子空间$\{A_{s'_1},A_{s'_2},\cdots,A_{s'_{f-1}}\}$上均满足$u_{1s'_k}=u_{2s'_k}(1\leqslant k\leqslant f-1)$且满足$|h_{1s'_f}-h_{2s'_f}|=\dfrac{\text{第 }s'_{f-1}\text{ 维属性上样本取值范围}}{\xi}$时，则$\boldsymbol{u}_1$和$\boldsymbol{u}_2$具有相同的面。例如，两个三维子空间的单元$\boldsymbol{u}_1=\{[1,2),[2,3),[1,2)\}$与$\boldsymbol{u}_2=\{[1,2),[3,4),[1,2)\}$具有相同的面，但$\boldsymbol{u}_1$与$\boldsymbol{u}_3=\{[1,2),[4,5),[1,2)\}$没有相同的面。

CLIQUE 从f维子空间的稠密单元集合中随机选取一个稠密单元，利用深度优先搜索算法找到该稠密单元连通的其他稠密单元，并将 1 作为分配的簇序号。若仍有尚未访问的稠密单元，则重复上述过程，并将分配的簇序号加 1，直至所有的稠密单元均被访问。

2. 算法步骤

CLIQUE 通过连通稠密单元进行聚类。首先，识别出一维稠密单元，利用自下而上的方式，从$f-1(2\leqslant f\leqslant d)$维稠密单元生成$f$维候选单元，并识别出其中的稠密单元。然后，连通各个子空间中稠密单元来发现存在的簇。当样本同时属于不同维度的簇时，优先将更高维子空间的簇作为聚类结果，并将不属于任何维度稠密单元的样本视为噪声样本。算法 4.6 给出不使用 MDL 剪枝的 CLIQUE 聚类算法步骤，时间复杂度为$O(n\times d)$，其中，n为样本个数，d为数据维度，稠密单元个数通常为常数。

算法 4.6　CLIQUE 聚类

输入：
数据集$D=\{\boldsymbol{x}_1,\boldsymbol{x}_2,\cdots,\boldsymbol{x}_n\}$，数值空间$\mathcal{A}=\{A_1,A_2,\cdots,A_d\}$，区间个数$\xi$，密度阈值$\tau$

输出：
簇划分$\mathbb{C}$，噪声样本$\mathbb{N}$

步骤：

1. 将$\mathcal{A}$的每一维度划分成ξ个等长区间，得到一维候选单元$\mathcal{C}_1$
2. 从$\mathcal{C}_1$中识别出包含样本个数大于τ的稠密单元$\mathcal{S}_1$
3. $\mathcal{S}\leftarrow\mathcal{S}_1$
4. For $f=2$ To d Do
5. 　自连接$\mathcal{S}_{f-1}$中的稠密单元生成f维候选单元$\mathcal{C}_f$
6. 　从$\mathcal{C}_f$中识别出包含样本个数大于τ的稠密单元$\mathcal{S}_f$
7. 　$\mathcal{S}\leftarrow\mathcal{S}\cup\mathcal{S}_f$
8. End For
9. $\mathbb{C}\leftarrow\varnothing$
10. For $f=d$ To 1 Do
　//样本同时属于不同维度的簇时，优先将更高维子空间的簇作为聚类结果
11. 　从$\mathcal{S}_f$中找到互不连通的k个稠密单元集合$\{\boldsymbol{u}_1,\boldsymbol{u}_2,\cdots,\boldsymbol{u}_k\}$
12. 　根据D得到与$\{\boldsymbol{u}_1,\boldsymbol{u}_2,\cdots,\boldsymbol{u}_k\}$对应的簇$\{C_1,C_2,\cdots,C_k\}$
13. 　从D中找出属于$\mathbb{C}$的样本D'
14. 　从$\{C_1,C_2,\cdots,C_k\}$去除包含D'中样本的簇
15. 　$\mathbb{C}\leftarrow\{C_1,C_2,\cdots,C_k\}$
16. End For
17. 从D中找出属于$\mathbb{C}$的样本D'
18. $\mathbb{N}\leftarrow D\backslash D'$
19. Return $\mathbb{C}$，$\mathbb{N}$

动画 4-6

例 4.4 考虑三维空间中的数据集 $D=\{\boldsymbol{x}_1=(0,0,0),\boldsymbol{x}_2=(2,1,1),\boldsymbol{x}_3=(3.5,2,4),\boldsymbol{x}_4=(5,2.5,4.5),\boldsymbol{x}_5=(5,4.5,5),\boldsymbol{x}_6=(5,5.5,5.5),\boldsymbol{x}_7=(9,9,9)\}$，设区间个数 ξ 为 3，密度阈值 ε 为 1。下面给出 CLIQUE 算法的执行过程。

1）一维子空间

将 S 的 3 个维度 A_1、A_2 和 A_3 分别划分为如图 4.10 所示的区间，得到一维候选单元：

$$\mathcal{C}_1=\{\{[0,3)\},\{[3,6)\},\{[6,9)\}\}$$
$$\mathcal{C}_2=\{\{[0,3)\},\{[3,6)\},\{[6,9)\}\}$$
$$\mathcal{C}_3=\{\{[0,3)\},\{[3,6)\},\{[6,9)\}\}$$

进而得到一维稠密单元：

$$\mathcal{S}_1=\{\{[0,3)\},\{[3,6)\}\}$$
$$\mathcal{S}_2=\{\{[0,3)\},\{[3,6)\}\}$$
$$\mathcal{S}_3=\{\{[0,3)\},\{[3,6)\}\}$$

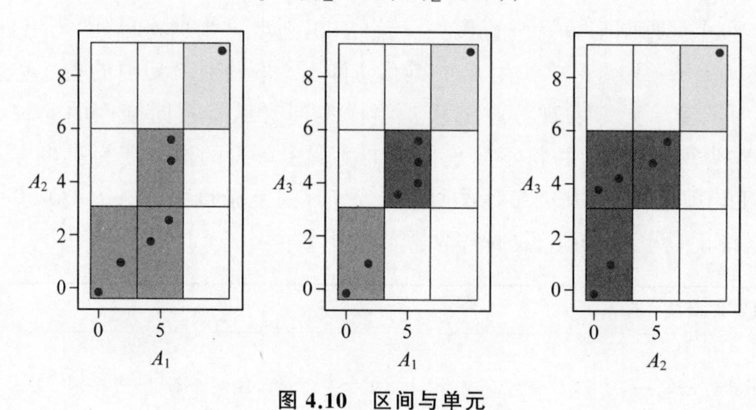

图 4.10　区间与单元

2）二维子空间

对一维稠密单元进行自连接，得到二维候选单元：

$$\mathcal{C}_{12}=\{\{[0,3),[0,3)\},\{[0,3),[3,6)\},\{[3,6),[0,3)\},\{[3,6),[3,6)\}\}$$
$$\mathcal{C}_{13}=\{\{[0,3),[0,3)\},\{[0,3),[3,6)\},\{[3,6),[0,3)\},\{[3,6),[3,6)\}\}$$
$$\mathcal{C}_{23}=\{\{[0,3),[0,3)\},\{[0,3),[3,6)\},\{[3,6),[0,3)\},\{[3,6),[3,6)\}\}$$

进而得到二维稠密单元：

$$\mathcal{S}_{12}=\{\{[0,3),[0,3)\},\{[3,6),[0,3)\},\{[3,6),[3,6)\}\}$$
$$\mathcal{S}_{13}=\{\{[0,3),[0,3)\},\{[3,6),[3,6)\}\}$$
$$\mathcal{S}_{23}=\{\{[0,3),[0,3)\},\{[0,3),[3,6)\},\{[3,6),[3,6)\}\}$$

3）三维子空间

分别自连接 $\mathcal{S}_{12}$ 与 $\mathcal{S}_{13}$、$\mathcal{S}_{12}$ 与 $\mathcal{S}_{23}$、$\mathcal{S}_{13}$ 与 $\mathcal{S}_{23}$ 中的二维稠密单元，去除重复单元，得到三维候选单元：

$$\mathcal{C}_{123}=\{\{[0,3),[0,3),[0,3)\},\{[3,6),[0,3),[3,6)\},\{[3,6),[3,6),[3,6)\},\\ \{[0,3),[0,3),[3,6)\},\{[3,6),[0,3),[0,3)\}$$

进而得到三维稠密单元：

$$\mathcal{S}_{123}=\{\{[0,3),[0,3),[0,3)\},\{[3,6),[0,3),[3,6)\},\{[3,6),[3,6),[3,6)\}\}$$

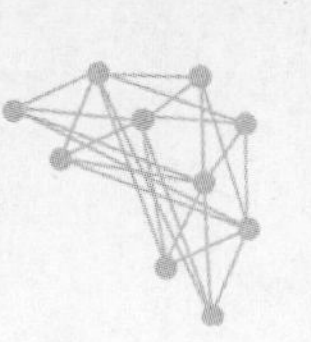

$\mathcal{S}_{123}$的第 1 个单元与其余单元不连通,该单元包含的样本 $\boldsymbol{x}_1$ 和 $\boldsymbol{x}_2$ 属于第 1 个簇,即 $C_1=\{\boldsymbol{x}_1,\boldsymbol{x}_2\}$。$\mathcal{S}_{123}$的第 2 个单元与第 3 个单元连通,这两个单元包含的样本 $\boldsymbol{x}_3$、$\boldsymbol{x}_4$、$\boldsymbol{x}_5$ 和 $\boldsymbol{x}_6$ 属于第 2 个簇,即 $C_2=\{\boldsymbol{x}_3,\boldsymbol{x}_4,\boldsymbol{x}_5,\boldsymbol{x}_6\}$。由于样本 $\boldsymbol{x}_7$ 不属于任何维度的稠密单元,则 $\boldsymbol{x}_7$ 为噪声样本,即$\mathbb{N}=\{\boldsymbol{x}_7\}$。

CLIQUE 的优点在于,尽管高维数据的单元个数可能很多,但只从低维稠密单元生成高维候选单元,限制了候选单元个数,整个聚类过程效率较高。CLIQUE 的缺点在于,与大多数基于网格及基于密度的聚类算法一样,依赖于区间个数和密度阈值:区间个数太多可能导致簇无法被发现,区间个数太少可能无法区分原本应分开的簇;密度阈值太高可能丢失簇,密度阈值太低可能合并原本应分开的簇。此外,随着数据维度的增加,单元个数指数增长,使得聚类效果变差。

4.4.3　谱聚类

谱聚类是一种对 k-均值聚类进行扩展而得到的算法,能够处理高维及非凸数据。它先基于样本间的相似性构造一个图,然后对图的拉普拉斯矩阵进行特征分解,最后在分解得到的特征上使用 k-均值算法完成聚类。下面介绍谱聚类算法的基本思想和算法步骤。

1. 基本思想

1) 拉普拉斯矩阵构建

谱聚类属于基于图论的聚类,它首先将数据样本看作图中的节点,并将样本间的相似性作为节点间边的权重以构造边,相似性越高,其权重越大。然后,基于所构造的图构建其拉普拉斯矩阵,并进行特征分解,生成低维的特征向量。最后,在低维特征向量上使用 k-均值聚类进行聚类。谱聚类可看作基于图分割的聚类算法,它将样本相似性图的节点划分为 k 个子图(即簇),使各子图内的节点紧密相连(即权重和较大),而子图间的联系较弱。

对于包含 n 个 d 维数据样本的数据集 $D=\{\boldsymbol{x}_1,\boldsymbol{x}_2,\cdots,\boldsymbol{x}_n\}(\boldsymbol{x}_i\in\mathbb{R}^d)$及簇的数目 k,谱聚类利用数据样本生成相似性图 $G=(V,E)$,其中 $V=\{v_1,v_2,\cdots,v_n\}$表示数据样本对应节点的集合,E 表示边的集合。构建相似性图的带权邻接矩阵 $\boldsymbol{W}$ 的方法包括ε-邻近法、k-邻近法和全连接法,本节介绍使用最广泛的全连接法。全连接法可选择不同的核函数来定义 $\boldsymbol{W}$ 中节点之间的边权重,包括多项式核函数、高斯核函数和 Sigmoid 核函数等,通过最常用的高斯核函数定义 $\boldsymbol{W}$ 中节点 v_i 与 v_j 之间的边权重 w_{ij}:

$$w_{ij}=\exp\left(-\frac{\|\boldsymbol{x}_i-\boldsymbol{x}_j\|_2^2}{2\sigma^2}\right) \tag{4-50}$$

其中,σ 为给定方差,$\|\boldsymbol{x}_i-\boldsymbol{x}_j\|_2^2$ 等价于数据样本 $\boldsymbol{x}_i$ 与 $\boldsymbol{x}_j$ 之间欧氏距离的平方。

通过式(4-50)计算所有节点之间的边权重,得到带权邻居矩阵 $\boldsymbol{W}$:

$$\boldsymbol{W}=\begin{bmatrix} w_{11} & \cdots & w_{1n} \\ \vdots & \ddots & \vdots \\ w_{n1} & \cdots & w_{nn} \end{bmatrix} \tag{4-51}$$

其中,$w_{ij}=w_{ji}$。

进一步定义节点 v_i 的度 d_i:

$$d_i=\sum_{v_j\in N(v_i)} w_{ij} \tag{4-52}$$

其中，$N(v_i)$表示 v_i 的邻居节点的集合。

通过式(4-53)计算所有节点的度，得到度矩阵 $\boldsymbol{D}$。

$$\boldsymbol{D}=\begin{bmatrix} d_1 & \cdots & 0 \\ \vdots & \ddots & \vdots \\ 0 & \cdots & d_n \end{bmatrix}$$

因此，G 对应的拉普拉斯矩阵 $\boldsymbol{L}$ 为

$$\boldsymbol{L}=\boldsymbol{D}-\boldsymbol{W}=\begin{bmatrix} w_{11}-d_1 & \cdots & w_{1n} \\ \vdots & \ddots & \vdots \\ w_{n1} & \cdots & w_{nn}-d_n \end{bmatrix}$$

由于 $\boldsymbol{D}$ 和 $\boldsymbol{W}$ 为对称矩阵，$\boldsymbol{L}$ 也为对称矩阵，则 $\boldsymbol{L}$ 的所有特征值均为实数。同时，$\boldsymbol{L}$ 是半正定矩阵，$\boldsymbol{L}$ 的所有特征值均不小于 0，即 $0=\lambda_1\leqslant\cdots\leqslant\lambda_n$，且最小特征值 λ_1 为 0。

2）低维样本生成

谱聚类将 G 中的节点划分为 k 个簇，等同于将 G 划分为 k 个子图，其中节点集合表示为$\{U_1,U_2,\cdots,U_k\}$，其中，$U_1\cup U_2\cup\cdots\cup U_k=V$，且 $U_a\cap U_b=\varnothing(1\leqslant a,b\leqslant k)$。对于任意两个节点集合 U_a 和 U_b，定义 U_a 和 U_b 之间的割(Cut)权重为

$$W(U_a,U_b)=\sum_{v_i\in U_a,v_j\in U_b} w_{ij} \tag{4-53}$$

根据式(4-53)定义 k 个子图之间的割权重为

$$\mathrm{Cut}(U_1,U_2,\cdots,U_k)=\frac{1}{2}\sum_{j=1}^{k}W(U_j,\overline{U}_j) \tag{4-54}$$

其中，$\overline{U}_j$ 为 U_j 的补集且 $\overline{U}_j=V\backslash U_j$。

谱聚类的目标是使子图内各节点之间具有较高的边权重和，而各子图之间具有较低的边权重和。虽然可通过最小化 $\mathrm{Cut}(U_1,U_2,\cdots,U_k)$函数来实现上述目标，但易陷入局部最优，可能导致子图之间边权重较低但子图内边权重不高的情况。为了避免由于式(4-54)产生的局部最优问题，谱聚类通常采用 RatioCut 和 NCut 两种割方式，其计算方法分别为

$$\mathrm{RatioCut}(U_1,U_2,\cdots,U_k)=\frac{1}{2}\sum_{j=1}^{k}\frac{W(U_j,\overline{U}_j)}{|U_j|} \tag{4-55}$$

$$\mathrm{NCut}(U_1,U_2,\cdots,U_k)=\frac{1}{2}\sum_{j=1}^{k}\frac{W(U_j,\overline{U}_j)}{\mathrm{vol}(U_j)} \tag{4-56}$$

其中，$|U_j|$为 U_j 中节点个数，$\mathrm{vol}(U_j)=\sum_{v_i\in U_j}d_i$ 为 U_j 中各节点的度之和。

可以看出，通过最小化 $\mathrm{RatioCut}(U_1,U_2,\cdots,U_k)$函数实现图划分，等同于在考虑最大化每个子图中节点个数的同时最小化 $\mathrm{Cut}(U_1,U_2,\cdots,U_k)$函数。为了最小化 $\mathrm{RatioCut}(U_1,U_2,\cdots,U_k)$函数，定义 k 个子图对应的指示向量$\{\boldsymbol{h}_1,\boldsymbol{h}_2,\cdots,\boldsymbol{h}_k\}$，任意向量 $\boldsymbol{h}_j^{\mathrm{T}}=[h_{1j},h_{2j},\cdots,h_{nj}]$表示 n 个节点是否属于第 j 个子图，h_{ij}定义为

$$h_{ij}=\begin{cases}\dfrac{1}{\sqrt{|U_j|}}, & v_i\in U_j \\ 0, & v_i\notin U_j\end{cases} \tag{4-57}$$

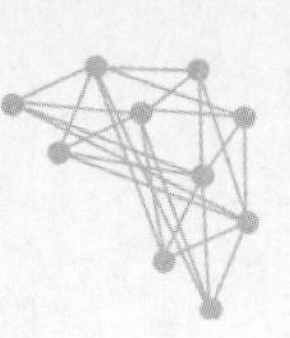

通过指示向量可定义指示矩阵 $\boldsymbol{H}$ 如下：

$$\boldsymbol{H}=[\boldsymbol{h}_1\quad \cdots\quad \boldsymbol{h}_k]=\begin{bmatrix} h_{11} & \cdots & h_{1k} \\ \vdots & \ddots & \vdots \\ h_{n1} & \cdots & h_{nk} \end{bmatrix}$$

根据拉普拉斯矩阵 $\boldsymbol{L}$ 的性质可知，最小化 $\text{RatioCut}(U_1,U_2,\cdots,U_k)$ 函数等价于最小化 $\text{tr}(\boldsymbol{H}^{\text{T}}\boldsymbol{L}\boldsymbol{H})$，其中 tr 表示矩阵的迹（对角线元素之和）。根据任意节点仅能属于一个子图，可得 $\boldsymbol{H}^{\text{T}}\boldsymbol{H}=\boldsymbol{I}$，因此，最小化 $\text{RatioCut}(U_1,U_2,\cdots,U_k)$ 函数得到由 $\boldsymbol{H}$ 表示的 k 个子图的过程定义为

$$\underset{\{\boldsymbol{h}_1,\boldsymbol{h}_2,\cdots,\boldsymbol{h}_k\}}{\arg\min}\sum_{j=1}^{k}\boldsymbol{h}_j^{\text{T}}\boldsymbol{L}\boldsymbol{h}_j=\underset{\boldsymbol{H}}{\arg\min}\ \text{tr}(\boldsymbol{H}^{\text{T}}\boldsymbol{L}\boldsymbol{H})\quad \text{s.t.}\quad \boldsymbol{H}^{\text{T}}\boldsymbol{H}=\boldsymbol{I} \tag{4-58}$$

谱聚类算法的关键在于最小化式(4-58)，为了找到其最优解，需考察 $\boldsymbol{H}$ 表示的所有可能子图，这是一个 NP 难问题。由于 $\boldsymbol{h}_j^{\text{T}}\boldsymbol{L}\boldsymbol{h}_j$ 的最小值为 $\boldsymbol{L}$ 的最小特征值，因此 $\sum_{j=1}^{k}\boldsymbol{h}_j^{\text{T}}\boldsymbol{L}\boldsymbol{h}_j$ 的最小值为 $\boldsymbol{L}$ 的 k 个最小特征值，此时可通过求解 k 个最小特征值对应的 k 个特征向量来近似求解式(4-58)，进而得到由 k 个特征向量组成的 $\boldsymbol{H}$。

与 RatioCut 切图类似，最小化 $\text{Ncut}(U_1,U_2,\cdots,U_k)$ 函数实现图划分等价于最小化 $\text{tr}(\boldsymbol{H}^{\text{T}}\boldsymbol{D}^{-\frac{1}{2}}\boldsymbol{L}\boldsymbol{D}^{-\frac{1}{2}}\boldsymbol{H})$，其中 $\boldsymbol{D}^{-\frac{1}{2}}\boldsymbol{L}\boldsymbol{D}^{-\frac{1}{2}}$ 表示 $\boldsymbol{L}$ 的对称归一化(symmetric normalization)。通过求解 $\boldsymbol{D}^{-\frac{1}{2}}\boldsymbol{L}\boldsymbol{D}^{-\frac{1}{2}}$ 的 k 个最小特征值对应的 k 个特征向量也能得到相应的近似解。

特征向量通常为非二值的，使得 $\boldsymbol{H}$ 不能直接用于指示数据样本与子图之间的归属关系。鉴于 k 远小于 d，利用维度归约的思想，可将 $\boldsymbol{H}$ 中的每一行向量 $\{h_{i1},h_{i2},\cdots,h_{ik}\}(1\leqslant i\leqslant n)$ 作为新的数据样本 $\boldsymbol{y}_i(\boldsymbol{y}_i\in\mathbb{R}^k)$，从而将原 d 维数据样本映射为 k 维数据样本。通过在低维数据样本上进行聚类，避免聚类过程中因高维数据产生的维度灾难问题。

2. 算法步骤

首先，计算数据样本之间的相似度（边权重）得到带权邻接矩阵 $\boldsymbol{W}$，进而得到度矩阵 $\boldsymbol{D}$ 和拉普拉斯矩阵 $\boldsymbol{L}$。然后，将 $\boldsymbol{L}$ 的特征值从小到大排序得到特征值 $\{\lambda_1,\lambda_2,\cdots,\lambda_n\}$，将前 k 个特征值 $\{\lambda_1,\lambda_2,\cdots,\lambda_k\}$ 对应的特征向量作为指示向量 $\{\boldsymbol{h}_1,\boldsymbol{h}_2,\cdots,\boldsymbol{h}_k\}$，进而组成指示矩阵 $\boldsymbol{H}$。最后，将 $\boldsymbol{H}$ 中的行向量作为新的数据样本，再利用 k-均值聚类得到簇划分。算法 4.7 给出谱聚类的过程，时间复杂度为 $O(n^2\times(d+k))$，其中，n 为样本个数。

算法 4.7　谱聚类

输入：

数据集 $D=\{\boldsymbol{x}_1,\boldsymbol{x}_2,\cdots,\boldsymbol{x}_n\}$，簇数目 k

输出：

簇划分 $\mathcal{C}$

步骤：

1. $\boldsymbol{W}\leftarrow\boldsymbol{0}$，$\boldsymbol{D}\leftarrow\boldsymbol{0}$
2. For $i=1$ To n Do　　//生成带权邻接矩阵
3. 　For $j=i$ To n Do

4. $\quad W_{ij} \leftarrow \exp\left(-\frac{\|x_i - x_j\|_2^2}{2\sigma^2}\right)$ //利用式(4-51)计算边权重
5. $\quad W_{ji} \leftarrow W_{ij}$
6. $\quad$End For
7. End For
8. For $i=1$ To n Do //生成度矩阵
9. $\quad D_i \leftarrow \sum_{v_j \in N(v_i)} W_{ij}$ //利用式(4-52)计算节点的度

动画 4-7

10. End For
11. $L \leftarrow D - W$ //生成拉普拉斯矩阵
12. 对 L 进行特征值分解，并将特征值从小到大排序得到$\{\lambda_1, \lambda_2, \cdots, \lambda_n\}$
13. 计算$\{\lambda_1, \lambda_2, \cdots, \lambda_k\}$对应的特征向量$\{h_1, h_2, \cdots, h_k\}$
14. $H \leftarrow [h_1 \quad \cdots \quad h_k]$
15. $Y \leftarrow \varnothing$
16. For $i=1$ To n Do //生成低维数据样本
17. $\quad y_i \leftarrow (H_{i1}, H_{i2}, \cdots, H_{ik})$
18. $\quad Y \leftarrow Y \cup \{y_i\}$
19. End For
20. 使用算法 4.5 从 Y 和 k 得到簇划分$\{C_1, C_2, \cdots, C_k\}$
21. Return $\mathbb{C} \leftarrow \{C_1, C_2, \cdots, C_k\}$

例 4.5 考虑三维空间中的数据集 $D=\{x_1=(2,3,2), x_2=(1,2,1), x_3=(1,1,1), x_4=(2,2,2), x_5=(4,2,4), x_6=(4,1,4), x_7=(5,1,5)\}$，设簇数目 k 为 2，高斯核函数方差 σ 为 1，采用全连接法构建带权邻接矩阵 W 和度矩阵 D，采用 RatioCut 切图方式从拉普拉斯矩阵 L 生成低维数据样本 $Y=\{y_1=(-0.38,0.32), y_2=(-0.38,0.33), y_3=(-0.38,0.34), y_4=(-0.38,0.32), y_5=(-0.38,-0.42), y_6=(-0.38,-0.43), y_7=(-0.38,-0.45)\}$。随机选择两个簇中心 y_1 和 y_2，执行 k-均值聚类得到簇划分 $C_1=\{y_1, y_2, y_3, y_4\}$ 和 $C_2=\{y_5, y_6, y_7\}$。

谱聚类的优势在于，通过构造样本间相似性图的拉普拉斯矩阵并进行特征值分解，能处理高维数据及非凸形状的簇，在复杂数据上取得比 k-均值算法更好的聚类效果。谱聚类算法的不足在于，算法依赖于所构建的相似性图，特征值分解不易扩展到大规模数据上，同时需要用户指定聚类的簇数目 k。

4.5 思 考 题

1. 变分自编码器采用无监督的训练方式。对于有标签数据，是否可将标签信息加入，以辅助生成样本？

2. 在实际应用中，高维数据通常存在稀疏、距离计算困难等问题，严重影响机器学习方法的性能，被称为维度灾难，降维是缓解维数灾难的一个重要手段。以高维数据的分类任务

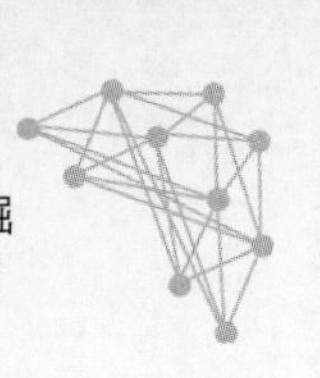

为例，可先使用自编码器对数据进行降维后再进行分类，也可通过SVM的核函数实现类似降维的功能，分析这两种方法的区别。

3. 训练朴素贝叶斯分类器时需估计类别概率。若训练数据不断增长，如何基于新增样本来更新已有类别概率，从而提升训练效率？

4. 本章所介绍的SVM为二分类算法，如何将SVM扩展为多分类算法？

5. 本章介绍的分类算法都假设不同类别的训练样本数量相当。然而在实际应用中，不同类别的训练样本数量可能相差很大，即某些类别的样本很多，而其他类别的样本很少，这种情况通常称为"类别不平衡"(class-imbalance)。类别不平衡问题对本章所介绍的分类算法有什么影响，如何缓解类别不平衡问题带来的影响？

6. 集成学习(ensemble learning)通过调用并集成多个模型来完成学习任务。如何基于集成学习技术调用多个分类器，并集成各分类器的结果来提高模型的分类能力？

7. 聚类的目标是将给定的数据集划分为多个簇。如何度量聚类结果的好坏？

8. k-均值算法需用户指定聚类的簇数量k，然而实际应用中不一定能获得k的具体数值。是否可以设计寻找k值的算法？给出算法的基本思想和主要步骤。

9. 距离计算是聚类算法的核心，本章介绍的k-均值算法使用欧式距离。查阅相关文献，整理可用于聚类算法的距离计算方法，并进行比较。

10. 本章介绍的k-均值算法是针对数值型数据的聚类算法。对于离散型数据样本，如何计算样本间的距离并进行聚类？

11. 将自编码器与k-均值算法结合，设计针对高维数据的聚类算法，给出算法的基本思想和主要步骤。

12. 与基于网格的聚类算法和基于密度的聚类算法相比，CLIQUE算法分别具有哪些方面的优点？

13. 算法4.6给出了不使用MDL剪枝的CLIQUE聚类算法步骤，请进一步给出使用MDL剪枝的CLIQUE聚类算法步骤。

14. 除了基于MDL的网格剪枝策略，还可以采用哪些策略对子空间剪枝，以保证聚类算法高效执行且得到较高质量的聚类结果？

15. 给定二维空间中的数据集$D=\{\boldsymbol{x}_1=(0,0),\boldsymbol{x}_2=(1,1),\boldsymbol{x}_3=(2,2),\boldsymbol{x}_4=(4,4),\boldsymbol{x}_5=(4,7),\boldsymbol{x}_6=(5,5),\boldsymbol{x}_7=(5,8),\boldsymbol{x}_8=(8,8),\boldsymbol{x}_9=(10,10),\boldsymbol{x}_{10}=(11,11),\boldsymbol{x}_{11}=(12,12)\}$，设区间个数$\xi$为4，密度阈值$\varepsilon$为1，分别给出使用MDL剪枝和不使用MDL剪枝的CLIQUE算法的执行过程。

16. 由于谱聚类算法基于样本相似性图进行聚类，所以聚类效果依赖于所构建的相似性图。请分析不同相似性图构建方法(ε-邻近法、k-邻近法和全连接法等)的区别及适用情况。

17. 谱聚类算法在构造相似性图时仍然使用欧氏距离，同样可能遇到维度灾难问题。如何结合降维及度量学习(metric learning)技术缓解此问题？

18. 为什么谱聚类算法在进行特征值分解时选择前k个特征向量？能否根据实际应用需求选择更多或更少的特征向量？

第5章　视觉数据分析

5.1　视觉数据分析概述

视觉数据主要包括图像(image)和视频(video),通过计算机技术获取其中的有用信息,进而提供建议或采取行动,可为现实生活和生产中的许多应用提供技术支持。例如,在工业检测中,采集产品图像并使用计算机视觉技术,利用目标检测技术可检测出产品在生产过程中出现的裂纹、形变、部件丢失等外观缺陷,达到提升产品质量稳定性和生产效率的目的;在物流运输中,采集包裹运输过程的视频,利用目标跟踪技术可获取包裹的运动轨迹,通过运动轨迹的分析预警包裹跌落、包裹损毁等状况,达到节约人力成本和提高管理效率的目的。

视觉数据分析以图像或视频作为输入,通过计算机视觉技术构建模型,旨在充分提取图像和视频数据的特征,进而根据特定任务利用提取的特征完成相应的功能。通常,使用到的计算机视觉技术有图像分类(image classification)、目标检测(object detection)、图像分割(image segmentation)和视频目标跟踪(video object tracking)等。其中,图像分类技术将整幅图像划分到某个类别,例如给定狗或猫的图像,使用图像分类技术可将图像标记为狗或猫;目标检测技术在图像分类的基础上,既要使图像中的目标分类正确,也要检测目标的实际位置,例如给定包含狗和猫的图像,使用目标检测不仅要分别检测出狗和猫这两个类别,还要分别检测出狗和猫的位置;图像分割技术把图像分成若干个各具特性的区域,并提取出感兴趣区域,对于包含狗和猫的图像,图像分割的输出至少包含感兴趣的狗的区域、猫的区域和其他不感兴趣的区域;视频目标跟踪技术则需把视频数据拆解为一系列连续的视频帧,当某一帧出现感兴趣的目标时,在后续帧中对该目标进行跟踪,对于一段包含狗的视频,当视频目标跟踪在第一帧检测到狗时,需要对后续帧逐一检测是否存在同样的这只狗。

各类视觉数据分析任务都需对图像和视频数据进行特征提取,所提取特征的质量决定了各种任务是否能成功完成。传统的特征提取方法需总结大量的先验知识,依靠人工方式设计特定的规则,在一定的时间范围内能满足实际需求。随着应用场景的不断丰富、数据规模的快速增大和性能要求的不断提高,依靠先验知识设计的规则在特征提取上遇到了瓶颈。随着人工智能技术的快速发展,由于深度神经网络能从大量数据中学习到丰富的特征,且仅有极少部分需人为干预,深度神经网络受到了学界和业界的广泛关注,并取得了巨大的成功,能进一步满足人们越来越多的视觉数据分析需求。

卷积神经网络(convolutional neural network,CNN)是用于视觉数据特征提取的主流模型,基于CNN的视觉数据分析,也是深度学习技术在实际中应用最广泛的领域。CNN起源

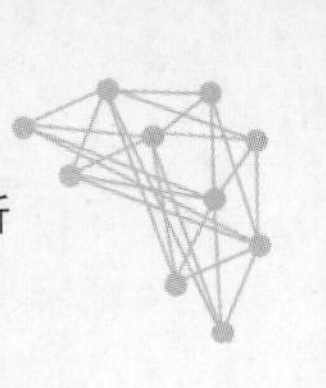

于 20 世纪 70 年代人们对动物大脑视觉系统的研究。近年来，随着计算性能的提升和越来越多的研究人员投入，CNN 对视觉数据处理的优势被充分挖掘，其不仅能将大数据量的图像和视频进行降维处理，且能从有限的数据中提取到有效的特征。因此，基于 CNN 开发的图像分类、目标检测、图像分割和视频目标跟踪等大量算法已广泛应用于工业检测、农业生产、医疗保健、故障诊断和自动驾驶等领域。

本章介绍视觉数据分析的关键流程，通过对目标检测、图像分割和视频目标跟踪等以 CNN 为主干网络进行特征提取的典型任务的讨论，使读者更深入理解视觉数据分析技术。

5.2　目 标 检 测

5.2.1　目标检测概述

目标检测是对图像中的目标进行分类和定位，最终得到图像中目标的类别及该目标在图像中的位置。例如，在图 5.1 所示的 5G 基站建设中，为保证施工人员安全，必须确保施工人员正确佩戴安全帽、安全绳和反光衣等各类安全护具。此时，使用目标检测算法对摄像头采集到的图像中的安全帽和人员等目标进行检测，可快速判断目标人员是否正确佩戴安全帽，能有效地加快检测效率，减少人工检测成本。

图 5.1　安全帽佩戴检测

目标检测技术的研究和应用由来已久，在深度神经网络崛起之前，传统目标检测技术涉及区域选择、手动特征提取、分类器分类等步骤。其中，手动提取特征的方法往往很难满足目标的多样化特征，因此这种解决方案一直未能有效解决目标检测问题。自深度神经网络得到关注并被广泛应用以来，特别是 CNN 对图像强大的特征提取能力快速推动了目标检测技术的发展。基于 CNN 的目标检测包括目标分类和目标定位两个任务，目标分类任务判断输入图像中是否包含需要检测的目标类别，目标定位任务确定输入图像中目标类别的具体位置，并输出目标的边界框来表示具体的位置信息。围绕这两个任务，可将目标检测算法分为两阶段（two stage）算法和一阶段（one stage）算法。两阶段算法将目标检测任务分为两个阶段，首先生成目标物体的边界框，再对其类别进行预测；一阶段算法将边界框定位问题转化为回归(regression)问题进行处理，直接计算目标的类别和边界框坐标。因此，两阶段算法通常比一阶段算法具有更高的准确率，而一阶段算法比两阶段算法具有更高的效率。下面以CNN模型和YOLO这一经典的一阶段目标检测算法为代表，详细介绍目标检测技术。

5.2.2 卷积神经网络

CNN是一种深度学习模型，自2012年后被广泛应用于视觉数据分析，且对图像数据的处理尤为有效。它不仅能自主地提取图像数据特征，且基于CNN的模型具有良好的泛化能力。

1. CNN 结构

CNN的层级结构如图5.2所示，主要包含输入层(input layer)、卷积层(convolutional layer)、池化层(pooling layer)和全连接层(fully connected layer)，通过不同层级的组合可构建不同的CNN，对图像实现不同的处理任务。

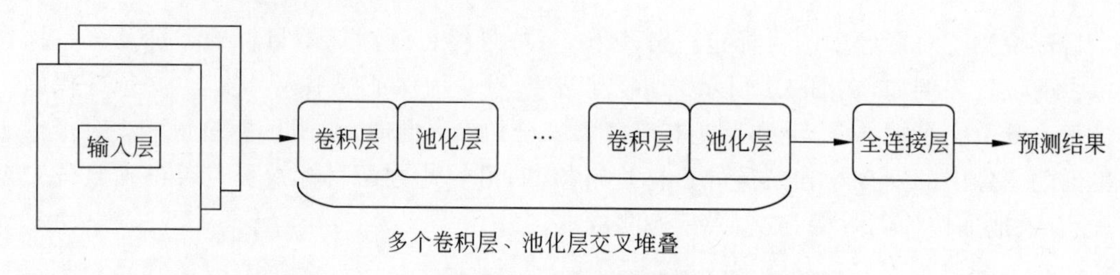

图5.2 CNN层级结构图

2. CNN 层级简介

1）输入层

输入层即输入的图像数据，一张图像在计算机中通常采用矩阵形式来存储，并由红绿蓝(RGB)三个通道叠加而成。因此，一张图像通常存储为(长×宽×通道数)的多维矩阵(也称为特征图)，其中的数值表示RGB通道的256级亮度值，如图5.3所示。

图5.3 输入图像及其对应的特征图形式

2）卷积层

卷积层是 CNN 的核心层级，其作用是对输入特征图进行特征提取。每个卷积层中与输入特征图进行卷积运算的结构称为卷积核，输入特征图通过与卷积核进行卷积计算，得出输出特征图。

对于图像数据，卷积计算是在图像空间上翻转、滑动卷积核，从而提取图像的特征。为了减少不必要的翻转开销，在 CNN 的具体实现中，通常以互相关（cross-correlation）计算代替卷积计算，具体为卷积核中所有作用点依次与输入特征图中的像素点相乘并相加，如图 5.4 所示。原特征图和卷积核中的某个作用点，互相关计算为$(7\times5)+(3\times3)+(6\times3)+(1\times9)+(2\times1)+(7\times4)+(5\times2)+(3\times1)+(9\times9)=195$，然后为每个输出特征图的像素点加一个偏置值，若偏置值为 3，则最终输出结果为 $195+3=198$。一个卷积层中通常包括多个卷积核，其参数可通过学习得到，与其他神经网络模型的计算相比，卷积层中的互相关计算能高效地提取图像中的特征，并减少计算量。

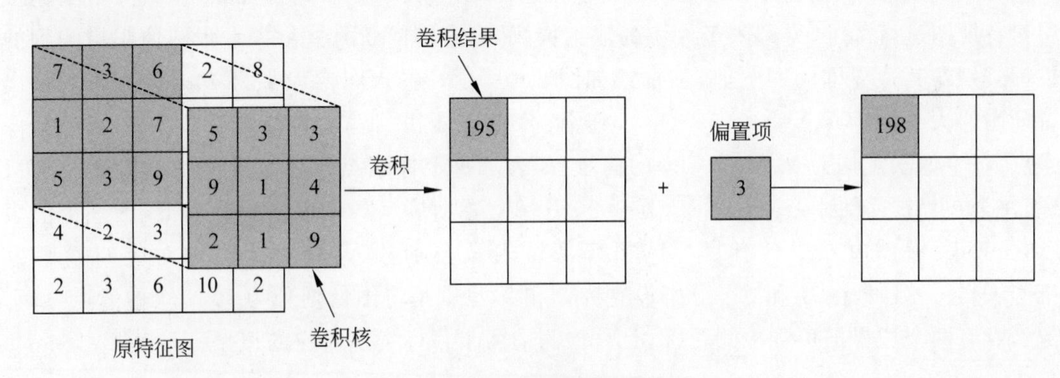

图 5.4　互相关计算

下面介绍卷积计算涉及的概念。深度是指特征图的通道数量，每个卷积层输出特征图的深度与卷积核数量一致；步长用来描述卷积核移动的间隔；填充是指对特征图边缘添加适当数目的行和列，旨在使卷积核能完整地覆盖特征图。

3）池化层

池化是一种将特征图进行压缩抽象的步骤，常见的池化操作包括最大池化和平均池化。最大池化在对应区域内取最大值作为输出，平均池化取对应区域内的平均值作为输出。池化层可降低网络模型的计算量，避免过拟合。步长为 2 的 2×2 最大池化操作如图 5.5 所示，即取出原特征图中每 2×2 个位置的最大值。

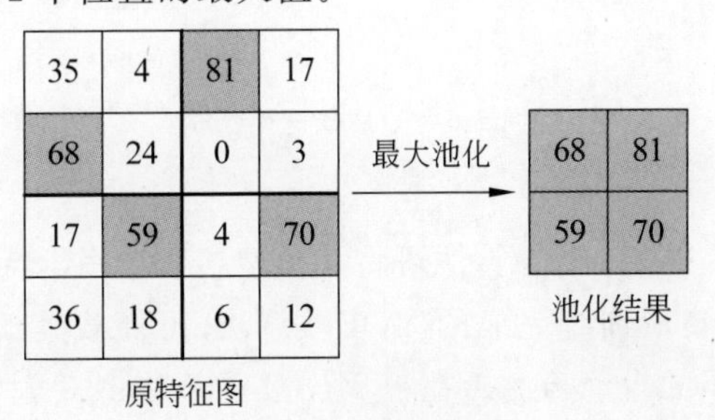

图 5.5　最大池化

4）全连接层

全连接层通常作为 CNN 的输出层级，旨在将高维的特征图通过全连接操作映射成低维数据，进而实现图像数据处理的任务。CNN 中的全连接操作通过互相关计算实现，例如，对于输入的长宽为 a、深度为 b 的特征图（$a\times a\times b$），全连接操作可转化为该特征图与 c 个同样长宽为 a、深度为 b 的卷积核进行的卷积计算，生成（$c\times 1$）维的输出向量。

5.2.3 YOLO 算法

YOLO 算法是基于单个 CNN 模型的一阶段目标检测算法，将目标分类和目标定位两个任务合二为一，作为一个回归任务，可直接从完整的图像中预测目标类别和边界框坐标，具有实时检测的性能和非常广泛的应用。

1. YOLO 框架

YOLO 算法以固定大小的图像数据作为输入，经 CNN 提取到特征图后，由两个全连接层对特征图进行降维，得到固定大小的输出特征图，输出特征图中包含本张图像中检测到的目标类别及其边界框的回归值，其框架如图 5.6 所示。输入图像大小为 $448\times 448\times 3$，输出特征图的大小为 $7\times 7\times (B\times 5+\text{Cls})$，其中，$7\times 7$ 表示可将输出特征图看作 49（7×7）个像素点，每个像素点均为（$B\times 5+\text{Cls}$）的向量；B 表示每个像素点存在 B 个边界框负责检测目标，每个边界框需要中心点（x,y）、宽（w）、高（h）、置信度（Conf）及类别数（Cls）这 5 个值表示，Conf 表示该边界框含有目标的概率，Cls 表示类别数，每个目标类别对应的概率为 $\{p(i)\}_{i=1}^{\text{Cls}}$。例如，将 B 和 Cls 分别设置为 2 和 2，也就是将图像划分为 7×7 个像素点，每个像素点有两个边界框负责检测目标，且需检测的两个目标类别对应的概率。

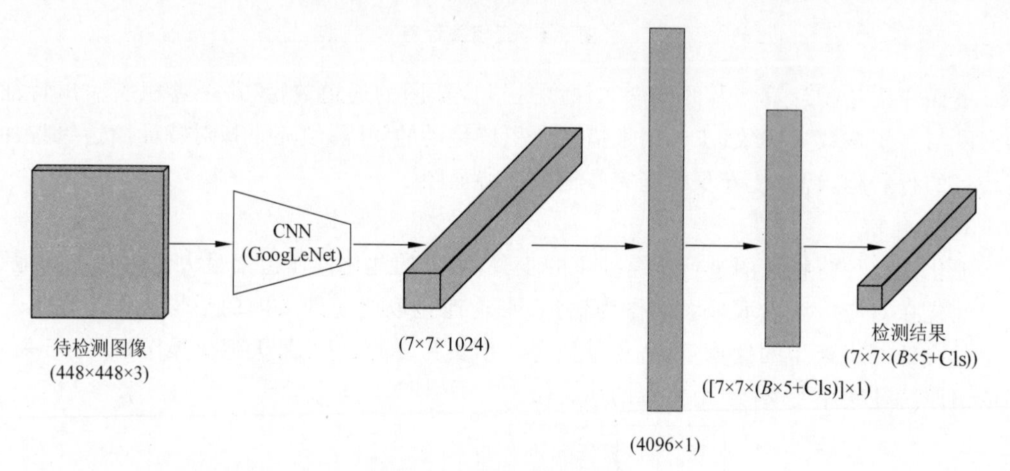

图 5.6　YOLO 框架结构

2. YOLO 基本步骤

由特定数据集训练完成的 CNN 算法可将其模型参数应用于特定的视觉数据分析任务。例如，由安全帽佩戴数据集所训练完成的 YOLO 算法，可加载其模型参加对新的图像数据进行是否正确佩戴安全帽的自动检测。在视觉数据分析中，这一过程称为推理（inference）。

1）图像预处理

基于 YOLO 网络结构，为获取固定大小的输出特征图，需将输入图像 $\boldsymbol{X}$ 的长宽均缩放为固定值 448。具体缩放方法为长宽等比例缩放，即图像中最长的边缩放到 448 像素，对短边不满 448 像素的位置使用灰色填充。缩放完成后，输入图像可表示为 $\boldsymbol{X}^{448\times448\times3}$。

2）设置边界框

把缩放后的图像划分为 7×7 的网格，每个网格中设置 B 个边界框，负责检测目标。例如，将 B 设置为 2，也就是将输入图像划分为 49(7×7)个网格，每个网格有两个边界框负责检测目标。

3）输出特征图

首先，YOLO 中使用基于 CNN 实现的 GoogLeNet，对 $\boldsymbol{X}$ 提取特征。GoogLeNet 为 2014 年提出的 CNN 框架，能高效地利用计算资源，在相同的计算量下提取到更丰富的特征，其对 $\boldsymbol{X}$ 提取特征的网络结构如表 5.1 所示，提取到的特征图为 $\boldsymbol{F}_{11}^{7\times7\times1024}$。其中，$\text{Conv\_}i_{i=1}^{4}$ 表示第 i 个卷积层，$\text{Pool\_}i_{i=1}^{4}$ 表示第 i 个池化层，Conv_Block_1 表示 4 个卷积层组成的模卷积模块，Conv_Block_2 表示 10 个卷积层组成的卷积模块，Conv_Block_3 表示 6 个卷积层组成的模卷积模块。然后，使用全连接层 1 对 $\boldsymbol{F}_{11}$ 降维得 $\boldsymbol{F}_{12}^{4096\times1}$，再使用全连接层 2 对 $\boldsymbol{F}_{12}$ 降维得 $\boldsymbol{F}_{13}^{[7\times7\times(B\times5+\text{Cls})]\times1}$。最后，对 $\boldsymbol{F}_{13}$ 作变换得到输出特征图 $\boldsymbol{F}_{\text{out}}^{7\times7\times(B\times5+\text{Cls})}$。其中，$\boldsymbol{F}_{\text{out}}$ 宽高维度为 7×7，可表示 49 个像素点。假设 $B=2$ 时，$\boldsymbol{F}_{\text{out}}$ 输出维度为 7×7×(2×5+Cls)的特征图，每个(2×5+Cls)向量表示预测得到的边界框坐标(x,y,w,h)、Conf 及目标类别概率$\{p(i)\}_{i=1}^{\text{Cls}}$。

表 5.1　GoogLeNet 结构表

GoogLeNet	$\boldsymbol{X}$(输入)	输　出
Conv_1	(448×448×3)	$\boldsymbol{F}_1$(224×224×64)
Pool_1	$\boldsymbol{F}_1$	$\boldsymbol{F}_2$(112×112×256)
Conv_2	$\boldsymbol{F}_2$	$\boldsymbol{F}_3$(112×112×192)
Pool_2	$\boldsymbol{F}_3$	$\boldsymbol{F}_4$(56×56×192)
Conv_Block_1	$\boldsymbol{F}_4$	$\boldsymbol{F}_5$(56×56×512)
Pool_3	$\boldsymbol{F}_5$	$\boldsymbol{F}_6$(28×28×512)
Conv_Block_2	$\boldsymbol{F}_6$	$\boldsymbol{F}_7$(28×28×1024)
Pool_4	$\boldsymbol{F}_7$	$\boldsymbol{F}_8$(14×14×1024)
Conv_Block_3	$\boldsymbol{F}_8$	$\boldsymbol{F}_9$(7×7×1024)
Conv _3	$\boldsymbol{F}_9$	$\boldsymbol{F}_{10}$(7×7×1024)
Conv _4	$\boldsymbol{F}_{10}$	$\boldsymbol{F}_{11}$(7×7×1024)

4）非极大值抑制

根据预测得到的(x,y,w,h)、Conf 及$\{p(i)\}_{i=1}^{\text{Cls}}$，利用非极大值抑制(non-maximum suppression，NMS)方法进行筛选，得到最有可能包含目标的边界框。两个边界框的交集面积与并集面积的比值称为交并比(intersection over union，IoU)，用于度量两个边界框的交叠程度,其计算如图 5.7 所示。非极大值抑制首先从边界框集合中取出 Conf 最大的边界框作为输出;然后逐一计算其余边界框与输出边界框的 IoU,将 IoU 大于给定阈值(TS)的边界框从边界框集合中移除;最后,重复上述步骤,直至边界框集合为空,输出的边界框即为最有可能包含目标的边界框。

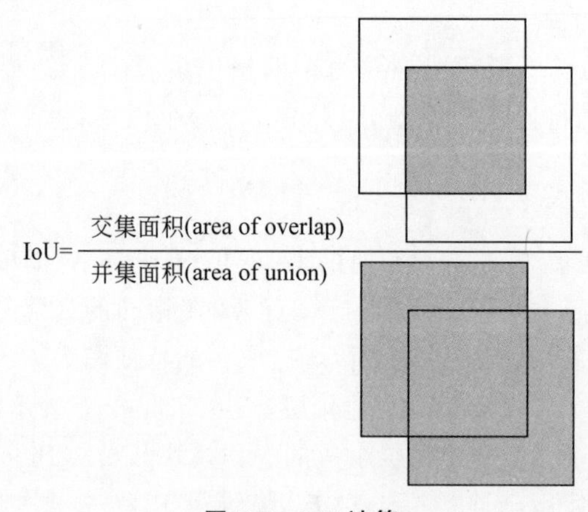

图 5.7　IoU 计算

上述思想见算法 5.1。

算法 5.1　YOLO 算法

输入:

　　$\boldsymbol{X}$: 待检测图像, TS: IoU 阈值

输出:

　　Pred_bbox $=\{\text{Bbox}_i\}_{i=1}^{l}$: 包含目标的边界框集合

步骤:

1. 对 $\boldsymbol{X}$ 进行预处理,将输入图像 $\boldsymbol{X}$ 的维度处理为 448×448×3
2. 将 $\boldsymbol{X}$ 划分为 7×7 的网格
3. $\boldsymbol{F}_{11}$ ← GoogLeNet($\boldsymbol{X}$)　　//提取 $\boldsymbol{X}$ 的特征,$\boldsymbol{F}_{11}$ 维度为 7×7×1024
4. $\boldsymbol{F}_{12}$ ← FC_1($\boldsymbol{F}_{11}$)　　//使用全连接层 FC_1 对 $\boldsymbol{F}_{11}$ 降维,$\boldsymbol{F}_{12}$ 维度为 4096×1

动画 5-1

5. $\boldsymbol{F}_{13}$ ← FC_2($\boldsymbol{F}_{12}$)
   //使用全连接层 FC_2 对 $\boldsymbol{F}_{12}$ 降维,并得到固定大小的维度,$\boldsymbol{F}_{13}$ 维度为[7×7×(B×5+Cls)]×1
6. $\boldsymbol{F}_{\text{out}}$ ← Reshape($\boldsymbol{F}_{13}$)　　//将二维矩阵 $\boldsymbol{F}_{13}$ 转换为三维矩阵 $\boldsymbol{F}_{\text{out}}$,$\boldsymbol{F}_{\text{out}}$ 维度为(7×7×(B×5+Cls))
7. 令 $\{\text{Bbox}_i\}_{i=1}^{7\times7\times B}$ 为所得边界框集合,每个边界框 $\text{Bbox}_i=\{x_i, y_i, w_i, h_i, \text{Conf}_i, \text{Cls}_i\}$
8. $\text{Conf}_i=\max(\{\text{Conf}_i\}_{i=1}^{7\times7\times B})$,令 $A=\text{Bbox}_i$,Pred_bbox $=\{A\}$
   //从边界框集合中取出 Conf 最大的边界框 A
9. For $i=1$ To $7\times7\times B$ Do
10. 　　Score ← IoU(A, Bbox_i)
11. 　　If Score > TS Then
12. 　　　　Delete (Bbox_i)　　//从边界框集合中移除该边界框
13. 　　Else Pred_bbox.append (Bbox_i)　　//将该边界框添加至 Pred_bbox 集合
14. 　　End If
15. End For
16. Return Pred_bbox　　//返回筛选剩余的边界框

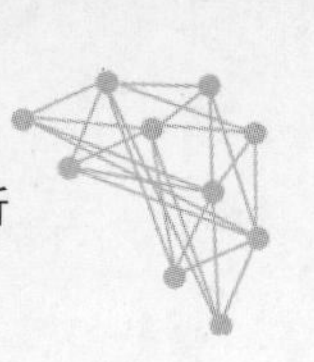

例 5.1　用 YOLO 算法检测图像中的目标(鸟)为例,如图 5.8 所示。将输入图像缩放为 448×448×3,设 $S=7$,即划分为 7×7 的网格(如图中 Image1 所示);将处理后的图像输入 YOLO 模型中进行特征提取,每个网格采用 2 个边界框检测目标($B=2$),由于目标仅有鸟,因此 Cls=1,最终输出特征图的维度为 7×7×(2×5+1)(如图中 Image2 所示);对于 7×7 大小的输出特征图,第 i 行第 j 列的像素点对应维度为(2×5+1)的特征向量,表示为 $v^{(i,j)}=\{\mathrm{Conf}_1^{(i,j)}, x_1^{(i,j)}, y_1^{(i,j)}, w_1^{(i,j)}, h_1^{(i,j)}, \mathrm{Conf}_2^{(i,j)}, x_2^{(i,j)}, y_2^{(i,j)}, w_2^{(i,j)}, h_2^{(i,j)}, p^{(i,j)}\}$,其中($\mathrm{Conf}_1^{(i,j)}, x_1^{(i,j)}, y_1^{(i,j)}, w_1^{(i,j)}, h_1^{(i,j)}$)表示该像素点中第一个边界框的信息,($\mathrm{Conf}_2^{(i,j)}, x_2^{(i,j)}, y_2^{(i,j)}, w_2^{(i,j)}, h_2^{(i,j)}$)表示该像素点中第二个边界框的信息,$p^{(i,j)}$ 表示该像素点中的对象为鸟类的概率。输出特征图共能检测出 98(7×7×2)个边界框,将 98 个边界框通过 NMS 方法进行筛选,最终得到像素点($i=4, j=5$)所对应的边界框(如图中 Image3 所示)为最可能属于鸟的边界框及其属于鸟的概率为 0.98。

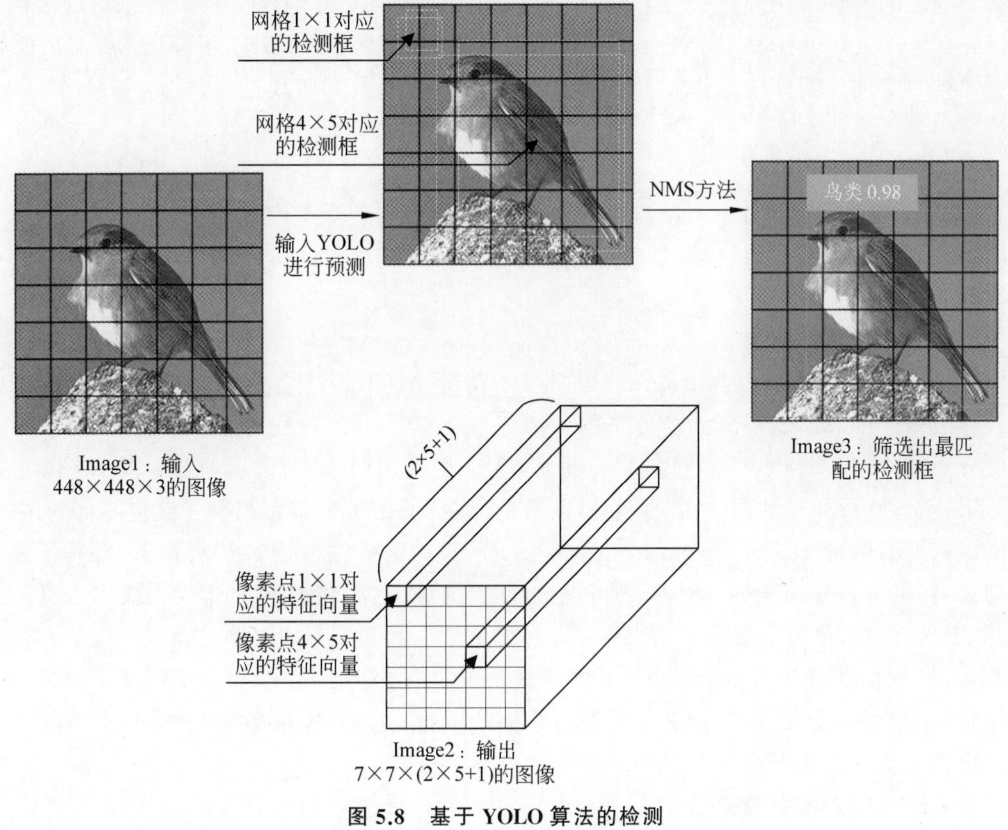

图 5.8　基于 YOLO 算法的检测

5.3　图 像 分 割

5.3.1　图像分割概述

图像分割是指根据灰度、彩色、空间纹理、几何形状等特征把图像划分成若干个互不相交的区域,使得这些特征在同一区域内表现出一致性或相似性,而在不同区域间表现出明显的不同。因此，图像分割有助于区分图像的组成部分，为图像的后续处理和应用奠定基础。例如，在医学影像领域，绝大多数人体的影像数据都可分割成不同的器官、组织类型或疾病症状，分割好的区域可很好地辅助医生减少诊断所需的时间。

与目标检测类似，图像分割的研究和应用仍由来已久，在深度神经网络崛起之前，主要的图像分割技术包括阈值分割、区域分割、边缘分割、纹理特征和聚类等，而这些传统的方法往往需相互结合起来使用才能取得较好的分割结果；自深度神经网络得到关注并被广泛应用以来，特别是 CNN 对图像的处理，为图像分割领域注入了强大的技术活力，并成为图像分割最核心的支撑技术。基于 CNN 的图像分割聚焦到具体的每一个像素，对每一个像素赋予一个语义标签，因此这类图像分割可分为语义分割和实例分割两类。语义分割是对所有的图像像素执行像素级标记，即为每个像素分配一个类别，但不区分同一类别中的对象。实例分割将目标检测和语义分割相结合，通过检测和描绘图像中每个感兴趣的对象进一步扩展语义分割范围，即需区分同一类别中的不同对象。相比语义分割，实例分割发展较晚，因此实例分割算法大多基于 CNN 实现，且分割精度和效率逐渐得到提升。下面以 Mask R-CNN 这一经典的实例分割算法为代表，详细介绍图像分割技术及其实现过程。

5.3.2 Mask R-CNN 算法

Mask R-CNN 实例分割算法在目标检测的基础上再进行图像分割，概念简单、灵活，不仅可高效地检测出图像的目标，且对每个目标生成一个高质量的分割掩膜，是通用的图像分割框架。

1. Mask R-CNN 框架

Mask R-CNN 基于 Faster R-CNN 的框架，在特征提取网络之后加入了全卷积网络(full convolutional network，FCN)，由原来的两个任务(分类＋回归)变为了三个任务(分类＋回归＋分割)。Mask R-CNN 采用和 Faster R-CNN 相同的两个阶段，其框架结构如图 5.9 所示。第一阶段，待分割的图像由 CNN 提取特征，该特征的每个位置都事先设定好部分锚框，使用区域提案网络(region proposal network，RPN)对这些锚框进行初步筛选，并留下感兴趣的区域(region of interest，RoI)，即可能的目标区域，然后将这些 RoI 逐一输入 RoI 对齐(RoI align)模块，使每个 RoI 对齐特征图，并得到统一维度的输出。第二阶段，统一维度的 RoI 除了用于分类和边界框回归，还添加了一个 FCN 的分支，对每个 RoI 预测了对应的分割掩膜(mask)图，以说明给定像素是否是目标的一部分。当像素属于目标时，所有位置掩膜标识为 1，其他位置掩膜标识为 0。

2. Mask R-CNN 关键模块

1) RPN 结构

RPN 是一个轻量的神经网络，通过滑动窗口来扫描特征图，并寻找存在目标的区域，这样的思想使得 RPN 可有效复用所提取的特征，且避免了重复计算。RPN 为特征图上各个位置的每个锚框生成两个输出，一是锚框的前景概率和背景概率(图 5.9 的 Softmax 分支)，前景概率高，则锚框框选的部分为目标，背景概率高，则锚框框选的部分是背景；二是锚框精调参数(图 5.9 的 Bbox_reg 分支)，事先设定的锚框可能并未完美地位于目标中心，因此 RPN 评估了锚框中心点坐标、宽和高的变化，以精调锚框来更好地拟合目标。通过 RPN 的

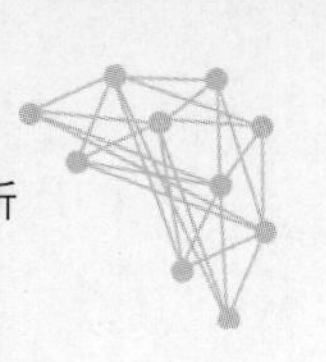

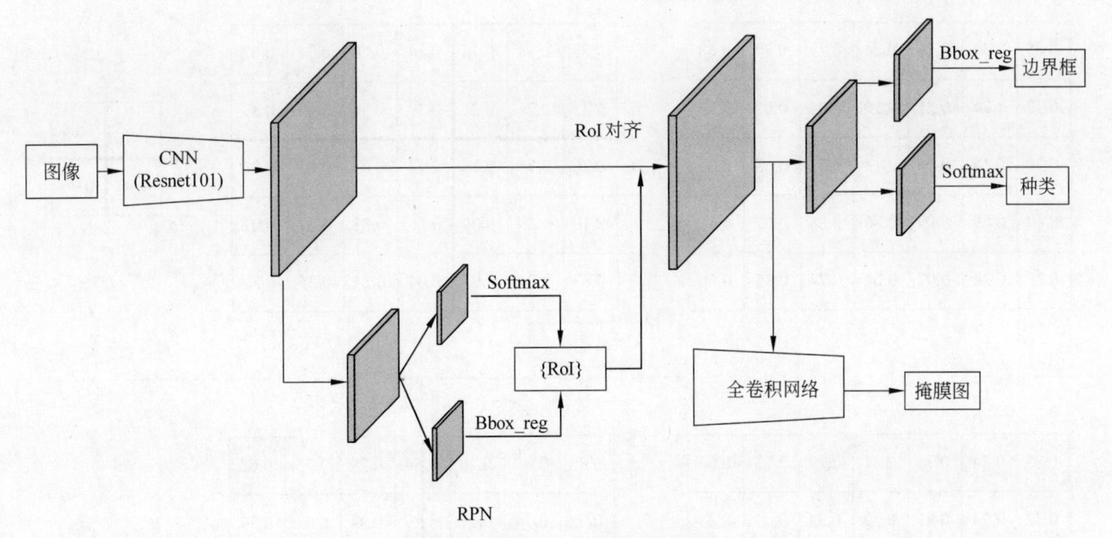

图 5.9　Mask R-CNN 框架结构

处理，Mask R-CNN 可最好地选出包含目标区域的锚框，并对其位置和尺寸进行精调，而背景锚框经筛选后数量会明显减少，被筛选后剩余的锚框被称为 RoI。

2）RoI 对齐

由于剩余的每个 RoI 宽高等维度大小不一，必须将这些 RoI 与原特征图对齐，并统一维度大小，以便后续对所有 RoI 进行相同的分类、边框回归和分割掩膜处理任务。之前实现该操作的模块称为 RoI 池化(RoI pooling)，如图 5.10 上半部分所示。若当前得到一个特征图尺寸为 5×7 的 RoI，要求此区域统一缩小为 2×2。此时，因为 5 与 2 的比值是非整数 2.5，所以 RoI 池化将对其进行取整的分割，即将“5”分割成“3＋2”，将“7”分割成“3＋4”，然后取每个区域的最大值作为本区域的值。

从该过程可看出，使用 RoI 池化很粗糙地量化一个区域的值，且每个区域的尺寸还有较大差距，会导致 RoI 通过 FCN 进行像素分割的过程中目标对齐时出现较大的偏移。对此，Mask R-CNN 使用 RoI 对齐代替 RoI 池化，高效地解决了这个问题，其实现方式如图 5.10 下半部分所示。首先将 5×7 特征图固定为相同大小的 2×2 区域，即得到图中的①、②、③和④这 4 个区域，该过程中不做任何量化处理；然后对这 4 个区域内部进行同样的处理，再细分成 4 个规模相同的区域(使用虚线表示)，之后对于每一个最小区域(包含不止一个像素点)，确定其中心点(使用“＋”号表示)，并使用双线性插值法得到该“＋”号所在位置的值，作为最小格子区域的值。对于①、②、③和④这 4 个区域，每个区域都会有 4 个这样的值，取这 4 个值中的最大值作为每个区域的值。最终可得到 2×2 区域中每个位置的值，作为统一维度的特征图输出结果。上述 RoI 对齐的处理方式可避免计算过程中丢失原特征图的信息，且中间过程全程不量化，保证了最佳的信息完整性。

3）FCN 结构

FCN 是一个经典的语义分割结构，可对一张图像上的所有像素点进行分类，即实现对图像中目标的准确分割。FCN 是一个端到端的网络，结构如图 5.11 所示，主要执行过程包括卷积和转置卷积(或反卷积)，即先对图像进行卷积和池化，使其特征维度的大小逐渐减

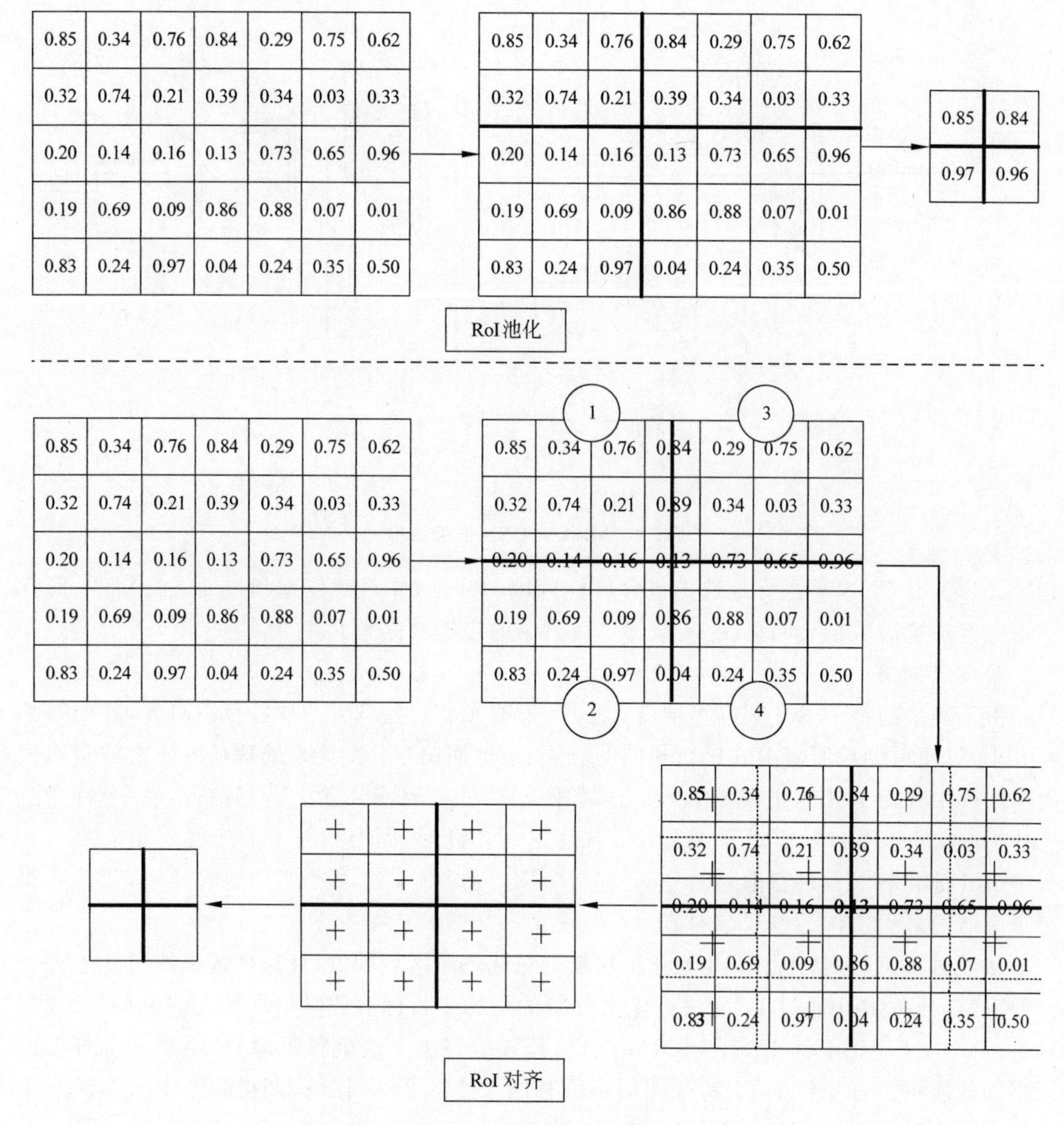

图 5.10 RoI 对齐流程图

小;然后进行转置卷积(即进行插值操作),不断增大其特征图,直至和原始图像输入一致;最后对每一个像素点进行分类,得到和原图具有相同大小的掩膜图,从而实现对输入图像中目标的准确分割。Mask R-CNN 中使用 FCN 结构中的转置卷积操作来实现分割任务。

3. Mask R-CNN 基本步骤

1)待分割图像预处理

因为 Mask R-CNN 中的主干网络为基于 CNN 实现的 ResNet101,该网络在提取宽为 w、高为 h 的输入图像 $\boldsymbol{X}$ 的特征时,将其缩小为原来的 1/32,所以处理输入图像 $\boldsymbol{X}$ 时,需把 w 和 h 均缩放为 32 的倍数(默认设置为 1024),使处理后的图像表示为 $\boldsymbol{X}^{1024\times1024\times3}$,其中,1024 表示图像 $\boldsymbol{X}$ 的 w 和 h,3 表示 RGB 图像的通道数。

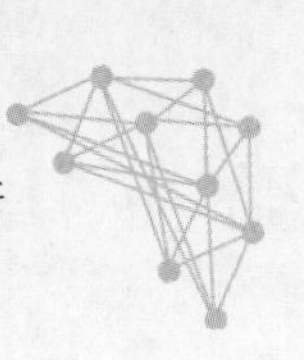

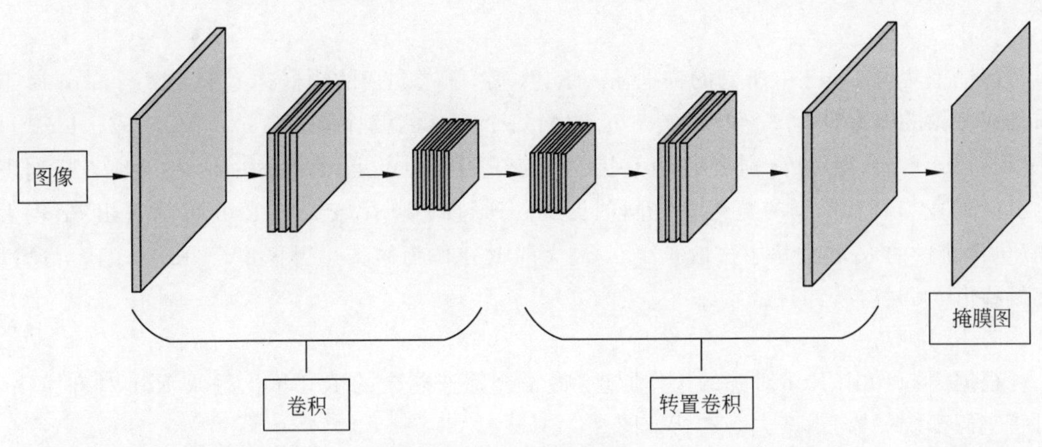

图 5.11　FCN 结构图

2）提取 $\boldsymbol{X}$ 的特征

Mask R-CNN 使用基于 CNN 实现的 ResNet101 对 $\boldsymbol{X}$ 提取特征。ResNet101 为 2015 年提出残差网络，使得 CNN 中的卷积层数能够大幅增加，更为有效地提取图像数据的特征。其对 $\boldsymbol{X}$ 提取特征的网络结构如表 5.2 所示，得到的特征图及其维度为 $\boldsymbol{F}_5^{32\times32\times2048}$。其中，Conv_1 表示卷积层，Conv_Bolck_1 表示由 9 个卷积层组成模卷积模块，Conv_Bolck_2 表示由 12 个卷积层组成模卷积模块，Conv_Bolck_3 表示由 69 个卷积层组成模卷积模块，Conv_Bolck_4 表示由 9 个卷积层组成模卷积模块。

表 5.2　ResNet 101 结构表

ResNet101	$\boldsymbol{X}$（输入）	输　出
Conv_1	(1024,1024,3)	$\boldsymbol{F}_1$(256,256,64)
Conv_Bolck_1	$\boldsymbol{F}_1$	$\boldsymbol{F}_2$(256,256,256)
Conv_Bolck_2	$\boldsymbol{F}_2$	$\boldsymbol{F}_3$(128,128,512)
Conv_Bolck_3	$\boldsymbol{F}_3$	$\boldsymbol{F}_4$(64,64,1024)
Conv_Bolck_4	$\boldsymbol{F}_4$	$\boldsymbol{F}_5$(32,32,2048)

3）生成锚框集合

锚框是在特征图的像素点预先设定的一系列框，然后针对锚框进行分类和微调，找到目标最接近的真实框，进而实现目标检测和分割。在 Mask R-CNN 中，以 $\boldsymbol{F}_5$ 为例，其特征图宽高维度为 32×32，可表示为 1024(32×32)个像素点，每个像素点设置 3 个候选锚框，所以 $\boldsymbol{F}_5$ 共需设置 3072(1024×3)个锚框，并记为锚框集合 Bbox。其中每个锚框的坐标为

$$\begin{cases} y_1 = y_{\text{center}} - 0.5 \times h_i, i \in [1,3] \\ x_1 = x_{\text{center}} - 0.5 \times w_i, i \in [1,3] \\ y_2 = y_1 + h_i \\ x_2 = x_1 + w_i \end{cases} \tag{5-1}$$

其中，y_{center} 和 x_{center} 分别表示特征图上像素点的纵坐标和横坐标，(x_1, y_1)和(x_2, y_2)分别代表转换后锚框左上角与右下角坐标。

4）候选 RoI 分类

将锚框集合 Bbox 中所有的锚框输入 RPN 后，筛选剩余的锚框称为 RoI，每个 RoI 属于前景或背景的概率计为 β_1 和 $\beta_2(\beta_1+\beta_2=1)$；每个 RoI 的偏移值记为 δ，$\delta=[d_x,d_y,\log d_w,\log d_h]$，其中，$d_x$ 和 d_y 分别表示 RoI 中心点与锚框中心点坐标的偏移量，d_w 和 d_h 分别表示 RoI 的宽与高和锚框的宽与高之间的比例。通过抑制 β_2 较大的 RoI，可筛选出 β_1 较大的、包含前景的 RoI，并从中选取 α 个 β_1 最大的 RoI 作为候选边界框集合 $\{\mathrm{RoI}_i\}_{i=1}^{\alpha}$，可通过其偏移值 δ 调整自己的位置。

5）RoI 对齐

根据图 5.10 中 RoI 对齐的工作原理，将 α 个筛选剩余的 RoI 依次输入 RoI 对齐模块，可将它们都统一为 7×7 大小的特征图。

6）对 RoI 进行分类、边界框回归和分割

分类和边界框回归任务为目标检测中必须实现的任务，假设 Mask R-CNN 中包含 Cls 个类别，则分类任务输出为 $\mathrm{cls}_{\mathrm{pred}}=[\mathrm{Cls}+1]$，边框回归任务输出为 $\mathrm{bbox}_{\mathrm{pred}}=[\mathrm{Cls}+1,4]$，其中，$\mathrm{cls}_{\mathrm{pred}}$ 表示该输出属于 Cls 个类别和一个背景类别的概率值，$\mathrm{bbox}_{\mathrm{pred}}$ 表示 Cls+1 个类别分别对应的 4 个坐标值（(x_1,y_1) 和 (x_2,y_2)）。生成 Mask 图是图像分割任务的必要输出，是 Mask R-CNN 中的主要任务，可通过如图 5.11 所示的 FCN 实现。通过将所有 RoI 统一为 7×7 的特征图输入 FCN 网络，即可生成属于目标的 Mask 图，输出向量为 $\mathbf{mask}_{\mathrm{pred}}=[28,28,\mathrm{Cls}]$，其中，生成的 Mask 图宽高维度为 28×28，该设置有助于保持 FCN 的轻量性；在训练过程中，通常将真实的 Mask 图缩小为 28×28 来计算损失函数，而在推理过程中，将预测的 Mask 图放大为 RoI 边框的尺寸，给出最终的 Mask 图，并对每个类别输出一个 Mask 图，所以 $\mathbf{mask}_{\mathrm{pred}}$ 表示生成 Cls 个 28×28 的 Mask 图。

上述思想见算法 5.2。

算法 5.2　Mask R-CNN 算法

输入：

　$\boldsymbol{X}$：待分割图像

输出：

　$\mathrm{cls}_{\mathrm{pred}},\mathrm{bbox}_{\mathrm{pred}},\mathbf{mask}_{\mathrm{pred}}$：分类，边界框回归和掩膜图分割向量

动画 5-2

步骤：

1. 对 $\boldsymbol{X}$ 进行预处理，将 $\boldsymbol{X}$ 的维度处理为 1024×1024×3 的图像数据
2. $\boldsymbol{F}_5 \leftarrow \mathrm{ResNet\ 101}(\boldsymbol{X})$　　//提取 $\boldsymbol{X}$ 的特征，$\boldsymbol{F}_5$ 维度为 32×32×2048
3. 在 $\boldsymbol{F}_5$ 上预设锚框集合 Bbox
4. $\{\mathrm{RoI}_i\}_{i=1}^{\alpha} \leftarrow \mathrm{RPN}(\boldsymbol{F}_5,\mathrm{Bbox})$　　//使用 RPN 筛选出前景概率 β_1 最大的 α 个候选边界框集合
5. $\{\mathrm{RoI}_i^{7\times 7}\}_{i=1}^{\alpha} \leftarrow \mathrm{RoI\ Align}(\{\mathrm{RoI}_i\}_{i=1}^{\alpha})$　　//使每个 RoI 宽高维度统一为 7×7 大小
6. $\boldsymbol{F}_{\mathrm{out}} \leftarrow \mathrm{Concat}\ (\{\mathrm{RoI}_i^{7\times 7}\}_{i=1}^{\alpha})$　　//对 α 个统一维度的 RoI 按通道方向堆叠为特征图 $\boldsymbol{F}_{\mathrm{out}}$
7. $\mathrm{cls}_{\mathrm{pred}},\mathrm{bbox}_{\mathrm{pred}} \leftarrow \mathrm{FC}\ (\boldsymbol{F}_{\mathrm{R}}),\mathrm{FC}\ (\boldsymbol{F}_{\mathrm{R}})$
   //通过全连接层(FC)将 $\boldsymbol{F}_{\mathrm{out}}$ 生成分类和边界框回归向量
8. $\mathbf{mask}_{\mathrm{pred}} \leftarrow \mathrm{FCN}(\boldsymbol{F}_{\mathrm{R}})$　　//通过 FCN 将 $\boldsymbol{F}_{\mathrm{out}}$ 生成对应的 Mask 图
9. Return $\mathrm{cls}_{\mathrm{pred}},\mathrm{Bbox}_{\mathrm{pred}},\mathbf{mask}_{\mathrm{pred}}$

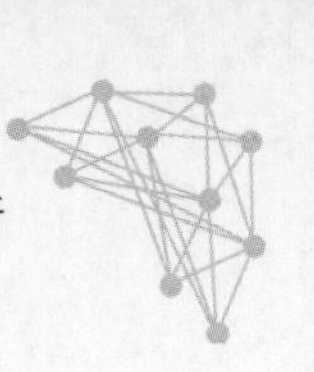

例 5.2　以 Mask R-CNN 算法分割图像中的实例为例，如图 5.12 所示。首先将输入图像缩放为 1024×1024×3，并使用 CNN 模型 ResNet101 提取图像特征，得 $\varphi(\boldsymbol{X})$，其维度为 32×32×2048；$\varphi(\boldsymbol{X})$中包含 1024(32×32)个像素点，为每个像素点设定 3 个锚框，共计 3072(1024×3)个锚框，使用式(5-1)记录每个锚框的坐标，得锚框集合 Bbox；然后，使用 RPN 网络对 Bbox 中的每个锚框进行初步筛选，每个锚框能得到一个前景概率值 β_1 和背景概率值 β_2，将其中 β_1 最大的 α 个锚框作为 RoI，并调整对应 RoI 位置和大小；之后，对得到的 α 个 RoI，使用 RoI 对齐模块将其维度统一为 7×7 大小，并对所有 RoI 均进行分类、边框回归和分割任务；最后，输出的分类结果共 5 个目标，边界框回归为 5 个目标各自对应的 4 个边界框坐标，以及对应的分割掩膜图。

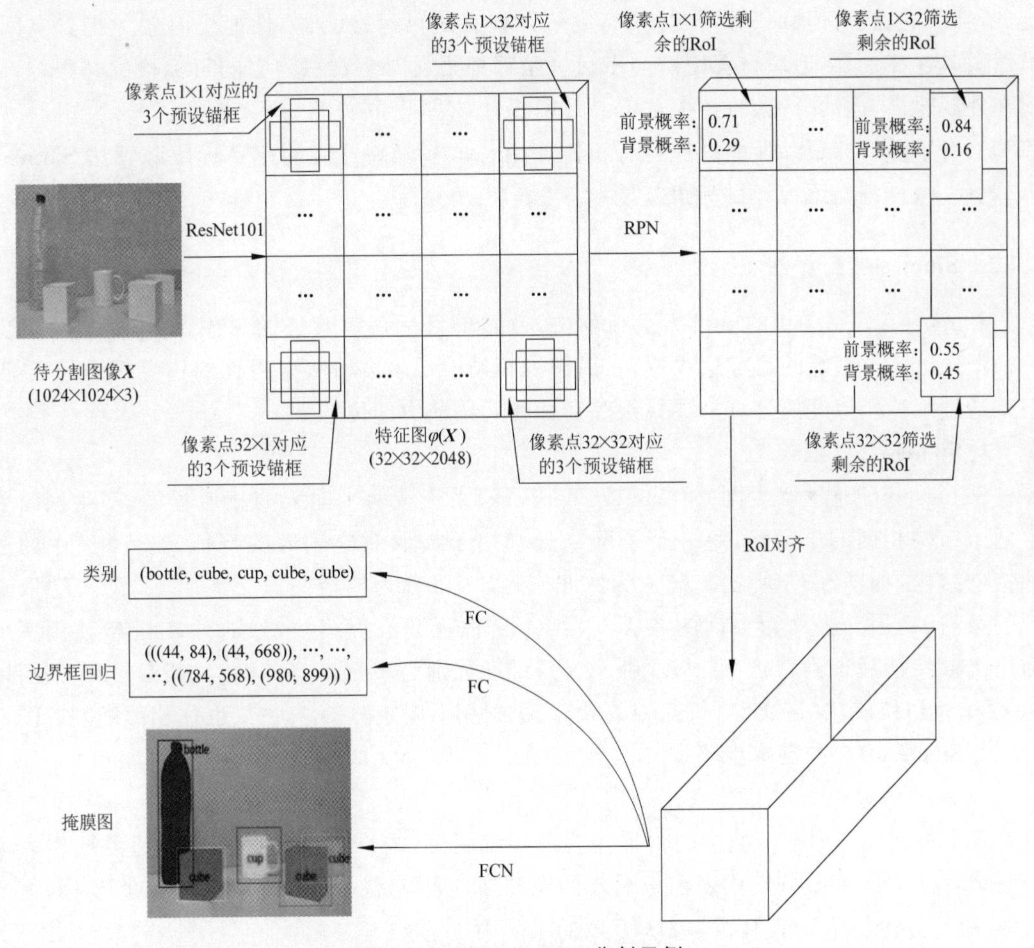

图 5.12　Mask R-CNN 分割示例

5.4　视频目标跟踪

5.4.1　视频目标跟踪概述

视频目标跟踪根据已知视频第一帧目标的初始位置，对该目标在后续视频帧中进行持续的跟踪定位。近年来，随着计算机计算性能的突飞猛进以及高性能摄像设备的广泛普及，视频目标跟踪算法应用场景日益广泛，落地需求愈加强烈。例如，在自动驾驶领域，自动驾驶的车辆需要对周围的场景进行实时的感知和分析，通过摄像头对周围环境中的目标进行持续的跟踪定位，为自动驾驶车辆的路况分析、智能导航、行驶决策等提供重要信息，减少事故发生，保障交通顺畅，视频目标跟踪算法在该过程中发挥着重要作用。

视频中通常包含一个或多个目标，因此，视频目标跟踪算法也可分为单目标跟踪算法和多目标跟踪算法。前者只需要跟踪一个目标，任务限制少，所以该类算法发展迅速、性能优异。后者需要跟踪多个目标，主要包括目标检测和轨迹关联，即在每一帧进行目标检测，再利用目标检测的结果在前后帧之间进行轨迹关联，以确保同一个目标在整段视频中获得固定的、唯一的标识，但其任务限制多、高度依赖现有的目标检测器，性能仍有较大提升空间。虽然两者存在差异，但单目标跟踪与多目标跟踪都紧紧围绕着视频中的目标检测与跟踪，因此在外观建模、运动分析、轨迹关联等技术细节上有紧密的关联，研究性能优异的单目标跟踪算法对于多目标跟踪性能的提升有积极作用。本节以高性能的单目标跟踪算法 Siamese FC 为代表，详细介绍视频目标跟踪技术。

5.4.2 Siamese FC 算法

Siamese FC 是典型的单目标跟踪算法，遵循单目标跟踪算法的思想，即在视频中的某一帧框选出需要跟踪的目标边界框，在后续视频帧中无须再检测出目标的边界框进行匹配，而是通过某种相似度的计算来寻找跟踪目标在后续帧中的位置。

1. Siamese FC 框架

Siamese FC 通过孪生网络（siamese network）来衡量两个输入的相似程度，孪生网络表示两个结构相同的子网络，每一个子网络分别用于提取对应输入的特征，是 CNN 中的一种特殊结构，如图 5.13 所示。输入为两张图像，一张称为模板图像 $\boldsymbol{Z}^{127\times127\times3}$，通常选取视频的第一帧，另一张称为查询图像 $\boldsymbol{X}^{255\times255\times3}$，选取视频的后续帧，分别对 $\boldsymbol{Z}$ 和 $\boldsymbol{X}$ 使用孪生网络提取特征后得到特征图 $\varphi(\boldsymbol{Z})$ 和 $\varphi(\boldsymbol{X})$，维度分别为 $6\times6\times128$ 和 $22\times22\times128$，然后以 $\varphi(\boldsymbol{Z})$ 作为卷积核，对 $\varphi(\boldsymbol{X})$ 执行互相关计算，得到相似度矩阵 $\boldsymbol{D}^{17\times17\times1}$（也称相似度响应图）。

2. Siamese FC 的基本步骤

1）$\boldsymbol{Z}$ 的构建

通常将视频序列第一帧中的目标作为待跟踪目标，并准确框出该目标的边界框作为模板图 $\boldsymbol{Z}$。假设 w 和 h 分别代表模板图 $\boldsymbol{Z}$ 的宽和高，(x,y) 代表模板图 $\boldsymbol{Z}$ 的中心点坐标，需要将 w 和 h 等比例缩放至 127×127，使 $\boldsymbol{Z}$ 的维度为 $127\times127\times3$。

2）$\boldsymbol{X}$ 的构建

在后续的视频帧中，以 $\boldsymbol{Z}$ 的中心点 (x,y) 为参考，构建一个 w 和 h 均为 255 的区域，使查询图 $\boldsymbol{X}$ 的维度为 $255\times255\times3$。

3）提取 $\boldsymbol{Z}$ 和 $\boldsymbol{X}$ 的特征

Siamese FC 中使用基于 CNN 实现的 AlexNet 作为孪生网络中两个子网络的特征提取网络。AlexNet 为 2012 年提出的 CNN 框架，具有结构简单、速度快等优点，其对 $\boldsymbol{Z}$ 和 $\boldsymbol{X}$ 提

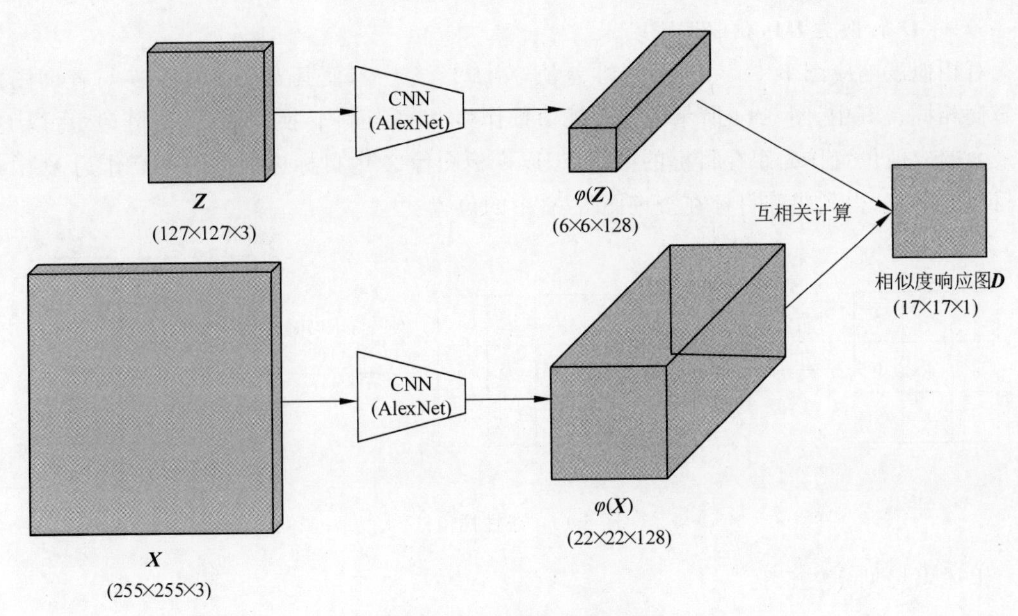

图 5.13　Siamese FC 框架

取特征的网络结构如表 5.3 所示，得到的特征图及其维度分别为 $\boldsymbol{F}_{\text{out1}}^{6\times6\times128}$ 和 $\boldsymbol{F}_{\text{out2}}^{22\times22\times128}$，其中，$\text{Conv\_}i_{i=1}^{5}$ 表示第 i 个卷积层，$\text{Pool\_}i_{i=1}^{2}$ 表示第 i 个池化层。

表 5.3　AlexNet 网络结构

AlexNet	Z（输入）	输　出	X（输入）	输　出
Conv_1	(127×127×3)	$\boldsymbol{F}_1$(59×59×96)	(255×255×3)	$\boldsymbol{F}_1$(123×123×96)
Pool_1	$\boldsymbol{F}_1$	$\boldsymbol{F}_2$(29×29×96)	$\boldsymbol{F}_1$	$\boldsymbol{F}_2$(61×61×96)
Conv_2	$\boldsymbol{F}_2$	$\boldsymbol{F}_3$(25×25×256)	$\boldsymbol{F}_2$	$\boldsymbol{F}_3$(57×57×256)
Pool_2	$\boldsymbol{F}_3$	$\boldsymbol{F}_4$(12×12×256)	$\boldsymbol{F}_3$	$\boldsymbol{F}_4$(28×28×256)
Conv_3	$\boldsymbol{F}_4$	$\boldsymbol{F}_5$(10×10×192)	$\boldsymbol{F}_4$	$\boldsymbol{F}_5$(26×26×192)
Conv_4	$\boldsymbol{F}_5$	$\boldsymbol{F}_6$(8×8×192)	$\boldsymbol{F}_5$	$\boldsymbol{F}_6$(24×24×192)
Conv_5	$\boldsymbol{F}_6$	$\boldsymbol{F}_{\text{out1}}$(6×6×128)	$\boldsymbol{F}_6$	$\boldsymbol{F}_{\text{out2}}$(22×22×128)

4）计算相似度响应图 $\boldsymbol{D}$

在相似度响应图中，每个位置的数值称为响应值，响应值越大，相似度越高。Siamese FC 中使用图 5.4 所示的互相关计算来生成 $\boldsymbol{D}$，即将 $\boldsymbol{F}_{\text{out1}}$ 当作卷积核，对 $\boldsymbol{F}_{\text{out2}}$ 进行互相关计算，经过计算后会得到的输出为相似度响应图 $\boldsymbol{D}^{17\times17\times1}$。由于计算过程仅有 $\boldsymbol{F}_{\text{out1}}$ 一个卷积核，所以输出的 $\boldsymbol{D}$ 通道维度为 1，宽高维度均为 17(22－6＋1)，表示输出的 $\boldsymbol{D}$ 有 289(17×17)像素点，每一像素点由一个响应值表示，响应值的大小即代表 $\boldsymbol{Z}$ 与 $\boldsymbol{X}$ 中各个位置的相似度，响应值越大，则越相似，其中，响应值最大的像素点被认为是 $\boldsymbol{X}$ 中待跟踪目标的中心点位置。

5）将 $\boldsymbol{D}$ 转换为 $\boldsymbol{D1}$，获取追踪结果

对相似度响应图 $\boldsymbol{D}^{17\times17\times1}$ 进行线性差值，得 $\boldsymbol{D1}^{255\times255\times1}$，使其宽高维度变换与查询图像 $\boldsymbol{X}$ 宽高相同。其中，图 5.14 所示的线性插值操作将 3×3 矩阵转换为 5×5 矩阵，然后以 $\boldsymbol{D1}$ 中最大响应值位置作为跟踪目标的中心点，以模板图像 $\boldsymbol{Z}$ 中目标边界框的宽高作为 $\boldsymbol{X}$ 中跟踪目标的宽高，得到跟踪目标在查询图像 $\boldsymbol{X}$ 中的位置。

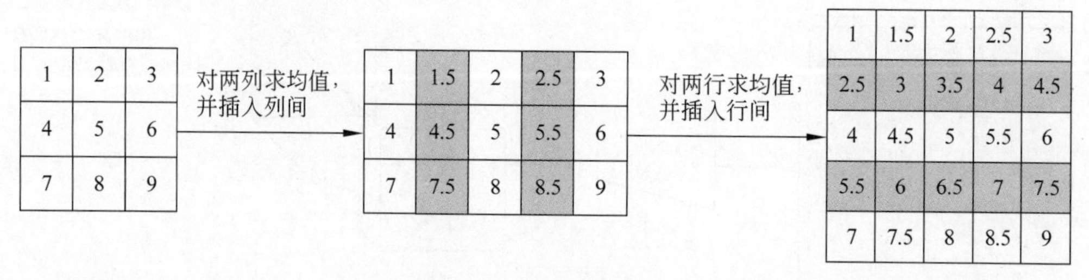

图 5.14　线性插值法

上述思想见算法 5.3。

算法 5.3　Siamese FC 算法

输入：

$\boldsymbol{Z}$：模板图像，$\boldsymbol{X}$：查询图像

输出：

$(x_{\text{out}}, y_{\text{out}}, w_{\text{out}}, h_{\text{out}})$：$\boldsymbol{X}$ 中跟踪目标的边界框中心点、宽和高

步骤：

动画 5-3

1. 构建 $\boldsymbol{Z}$ 和 $\boldsymbol{X}$，获取 (x,y,w,h)　　//x,y,w,h 分别为 $\boldsymbol{Z}$ 中目标的中心位置和宽高
2. $\boldsymbol{F}_{\text{out1}} \leftarrow \text{AlexNet}(\boldsymbol{Z})$，$\boldsymbol{F}_{\text{out2}} \leftarrow \text{AlexNet}(\boldsymbol{X})$　　//分别提取 $\boldsymbol{Z}$ 和 $\boldsymbol{X}$ 的特征
3. $\boldsymbol{D} \leftarrow \text{Cross-Correlation}(\boldsymbol{F}_{\text{out1}}, \boldsymbol{F}_{\text{out2}})$　　//使用图 5.4 所示的互相关计算相似度响应图 $\boldsymbol{D}$
4. $\boldsymbol{D1} \leftarrow \text{Interpolation}(\boldsymbol{D})$　　//使用线性插值转换 $\boldsymbol{D}$ 矩阵
5. $(x_{\text{out}}, y_{\text{out}}) \leftarrow \max(\{\boldsymbol{D1}\}_{(i=0,j=0)}^{(255,255)})$　　//获取 $\boldsymbol{D1}$ 中响应值最大的位置
6. $w_{\text{out}} \leftarrow w$，$h_{\text{out}} \leftarrow h$　　//将 $\boldsymbol{Z}$ 中目标的宽高作为 $\boldsymbol{X}$ 中跟踪目标的宽高
7. Return $(x_{\text{out}}, y_{\text{out}}, w_{\text{out}}, h_{\text{out}})$　　//$(x_{\text{out}}, y_{\text{out}}, w_{\text{out}}, h_{\text{out}})$ 为跟踪目标在 $\boldsymbol{X}$ 中的位置

例 5.3　以 Siamese FC 算法跟踪连续视频帧中的猫为例，如图 5.15 所示。首先选中第 t 帧视频帧的目标框，并缩放至 127×127×3，作为模板图像 $\boldsymbol{Z}$，然后以 $\boldsymbol{Z}$ 的中心点作为参考，从第 $t+1$ 帧视频帧中框选 255×255×3 的区域，作为查询图像 $\boldsymbol{X}$（不足 255 像素的边用灰色填充）。其次，将图像 $\boldsymbol{Z}$ 和 $\boldsymbol{X}$ 分别使用孪生网络的子网络提取特征，分别得到特征图 $\varphi(\boldsymbol{Z})$ 和 $\varphi(\boldsymbol{X})$，并以 $\varphi(\boldsymbol{Z})$ 作为卷积核，对 $\varphi(\boldsymbol{X})$ 执行互相关计算，得到相似度响应图 $\boldsymbol{D}$，其第 10 行第 9 列为最大响应值位置，即 $\boldsymbol{X}$ 在此位置和 $\boldsymbol{Z}$ 最相似，该位置即是跟踪目标的中心位置。最后，对 $\boldsymbol{D}$ 执行线性插值，直至其宽高维度与查询图像 $\boldsymbol{X}$ 宽高维度的值相等，并在此基础上以(128,127)像素点为中心点，以 $\boldsymbol{Z}$ 中跟踪目标的宽高为 $\boldsymbol{X}$ 中跟踪目标的宽高，得到 $\boldsymbol{X}$ 上跟踪目标的位置信息。

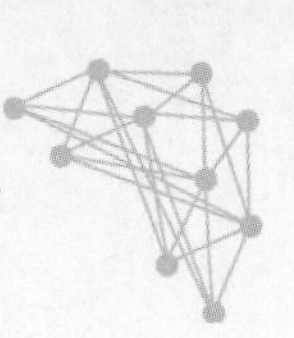

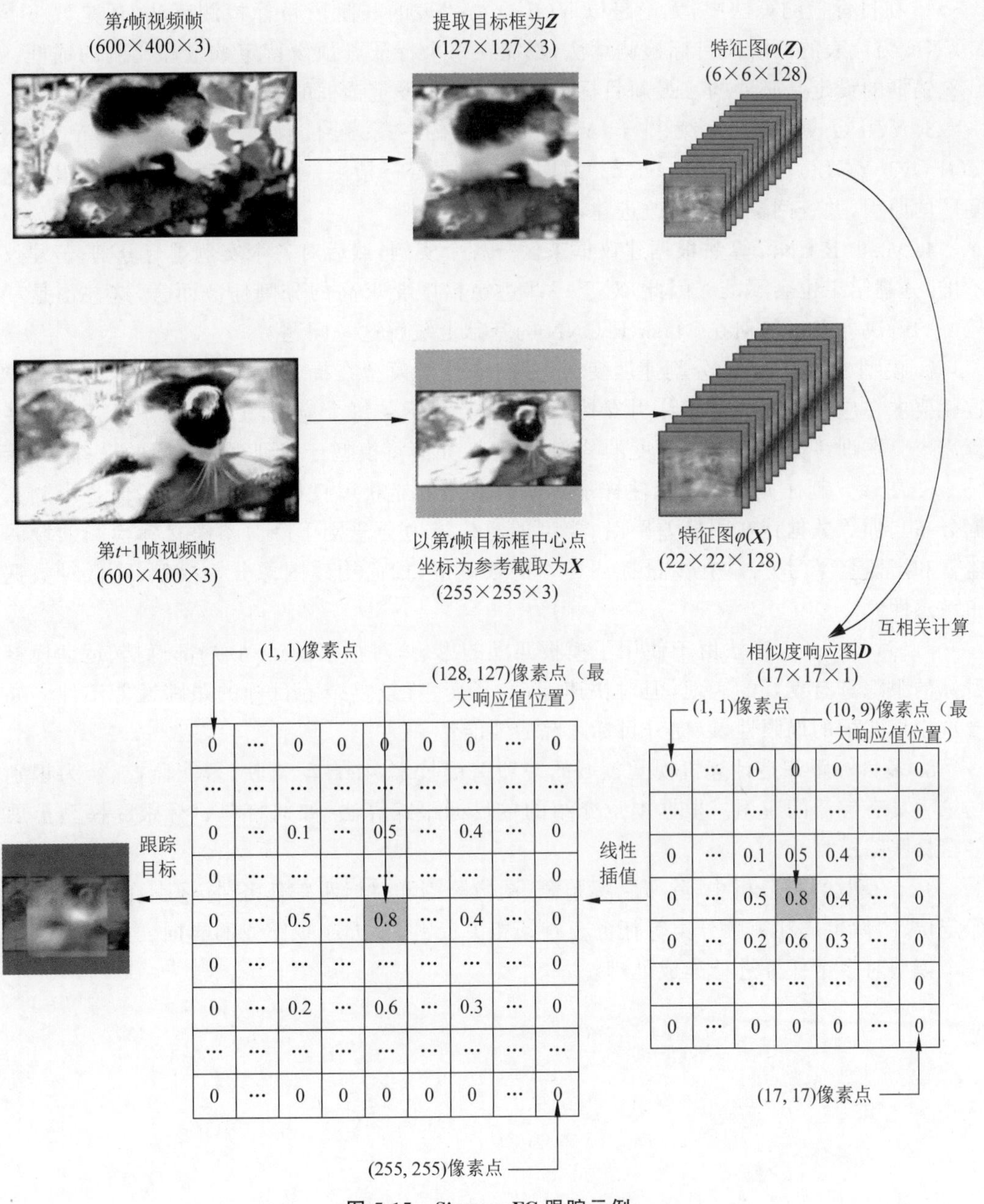

图 5.15　Siamese FC 跟踪示例

5.5　思　考　题

1. CNN 作为主干网络，在视觉数据分析中一直占据主导地位。近年来，视觉 Transformer (vision transformer，ViT)逐渐成为另一种典型的主干网络模型，在视觉分析的各个任务上取得了良好的表现。查阅相关文献，分析 CNN 与 ViT 的异同及适用条件。

2. 在目标检测算法中,无论是以 YOLO 为代表的一阶段目标检测算法,还是以 Faster R-CNN 为代表的两阶段目标检测算法,都需在每个特征点预设特定数量和比例的锚框。为什么锚框的设定是必要的?最新目标检测方法中未设定锚框的出发点是什么?

3. YOLO 算法及后续基于 YOLO 改进的一系列目标检测算法(如 YOLOv2、YOLOv3、YOLOv4 和 YOLOv5 等)对图像中的小目标检测效果都不理想,请分析出现这一问题的原因,并查阅资料给出改进建议。

4. Mask R-CNN 算法根据建议框来区分各个实例,然后对各个实例进行分割;若建议框不准,分割结果也会不准。因此,对于一些边缘精度要求高的分割任务而言,这并不是一个较好的解决方案。如何在 Mask R-CNN 的基础上缓解这一问题?

5. 模型参数量剧增,分割速度变慢,是图像分割模型在提升分割性能时最严重的问题,这就要求在应用领域有足够算力支持,但实际上并不是每个应用场景的硬件设备都满足计算需求。在训练得到一个高精度的分割模型后,如何将模型迁移到算力有限的设备上运行?

6. 图像分割任务在大量标注样本数据的前提下能获得良好的泛化能力,但是当测试数据分布与训练数据存在明显差距时,模型的泛化能力会急剧下降。参考目标检测领域的弱监督和半监督学习方法,在少量标注样本的限制下,如何构建图像分割模型,降低对数据分布敏感性?

7. Siamese FC 算法由于使用了模板匹配的思想,对小范围运动、局部遮挡、运动模糊等目标的跟踪具有良好的表现,但对快速运动、形变、背景复杂等目标的跟踪性能不佳。如何改进模板匹配的局限性,以提升目标跟踪的性能?

8. 多目标跟踪是计算机视觉领域的一项关键技术,在自动驾驶、智能监控、行为识别等场景下具有广泛的应用。根据本章介绍的单目标跟踪算法,如何将单目标跟踪模型扩展为多目标跟踪模型?

9. 在视觉数据分析中,除了目标检测、图像分割和目标跟踪任务外,还存在图像分类、图像定位、图像生成和视频分类等任务。查阅相关资料,分析这些任务的异同。是否可以使用一个模型对多个任务进行集成处理?

第6章　文本数据分析

6.1　文本数据分析概述

文本数据是指以文本形式表示的数据，包含了自然语言中的文字、字符和符号等信息，通常以字符串的形式存在，由一个或多个字符组成，并且可包含多个句子、段落或文档，广泛存在于网页、新闻报道、社交媒体、产品评论、科学文献等多个应用场景中。对文本数据进行分析和理解，从而提取有用信息并支撑下游任务，为用户提供准确、便捷的个性化服务具有重要意义，是数据挖掘和人工智能领域中的重要研究方向，也是近年来研究的热点。

文本数据分析通常指对文本进行特征提取和统计分析，尽可能地挖掘蕴含在文本中的知识，充分发挥文本数据的作用。当前的文本数据分析方法主要包括文本统计分析、文本建模分析和文本语义分析三类。文本统计分析是最基础的方法，主要根据规则或模式对文本进行统计，常见的文本统计分析任务包括计算文本的词频、短语频率、文本长度、句子长度等信息，可参考2.3节文本信息检索相关技术实现。文本建模分析是对文本数据进行预处理，再结合机器学习或深度学习方法来理解文本的结构、语义和语法，并从中提取有用的信息。常见的文本建模分析任务包括文本分类(text classification)、情感分析(sentiment analysis)、自动摘要(automatic summarization)、文本生成(text generation)等。文本语义分析是从文本中挖掘具有语法信息的文本信息，旨在理解文本中的隐藏含义、上下文关系和语义关联，从而更深入地解释文本的含义，常见的文本语义分析任务包括关系抽取(relation extraction)、指代消解(anaphora resolution)、机器翻译(machine translation)等。

文本数据分析的关键流程可概括为输入、编码和输出三个步骤。输入阶段对数据进行预处理，旨在清理和规范化文本数据，以便后续分析能够更加准确和可靠，主要包括文本清洗、分词、去除停用词以及拼写纠正等。编码阶段旨在提取文本的特征和语义表示，常见的编码方法包括基于规则的编码、基于统计的编码、基于深度学习的编码。输出阶段则根据具体下游任务目标对整个文本进行分析并生成结果，根据具体的应用场景和需求，输出的结果可以是数值、标签、可视化图表或其他形式。实际的文本数据分析过程可能因任务、领域和具体方法的选择而有所差异，在实践中，也可能会涉及更多的步骤和技术，如特征选择、模型训练和评估等。因此，在进行文本数据分析时，需根据具体情况选择合适的预处理方法、编码技术和输出形式，以实现准确、有效的分析结果。

本章首先介绍语言模型(language model)这一当代自然语言处理任务的基石，再以情感分析和机器翻译作为文本建模和语义分析的代表性任务，分别介绍相应的算法，为读者深入理解文本数据分析技术提供参考。

6.2 语言模型

6.2.1 语言模型概述

语言模型本质上是对语言中字符、词汇等的表示，包含了语法、结构、语义、关联、统计规律等丰富的语言知识和规律，主要包括统计语言模型和神经网络语言模型。统计语言模型是对语句的概率分布进行建模，神经网络语言模型则使用神经网络来学习词的分布式表示，实现连续空间上的语言建模。随着新型网络结构的出现，以及半监督学习和预训练思想的提出，预训练语言模型成为当前研究的新热点，可通过预训练（pre-training）与微调（fine-tuning）技术实现强大的表示能力，从而针对不同下游任务提升整体性能。典型的预训练模型包括 ELMO（embeddings from language models）、GPT（generative pre-trained transformer）和 BERT（bidirectional encoder representations from transformers）等。

语言模型通过学习历史数据建立词语之间的相关性和依赖关系，结合给定的上下文信息预测下一个词语的出现概率，上下文可以是单词、短语或整个句子，具体取决于模型设计和任务需求。语言模型在自然语言处理领域扮演着重要角色，可用于信息检索、文本分类、情感分析、文本生成、机器翻译、对话系统等不同任务，且在不同领域均取得了显著进展。不同语言模型在面对不同下游任务时存在差异，因此需根据具体情况选择合适的语言模型，并结合其他技术和方法来解决实际问题。

模型评估是对语言模型性能进行客观量化和比较的过程，不同的评价指标和方法对于模型选择、调优及最终应用场景有着直接影响。困惑度（perplexity）定义为交叉熵损失的指数，用来衡量模型对给定文本序列的预测能力，是最常用的语言模型性能评估指标之一。困惑度越低，表示模型在给定上下文时能更准确地预测下一个词，较低的困惑度通常表示更好的性能。F1 分数定义为精确率和召回率的调和平均，综合度量模型的分类性能，使得模型既能确保预测结果的准确性，又保证对正类样本的完整性。F1 分数越高，表示模型的分类性能越好。BLEU（bilingual evaluation understudy）分数基于 N-gram 模型，定义为生成文本与参考文本中连续 N 个词出现次数的比值，用于衡量生成文本与参考文本之间的相似度，常用于机器翻译和文本生成任务，取值范围为 0～1，分数越高则模型性能越好，N 值越大则模型流畅度越高。

6.2.2 传统语言模型

1. 统计语言模型

N-gram 指的是由 N 个连续的词或字符组成的序列，N-gram 模型是统计语言模型的基础，对后续出现的神经网络语言模型有着深远的影响，核心思想是基于训练数据中 N-gram 的频次来估计下一个词的概率，即给定一个文本语料库，统计每个 N-gram 出现的频次，并将其转化为概率分布。N-gram 模型通常构建长度为 n 的字符序列 $T=\{w_1, w_2, \cdots, w_n\}$ 的概率分布 $P(T)$，模型假设 T 中第 i 个词的出现只与前面 $i-1$ 个词相关，$P(w_i \mid w_1, w_2, \cdots, w_{i-1})$ 表示产生第 $i(1 \leqslant i \leqslant n)$ 个词 w_i 的概率取决于已经产生的 $i-1$ 个词 $w_1, w_2, \cdots,$

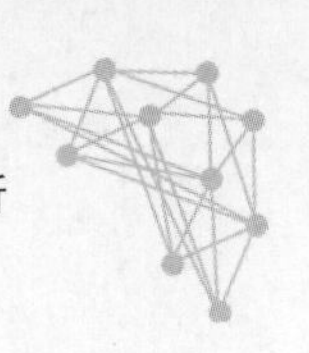

w_{i-1}，整个序列出现的概率等于各个词出现概率的乘积，由链式法则计算：

$$P(w_1, w_2, \cdots, w_{i-1}) = \prod_{i=1}^{n} P(w_i | w_1, w_2, \cdots, w_{i-1}) \tag{6-1}$$

N-gram 假设第 i 个词只与其前面的 N 个词有关，模型表示为

动画 6-1

$$P(T) = \prod_{i=1}^{n} P(w_i | w_{i-N+1}, w_{i-N+2}, \cdots, w_{i-1}) \tag{6-2}$$

$$P(w_i | w_{i-N+1}, w_{i-N+2}, \cdots, w_{i-1}) = \frac{C(w_{i-N+1}, w_{i-N+2}, \cdots, w_i)}{C(w_{i-N+1}, w_{i-N+2}, \cdots, w_{i-1})} \tag{6-3}$$

其中，$C(w_{i-N+1}, w_{i-N+2}, \cdots, w_i)$表示词 $w_{i-N+1}, w_{i-N+2}, \cdots, w_i$ 在 T 中同时出现的次数。

N-gram 虽然在多个领域得到了广泛应用，但仍存在缺陷。例如，随着上下文窗口大小的增加，其形成的子序列的数目呈指数级增长，产生长距离依赖问题，难以进行训练。同时，由于其无法量化词间的相似度，难以区分语义相似的词。此外，稀疏数据和数据平滑也是该模型中需要处理的问题。对于更复杂的语言建模任务，如处理长距离依赖关系和生成高质量的文本，可使用基于神经网络的语言模型。

2. 神经网络语言模型

Word2Vec 是一个用于生成词向量的语言模型，将单词表示为连续空间中的向量，核心思想是通过预测单词的上下文来学习单词的分布式表示，从而捕捉到单词之间的语义和语法关系。Word2Vec 引入层次化 Softmax 和负采样(negative sampling)两种优化算法。层次化 Softmax 利用哈夫曼树把 n 分类问题转换为 $\log n$ 次二分类问题，复杂度从 $O(n)$降低到 $O(\log n)$。负采样将原来的 n 分类问题转换为 $c(c \ll n)$分类问题，c 为正、负样本数量之和。Word2Vec 具有简单、高效的优点，但由于其产生的是一种静态词表示，一个词对应一个唯一的词向量，不会随语境的变化而改变，不能处理一词多义问题。

动画 6-2

Word2Vec 主要包含 CBOW(continuous bag-of-words)和 Skip-gram 两类网络架构。CBOW 模型的目标是通过给定上下文单词来预测当前单词，其输入是上下文单词的词向量的平均值，输出是当前单词的词向量。CBOW 通过最大化当前单词的条件概率来训练，使得在给定上下文单词的情况下预测当前单词的概率最大化。在训练过程中，CBOW 会调整单词的词向量，使得具有相似上下文的单词在向量空间中更加接近。Skip-gram 模型与 CBOW 模型相反，其目标是通过当前单词来预测上下文单词，其输入是当前单词的词向量，输出是上下文单词的词向量。Skip-gram 通过最大化上下文单词的条件概率来训练，使得在给定当前单词的情况下预测上下文单词的概率最大化。在训练过程中，Skip-gram 会调整单词的词向量，使得当前单词能够准确地预测其上下文中的单词。

6.2.3 BERT 预训练语言模型

1. Transformer 概述

Transformer 模型是一种基于自注意力机制(self-attention)的神经网络模型，核心思想是通过自注意力机制来捕捉输入序列中不同位置之间的依赖关系，从而实现对序列的建模。Transformer 的引入在自然语言处理领域产生了革命性的影响，相比传统的循环神经网络，它具有更好的并行性、长距离依赖关系建模和处理能力。

Transformer由编码器和解码器组成,编码器负责将输入序列转化为一系列上下文相关的表示,而解码器则根据编码器的输出和自身的输入逐步生成目标序列,结构如图6.1所示。编码器和解码器的核心模块为多头自注意力机制和前馈神经网络。自注意力机制通过计算输入序列中每个位置与其他位置的相关性,为每个位置分配一个注意力权重,从而实现位置之间的交互和信息聚焦。多头注意力机制进一步增强了模型的表达能力,通过并行计算多个注意力头来捕捉不同的语义信息。为了引入位置信息,Transformer使用位置嵌入将每个输入位置与其相应的位置向量进行映射,位置嵌入向量通过正弦和余弦函数的组合来生成对应位置信息的表示。

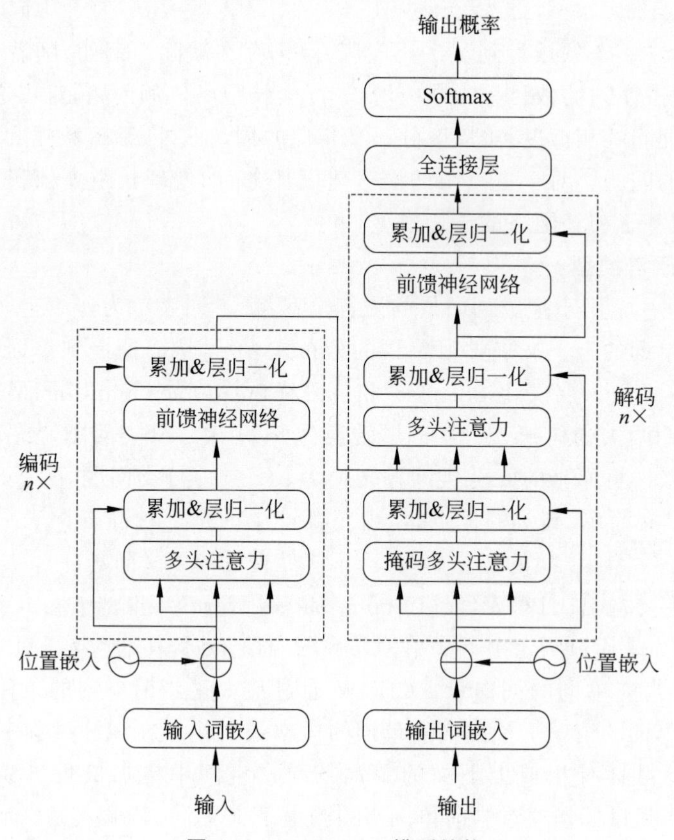

图6.1　Transformer模型结构

在训练过程中,Transformer通过最大似然估计进行训练,使用标准的梯度下降和反向传播算法比较解码器的输出与目标序列,计算预测序列的损失并反向传播来更新模型的参数。在推理过程中,模型可使用贪婪搜索(greedy search)或束搜索(beam search)等方法来生成目标序列。

2. BERT模型结构

BERT是基于双向Transformer的预训练语言模型,采用多层Transformer编码器结构对输入文本进行编码和建模。BERT包含了多个相同的Transformer层,每个Transformer层都由多头自注意力机制和前馈神经网络组成,结构如图6.2所示。w_i($1\leqslant i\leqslant n$)表示输入的字符,$\boldsymbol{H}_i$表示w_i对应的训练输出结果。对于输入序列T中的字符w_1,

w_2, …, w_n，通过自注意力机制，从全局角度学习序列间各字符的依赖关系，最终输出字符对应的表示向量 $\boldsymbol{H}_1$, $\boldsymbol{H}_2$, …, $\boldsymbol{H}_n$。

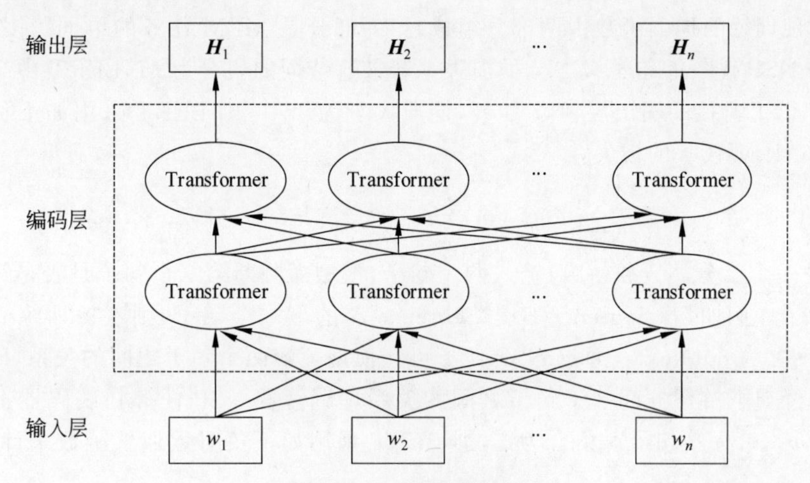

图 6.2　BERT 模型结构

在将文本序列输入 BERT 前，会使用到词元嵌入（token embedding）、分段嵌入（segment embedding）与位置嵌入（position embedding）。词元嵌入将一个序列进行分词，并分别在句首与句尾添加[CLS]和[SEP]两个特殊的 Token 后，将序列转换为对应的词向量；分段嵌入利用[SEP]标记区分两个给定句子的归属，并输出 $\boldsymbol{e}_A$ 或 $\boldsymbol{e}_B$ 两种向量；位置嵌入是指词在句子中的位置，为每个位置分配唯一的表示，能够保证序列输入的时序性。输入序列经过上述 3 层嵌入处理后，每层嵌入的结果相加，即得到输入文本序列的最终表示，图 6.3 给出 BERT 输入的示例。

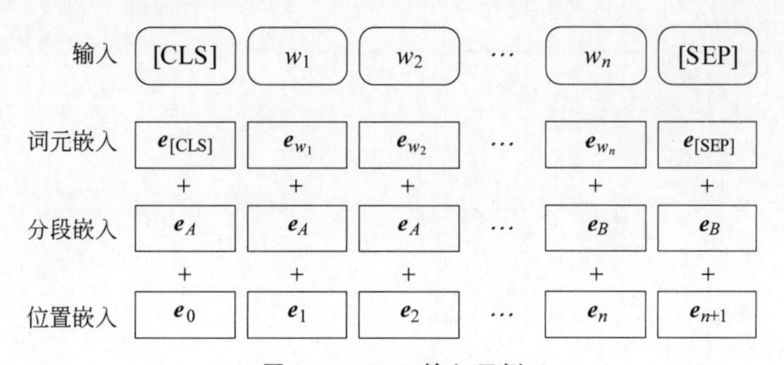

图 6.3　BERT 输入示例

3. BERT 预训练

BERT 基于掩码语言建模（masked language modeling，MLM）和连续句子预测（next sentence prediction，NSP）两类任务进行预训练。对任何一个句子，MLM 任务随机遮蔽其中 15％的词，并通过训练模型来预测这些词。此外，研究人员制定了“80％-10％-10％”规则，即对于这 15％随机被遮蔽的词，有 80％的概率将其替换为[MASK]标记，10％的概率将其替换为 1 个随机词，10％的概率不作任何改变。由于被遮蔽词有 20％的概率不被替换为[MASK]标记，使得模型不能准确判断所需预测的词，因此需学习句子的上下文信息，以提高模型学习语义信息的能力。被遮蔽词存在 10％的概率不作任何改变，使模型能够学到原有数据正确的语义信息；10%的概率被替换为随机词，使模型可防范随机替换的情况，达到纠错的目的。

BERT 预训练的损失函数由两部分组成，第一部分是 MLM 任务的单词级多分类损失，第二部分是 NSP 任务的句子级二分类损失。若被遮蔽词的集合为 M，BERT 中编码器的参数为 θ，编码器上拼接的输出层参数为 θ_1，词典大小为 $|W|$，则 BERT 采用如下负对数似然函数来计算 MLM 任务的损失：

$$L_1(\theta,\theta_1) = -\sum_{i=1}^{|M|} \log P(\mathbf{m}=\mathbf{m}_i \mid \theta,\theta_1),\ \mathbf{m}_i \in \{1,2,\cdots,|W|\} \tag{6-4}$$

NSP 是一个二分类任务，针对输入两个句子，模型需判断第二个句子是否是第一个句子的下一个句子。例如，若 Sentence-B 是 Sentence-A 的下一个句子，则这条训练数据的标签为 isNext，反之为 notNext。通过 NSP 任务可让模型理解两个句子之间的关系，问答系统和文本预测等经典下游任务都基于句子之间的关系理解。若 NSP 任务在编码器上拼接的输出层参数为 θ_2，带标签句子对集合为 $\mathcal{N}$，则 BERT 采用如下负对数似然函数来计算 NSP 任务的损失：

$$L_2(\theta,\theta_2) = -\sum_{i=1}^{|\mathcal{N}|} \log P(\mathbf{n}=\mathbf{n}_i \mid \theta,\theta_2),\ \mathbf{n}_i \in \{\text{isNext},\text{notNext}\} \tag{6-5}$$

算法 6.1 给出 BERT 预训练的过程，通过 MLM 和 NSP 两类任务的联合学习，使得 BERT 预训练既学习到单词级的语义信息，也学习到句子级的语义信息。算法 6.1 在初始化阶段所需参数为词元嵌入、分段嵌入和位置嵌入，若词典大小为 $|W|$，句子长度为 L_T，词向量维度为 d_T，则此阶段的时间复杂为 $O((|W|+L_T)\times d_T)$。在训练阶段，其开销主要随着 d_T 与神经网络的层数 L 呈线性增长，则 BERT 预训练的整体时间复杂度为 $O(L\times d_T^2)$。

算法 6.1　BERT 预训练

输入：

T：语料库文本集合

输出：

θ：BERT 模型参数

步骤：

1. 随机初始化 θ
2. 对 T 进行分词处理，得到分词后的语料库 T'
3. 随机选择 T' 中 15%的词
4. For 每一个被选中的词 Do
5. 　　随机选择其中 80%的词用[MASK]替换
6. 　　随机选择未经遮蔽的 10%的词并使用其他词替换，剩余词不变
7. End For
8. 将掩码后的语料库转换为句子序列集合 $\mathcal{S}$
9. For Each s In $\mathcal{S}$ Do
10. 　　对 s 句首添加[CLS]标记，句尾添加[SEP]标记
11. 　　选择其他句子，为每一个句子对创建 NSP 任务标签
12. End For
13. 使用式(6-4)计算 MLM 任务损失 L_1

动画 6-3

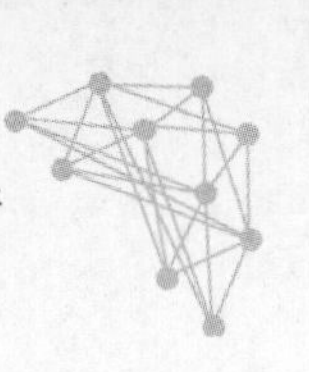

15. 使用式(6-5)计算 NSP 任务损失 L_2
16. 根据 L_1 与 L_2 更新模型参数 θ
17. Return θ

6.3 情感分析

6.3.1 情感分析概述

情感分析旨在通过对文本进行建模分析，确定其中包含的正面、负面或中性等情感倾向。根据文本的粒度，情感分析又可以分为篇章级、句子级和属性级。篇章级情感分析是对整个文本或一段较长的文本进行情感分析，关注整体的情感倾向，用于判断整篇文章或段落的情感色彩。例如，在一篇新闻报道中，篇章级情感分析可以帮助确定整篇文章是正面、负面还是中性的。句子级情感分析关注单个句子中所表达的情感倾向，可用于分析评论、社交媒体帖子或短信等单个句子的情感。属性级情感分析是针对特定属性或方面进行情感分析，关注文本中与某个特定属性相关的情感倾向。例如，在一条产品评论中，属性级情感分析可以帮助确定用户对产品的某个特定方面(如外观、性能或价格)的情感倾向。

情感分析方法主要包括基于情感词典的方法、基于机器学习的方法和基于深度学习的方法三类。基于情感词典的方法根据不同词典所提供情感词的倾向，实现不同粒度下的情感倾向划分，从而预测文本的情感倾向。该类方法不考虑词语之间的联系，词语的情感倾向不会随着应用领域和上下文而变化，因此需针对特定领域建立相关的情感词典，以提高分类的准确率。基于机器学习的方法通过选择特征、训练情感分析器，以实现文本情感倾向的预测，主要可分为有监督、半监督和无监督三类。应用最广泛的方法是有监督的情感分析方法，通过给定带有情感倾向的数据集，利用分类算法得到不同的情感类别，例如，支持向量机模型通过提取特征并找到具有最大间隔平面，以实现情感分析，其思想和步骤可参考 4.3.2 节内容。

基于深度学习的方法是目前广泛应用的情感分析方法，通过深度神经网络自动学习文本特征，从而预测文本的情感倾向，主要包括单一神经网络、混合神经网络、注意力机制和预训练模型四类。单一神经网络方法使用单一语言模型来学习特征，并预测文本的情感倾向，典型的单一神经网络方法有卷积神经网络、循环神经网络、长短期记忆网络等。混合神经网络方法融合不同语言模型的优点并对其进行组合改进，以此预测文本的情感倾向，典型的混合神经网络方法有双向长短期记忆网络-条件随机场(bi-long short-term memory-conditional random field，bi-LSTM-CRF)网络和循环神经网络(recurrent neural network，RNN)。注意力机制(attention)方法提取对于输入目标更重要的上下文信息，得到更高效的文本特征表示，最后预测文本的情感倾向，典型的注意力机制方法有自注意力机制和多头注意力机制。预训练模型方法通过对预训练模型的微调来预测文本的情感倾向，该类方法可得到较好的情感分析结果，是目前最主流的方法。

6.3.2 基于情感词典的情感分析

基于情感词典的方法,其核心在于情感词典的构建,情感词典是指包含有感情色彩的情感词的集合,情感词是指文本中具有情感倾向的词语,可为名词、动词、形容词、副词及一些习惯性用语或短语等。该方法首先对数据进行去噪、去除无效字符等预处理并分词,然后利用情感词典获取文本中情感词的倾向,最后根据情感判断规则输出分类结果,因此,情感词典能否覆盖全面,在一定程度上影响着情感分析效果。

情感词典包含一个正面词典和一个负面词典,不同的情感词表达的情感强弱程度不同,常用的英文情感词典包括 SentiWordNet、MPQA、General Inquirer 和 Opinion Lexicon 等,中文情感词典包括知网词典、NTUSD 和中文情感词汇本体库等,这些词典均属于基础情感词典。由于不同文本所属的数据领域不同,且通常包含很多新的带有不同情感倾向的情感词,例如,微博中常出现名词"临时工",该词本身不具有感情色彩,但用户在微博中常用该词表达负面情感。

情感倾向点互信息(semantic orientation pointwise mutual information,SO-PMI)算法,是最常用的领域情感词典构建方法。在该方法中,点互信息通过统计两个词语在文本中同时出现的概率来计算词语之间的语义相似度:

$$\mathrm{PMI}(A,B)=\log\left(\frac{P(A,B)}{P(A)P(B)}\right) \tag{6-6}$$

其中,$P(A)$表示词 A 在文本中出现的概率,$P(B)$表示词 B 在文本中出现的概率,$P(A,B)$表示 A 和 B 同时在文本中出现的概率。对于特定领域下新的词 A,判断其与基础情感词典中的词 B 同时出现的概率,概率越大,相似度就越高。

在使用 SO-PMI 方法判断任意词汇 A 的情感倾向时,若 A 与正面基准词 ρ 同时出现的概率更高,则 SO-PMI 大于 0,可认为 A 带有正面情感倾向;若 A 与负面基准词 η 同时出现的概率更高,则 SO-PMI 小于 0,可认为 A 带有负面情感倾向;若 A 与 ρ 和 A 与 η 同时出现的概率相同,则 SO-PMI 等于 0,可认为 A 带有中性情感倾向,计算方法如下:

$$\text{SO-PMI}(A)=\sum_{i=1}^{\mathcal{N}^{\rho}}\mathrm{PMI}(A,\rho_i)-\sum_{i=1}^{\mathcal{N}^{\eta}}\mathrm{PMI}(A,\eta_i) \tag{6-7}$$

其中,$\mathcal{N}^{\rho}$ 和 $\mathcal{N}^{\eta}$ 分别表示词典中正面基准词和负面基准词的数量。

使用 SO-PMI 构建领域情感词典时,首先提取文本中的候选词,并逐个扫描得到的候选词和基础情感词典,若候选词存在于基础情感词典中,则直接按照基础情感词典的情感倾向将该候选词加入领域情感词典,否则基于预先选定的正面基准词组和负面基准词组,利用式(6-7)计算 SO-PMI 值,判断其情感倾向,并加入领域情感词典。

6.3.3 基于 BERT 的情感分析

基于 BERT 的情感分析主要通过预训练加微调形式实现,利用大规模无标签数据和少量带标签数据,能够在特定的情感分析任务上取得较好的性能。首先,对进行清洗和预处理后的情感分析数据分词,并转换为符合 BERT 模型输入的格式。然后,从开源的 BERT 模型库或相关工具(如 BERT-base 或 BERT-large)中选择合适的 BERT 模型,并添加一个分

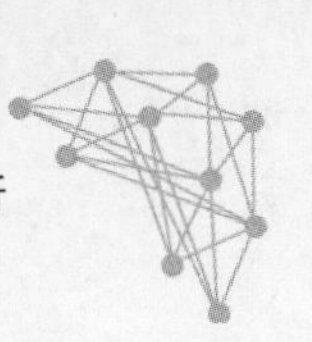

类器层，用于将 BERT 模型的输出映射到情感类别。接着，将准备好的数据输入 BERT 模型中，将 BERT 模型的输出表示输入到分类器层进行分类并计算损失，使用反向传播算法更新模型参数，优化损失函数，迭代多个批次后使模型逐渐学习到情感分析任务的特征和模式。最后，对情感分析目标文本数据进行预测或推断，使用微调后的 BERT 模型得到情感分析结果。

假设情感分析任务为一个三分类任务，给定一个文本序列 $T=\{w_1,w_2,\cdots,w_n\}$，需预测该文本序列的情感标签 $y\in\{+1,0,-1\}$，其中，$+1$ 表示正面情感，0 表示中性情感，-1 表示负面情感。下面介绍基于 BERT 预训练和微调的情感分析模型基本结构、建模思想和算法。

1. 输入层

BERT 明确地将输入序列区分为单文本序列和多文本序列。当输入为单个文本序列时，BERT 输入序列为“特殊类别词元[CLS]＋文本序列的标记＋特殊分隔词元[SEP]”。当输入为多个文本序列时，BERT 输入序列为“[CLS]＋第一个文本序列的标记＋[SEP]＋第二个文本序列标记＋[SEP]”。

首先，BERT 使用自带的分词器对文本 T 进行分词并去除停用词，并添加开始标记[CLS]和结尾标记[SEP]，用以获取词元嵌入向量 $\boldsymbol{e}_i^{\text{tok}}$。然后，根据模型设置的最大句子长度，对 T 添加填充符标记[PAD]，并进行注意力掩码，即文本序列中的词用 1 表示，而填充符[PAD]用 0 表示。接着，使用分段嵌入向量 $\boldsymbol{e}_i^{\text{seg}}$ 区分不同的句子，如果输入只有一个句子，则其值全设为 0。进一步使用 BERT 自带的词典将分词后的文本序列转化为对应的 ID，并得到位置嵌入向量 $\boldsymbol{e}_i^{\text{pos}}$，位置向量表示对当前词的位置编码。最后，三个向量叠加形成 BERT 的初始输入：

$$\boldsymbol{e}_i^0=\boldsymbol{e}_i^{\text{tok}}+\boldsymbol{e}_i^{\text{seg}}+\boldsymbol{e}_i^{\text{pos}} \tag{6-8}$$

2. 编码层

对于输入向量 $\boldsymbol{E}^0=[\boldsymbol{e}_{\text{CLS}}^0,\boldsymbol{e}_i^0,\boldsymbol{e}_{\text{SEP}}^0](1\leqslant i\leqslant n)$，BERT 使用双向 Transformer 结构编码，通过多头自注意力机制代替解码层，进而学习文本序列中字符的情感特征，编码时的向量表示为

$$\boldsymbol{E}^l=\text{Transformer}(\boldsymbol{E}^{l-1}),\quad l=1,2,\cdots,L \tag{6-9}$$

其中，$\boldsymbol{E}^l$ 表示第 l 层的上下文词向量，L 一般取 12 或 24，L 为 Transformer 层数。

上下文词向量 $\boldsymbol{E}^l$ 经过三组线性变换分别得到矩阵 $\boldsymbol{Q}^{(l)}$、$\boldsymbol{K}^{(l)}$ 和 $\boldsymbol{V}^{(l)}$：

$$\begin{cases}\boldsymbol{Q}^{(l)}=\boldsymbol{E}^l\boldsymbol{W}_q^{(l)}\\ \boldsymbol{K}^{(l)}=\boldsymbol{E}^l\boldsymbol{W}_k^{(l)}\\ \boldsymbol{V}^{(l)}=\boldsymbol{E}^l\boldsymbol{W}_v^{(l)}\end{cases} \tag{6-10}$$

然后，通过多头自注意力机制计算每个头的注意力得分 $\boldsymbol{H}_i$：

$$\boldsymbol{H}_i=\text{Attention}(\boldsymbol{Q}^{(l)},\boldsymbol{K}^{(l)},\boldsymbol{V}^{(l)})=\text{Softmax}\left(\frac{\boldsymbol{Q}^{(l)}\boldsymbol{K}^{(l)\text{T}}}{\sqrt{d_k}}\right)\boldsymbol{V}^{(l)} \tag{6-11}$$

将每个头的注意力得分进行拼接，得到文本上下文的情感特征 $\boldsymbol{T}$：

$$\boldsymbol{T}=\text{Concat}[\boldsymbol{H}_1,\boldsymbol{H}_2,\cdots,\boldsymbol{H}_m]\boldsymbol{W}_o^{(l)} \tag{6-12}$$

其中，$\boldsymbol{W}_q^{(l)}$、$\boldsymbol{W}_k^{(l)}$、$\boldsymbol{W}_v^{(l)}$ 和 $\boldsymbol{W}_o^{(l)}$ 为可学习的线性变换超参数矩阵，$\boldsymbol{W}_q\in\mathbb{R}^{d_1\times d_q}$，$\boldsymbol{W}_k\in\mathbb{R}^{d_1\times d_k}$，

$\boldsymbol{W}_v \in \mathbb{R}^{d_1 \times d_v}$，$\boldsymbol{W}_o \in \mathbb{R}^{n \times n}$，$m$ 为多头注意力机制的注意力头数，d_k 为矩阵 $\boldsymbol{K}^{(l)}$ 列向量的维度，用以防止 $\boldsymbol{Q}^{(l)}$ 和 $\boldsymbol{K}^{(l)}$ 之间的点积过大。

3. 输出层

在模型的输出层，BERT 与传统的神经网络模型一样，将 $\boldsymbol{T}$ 经过全连接层输入最终的 Softmax 分类器中，使用交叉熵损失迭代优化模型参数：

$$\boldsymbol{y} = \text{Softmax}(\boldsymbol{W} \cdot \boldsymbol{T} + \boldsymbol{B}) \tag{6-13}$$

$$\mathcal{L}_{\text{sa}} = -\sum_{i=1}^{|\boldsymbol{y}|} P(\boldsymbol{y}_i) \log P(\boldsymbol{y}_i) \tag{6-14}$$

其中，$\boldsymbol{W}$ 为全连接层权重矩阵，$\boldsymbol{B}$ 为全连接层偏置项矩阵，$P(\boldsymbol{y}_i)$ 表示 T 的情感为 $\boldsymbol{y}_i$ 的概率。

最后完成模型训练，得到更新后的文本表示 $\widetilde{\boldsymbol{T}}$、模型参数 $\widetilde{\boldsymbol{W}}$ 和 $\widetilde{\boldsymbol{B}}$，通过式(6-13)即可得到文本序列 T 的情感倾向。算法 6.2 给出基于 BERT 的情感分析方法。

算法 6.2　基于 BERT 的情感分析

输入：

　　$T = \{w_1, w_2, \cdots, w_n\}$：文本序列

输出：

　　$\boldsymbol{y}$：情感分析预测结果

步骤：

1. 对 T 添加开始和结束标记[CLS]和[SEP]，并得到分词集合$\{t_{\text{CLS}}, t_1, t_2, \cdots, t_{n'}, t_{\text{SEP}}\}$
2. For $i=1$ To $n'+2$ Do
3. 　　获得每个词元嵌入 $\boldsymbol{e}_i^{\text{tok}}$、分段嵌入 $\boldsymbol{e}_i^{\text{seg}}$ 和位置嵌入 $\boldsymbol{e}_i^{\text{pos}}$
4. 　　$\boldsymbol{e}_i^0 \leftarrow \boldsymbol{e}_i^{\text{tok}} + \boldsymbol{e}_i^{\text{seg}} + \boldsymbol{e}_i^{\text{pos}}$
5. End For
6. $\boldsymbol{E}^0 \leftarrow [\boldsymbol{e}_1^0, \boldsymbol{e}_2^0, \cdots, \boldsymbol{e}_{n'+2}^0]$
7. While $l \leqslant L$ Do
8. 　　根据式(6-9)计算 l 层的特征向量 $\boldsymbol{E}^l$
9. 　　根据式(6-10)计算文本对应的特征矩阵 $\boldsymbol{Q}^{(l)}$、$\boldsymbol{K}^{(l)}$ 和 $\boldsymbol{V}^{(l)}$
10. End While
11. For $i=1$ To m Do
12. 　　根据式(6-11)计算每个注意力头的得分 $\boldsymbol{H}_i$
13. End For
14. 根据式(6-12)计算文本的情感特征 $\boldsymbol{T}$
15. 根据式(6-13)～式(6-14)计算交叉熵损失并反向传播更新 $\boldsymbol{T}$，实现模型微调
16. 利用微调后的模型计算情感分析结果 $\boldsymbol{y}$
17. Return $\boldsymbol{y}$

动画 6-4

下面通过一个例子展示基于 BERT 的情感分析过程。

例 6.1　分析文本“您好！很高兴为您服务。”的情感倾向。

(1) 分词和去停用词，设 $T = \{w_1, w_2, \cdots, w_n\}$，则 $w_1 =$ '您'，$w_2 =$ '好'，…，$w_n =$ '务'。

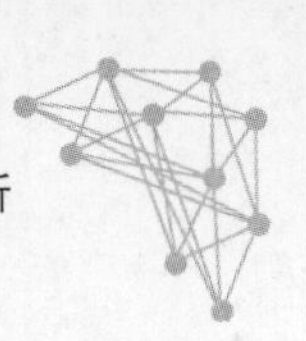

(2) 对 T 分段添加开始和结束标记,并转化为词元嵌入向量$\{\boldsymbol{e}_{[\mathrm{CLS}]},\boldsymbol{e}_{\text{您}},\boldsymbol{e}_{\text{好}},\cdots,\boldsymbol{e}_{\text{务}},\boldsymbol{e}_{[\mathrm{SEP}]}\}$。

(3) 对 T 进行掩码,并添加为分段嵌入向量$\{\boldsymbol{e}_A,\boldsymbol{e}_A,\boldsymbol{e}_A,\cdots,\boldsymbol{e}_B,\boldsymbol{e}_B\}$,$\boldsymbol{e}_A$ 表示第一个句子序列"您好",$\boldsymbol{e}_B$ 表示第二个句子序列"很高兴为您服务"。

(4) 获取 T 的位置嵌入向量$\{\boldsymbol{e}_0,\boldsymbol{e}_1,\boldsymbol{e}_2,\cdots,\boldsymbol{e}_{11},\boldsymbol{e}_{12}\}$。

(5) $\boldsymbol{E}^0=[\boldsymbol{e}_{[\mathrm{CLS}]}+\boldsymbol{e}_A+\boldsymbol{e}_0,\boldsymbol{e}_{\text{您}}+\boldsymbol{e}_A+\boldsymbol{e}_1,\cdots,\boldsymbol{e}_{[\mathrm{SEP}]}+\boldsymbol{e}_B+\boldsymbol{e}_{12}]$,分别计算并存储每层的特征向量 $\boldsymbol{E}^l$ 及对应的特征矩阵 $\boldsymbol{Q}^{(l)}$、$\boldsymbol{K}^{(l)}$ 和 $\boldsymbol{V}^{(l)}$,由特征矩阵获取每个头的注意力得分 $\boldsymbol{H}_i$,得到文本上下文的情感特征 $\boldsymbol{T}$,更新模型参数后得到新的文本表示 $\widetilde{\boldsymbol{T}}$。

(6) 由 $\boldsymbol{T}$ 求得 $\boldsymbol{y}$,得到该文本的情感倾向。

6.4　机器翻译

6.4.1　机器翻译概述

机器翻译指的是利用计算机将源语言输入字符序列翻译成另一种语义等价的目标语言字符序列的过程,旨在实现不同语言之间的自动翻译,使人们能够跨越语言障碍进行有效的交流和理解。人们日常生活中有很多机器翻译的场景,如句子翻译、文档翻译、语音翻译、拍照翻译和网站翻译等。一个典型的句子翻译场景为,将中文"我爱中国。"翻译成英语"I love China."。当向机器输入源语言句子"我爱中国。"后,机器通过训练好的翻译模型将源语言翻译成英文表达形式"I love China."。

机器翻译主要分为基于规则的机器翻译方法、基于统计的机器翻译方法和基于神经网络的机器翻译方法。基于规则的机器翻译方法,优点是对语法结构规范的句子有较好的翻译效果,缺点是规则编写复杂,难以处理非规范结构的句子。基于统计的机器翻译核心思想是求解字符的概率,对给定源语言句子求目标语言字符序列的条件概率,通过最大化条件概率来获得最优的翻译结果。基于神经网络的机器翻译也称神经机器翻译,采用连续空间中的向量来表示字符、词语、短语和句子,用神经网络完成从源语言到目标语言的映射,已成为主流的机器翻译方法。

神经机器翻译根据编码器和解码器使用的神经网络不同,可分为基于 RNN 的神经机器翻译、基于 CNN 的神经机器翻译和基于 Transformer 的神经机器翻译。基于 RNN 的神经机器翻译是最早将神经网络用于机器翻译的基础模型之一,擅长处理具有序列特征的数据,在机器翻译领域取得较好的效果,但在处理长序列时难以学到长距离依赖,而 LSTM 在 RNN 的基础上引入门控机制,可有效解决机器翻译中长距离依赖的问题。当输入数据过长时,"编码器—解码器"架构的机器翻译模型会将所有输入都转换为上下文信息,将导致上下文向量包含太多信息而缺少对重要信息的有效利用,造成翻译精度下降。

为解决数据序列长度限制模型性能的问题,基于 Transformer 的神经机器翻译方法引入注意力机制,同时对输入的所有位置进行编码,允许模型对输入序列的不同位置进行关注和加权,从而更好地捕捉句子中的上下文信息,且可根据源语言句子的不同部分生成目标语言句子,大幅提升翻译质量。基于 BERT 的机器翻译在 Transformer 的基础上进一步优化模型结构，实现高质量的机器翻译，取得了优异的效果。

6.4.2 基于 LSTM 的神经机器翻译

LSTM 主要采用高效的遗忘和更新机制，缓解翻译中长距离依赖的问题，对变长序列数据具有较好的处理能力。本节介绍使用 LSTM 来构造编码器和解码器以实现机器翻译的方法，其主要思想是通过编码器将输入的源句子映射到固定维度的向量，再使用解码器将编码后的向量进行解码，得到目标语言句子，如图 6.4 所示。

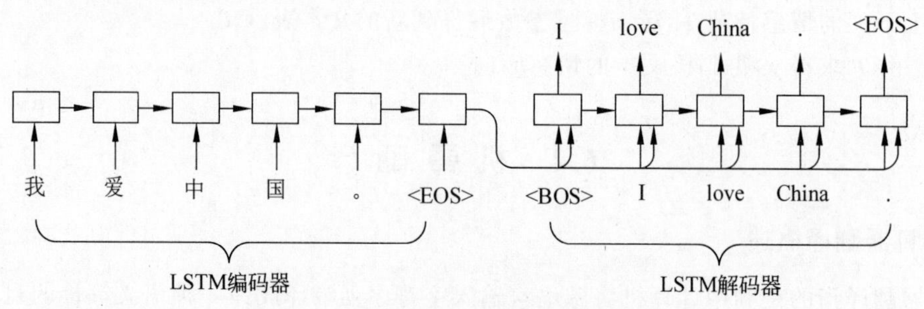

图 6.4 基于 LSTM 的机器翻译架构

1. 编码阶段

基于 LSTM 的神经机器翻译，其目标是在输入源语言序列为 $x_1, x_2, \cdots, x_t$ 的条件下输出其经过翻译后的目标语言序列 $y_1, y_2, \cdots, y_{t'}$，其任务表示为

$$P(y_1, y_2, \cdots, y_{t'} \mid x_1, x_2, \cdots, x_t) = \prod_{i=1}^{t'} P(y_i \mid y_1, \cdots, y_{i-1}, \boldsymbol{v}) \tag{6-15}$$

其中，x_t 是输入文本序列中的第 t 个词元，经过嵌入后得到特征向量 $\boldsymbol{x}_t$：

$$\boldsymbol{x}_t = f(x_t) \tag{6-16}$$

编码阶段将长度可变的输入序列转化成固定维度的上下文向量 $\boldsymbol{v}$，并将输入序列的信息在上下文向量 $\boldsymbol{v}$ 中进行编码。对于词元 x_t 的输入特征向量 $\boldsymbol{x}_t$，首先通过遗忘门决定被丢弃的信息，并结合时间步 $t-1$ 的输出 $\boldsymbol{H}_{t-1}$ 和时间步 t 的输入 $\boldsymbol{x}_t$，通过 Sigmoid 函数（记为 σ）来计算遗忘门 $\boldsymbol{F}_t$：

$$\boldsymbol{F}_t = \sigma(\boldsymbol{x}_t \boldsymbol{W}_{xf} + \boldsymbol{H}_{t-1} \boldsymbol{W}_{hf} + \boldsymbol{b}_f) \tag{6-17}$$

通过 Sigmoid 函数更新输入门的值：

$$\boldsymbol{I}_t = \sigma(\boldsymbol{x}_t \boldsymbol{W}_{xi} + \boldsymbol{H}_{t-1} \boldsymbol{W}_{hi} + \boldsymbol{b}_i) \tag{6-18}$$

通过 tanh 函数创建新的候选值 $\boldsymbol{C}_{t'}$：

$$\boldsymbol{C}_{t'} = \tanh(\boldsymbol{x}_t \boldsymbol{W}_{xc} + \boldsymbol{H}_{t-1} \boldsymbol{W}_{hc} + \boldsymbol{b}_c) \tag{6-19}$$

然后，将 $\boldsymbol{C}_{t-1}$ 更新为 $\boldsymbol{C}_t$：

$$\boldsymbol{C}_t = \boldsymbol{F}_t \odot \boldsymbol{C}_{t-1} + \boldsymbol{I}_t \odot \boldsymbol{C}_{t'} \tag{6-20}$$

再通过 Sigmoid 函数得到初始输出 $\boldsymbol{y}_t$：

$$\boldsymbol{y}_t = \sigma(\boldsymbol{x}_t \boldsymbol{W}_{xo} + \boldsymbol{H}_{t-1} \boldsymbol{W}_{ho} + \boldsymbol{b}_o) \tag{6-21}$$

最后通过 tanh 函数计算时间步 t 的隐藏变量 $\boldsymbol{H}_t$：

$$\boldsymbol{H}_t = \boldsymbol{y}_t \odot \tanh(\boldsymbol{C}_t) \tag{6-22}$$

其中，$\boldsymbol{W}_{xi}$、$\boldsymbol{W}_{xf}$、$\boldsymbol{W}_{xo}$、$\boldsymbol{W}_{hi}$、$\boldsymbol{W}_{hf}$、$\boldsymbol{W}_{ho}$、$\boldsymbol{W}_{xc}$和$\boldsymbol{W}_{hc}$为权重参数，$\boldsymbol{b}_i$、$\boldsymbol{b}_o$、$\boldsymbol{b}_c$和$\boldsymbol{b}_f$为偏置参数，符号$\odot$表示按元素相乘。

LSTM编码器通过线性投影层、多层感知机或卷积神经网络等映射函数$q(\cdot)$，将所有时间步的隐藏状态转换为上下文向量$\boldsymbol{v}$：

$$\boldsymbol{v}=q(\boldsymbol{H}_1,\boldsymbol{H}_2,\cdots,\boldsymbol{H}_t) \tag{6-23}$$

当$q(\boldsymbol{H}_1,\boldsymbol{H}_2,\cdots,\boldsymbol{H}_t)=\boldsymbol{H}_t$时，上下文向量$\boldsymbol{v}$是输入序列在LSTM编码器最后一个时间步的隐状态$\boldsymbol{H}_t$。

2. 解码阶段

解码阶段使用另一个LSTM对编码器阶段输出的上下文向量$\boldsymbol{v}$进行解码，得到目标语言序列。LSTM编码器和解码器具有相同数量的层和隐藏单元，解码器初始状态可直接使用LSTM编码器最后时间步t的隐状态$\boldsymbol{H}_t$。对于每个时间步t'（与输入序列或编码器的时间步t不同），LSTM解码器输出目标语言词元$\boldsymbol{y}_{t'}$的概率取决于先前的输出子序列和上下文向量$\boldsymbol{v}$，表示为

$$P(\boldsymbol{y}_{t'} \mid \boldsymbol{y}_1,\boldsymbol{y}_2,\cdots,\boldsymbol{y}_{t'-1},\boldsymbol{v}) \tag{6-24}$$

LSTM解码器当前时间步t'的隐状态，取决于当前时间步的输出$\boldsymbol{y}_{t'}$、上下文向量$\boldsymbol{v}$和上一时间步隐藏状态$\boldsymbol{s}_{t'-1}$，使用函数g表示LSTM解码器的隐藏层变换，$\boldsymbol{s}_{t'}$表示更新之后时间步的隐藏状态：

$$\boldsymbol{s}_{t'}=g(\boldsymbol{y}_{t'},\boldsymbol{v},\boldsymbol{s}_{t'-1}) \tag{6-25}$$

训练阶段将特定的开始词元（“〈BOS〉”）和原始的输出序列（不包括序列结束词元“〈EOS〉”）拼接在一起，作为初始LSTM解码器的输入，随后将来自上一个时间步预测得到的词元作为LSTM解码器的当前输入。

在预测阶段，LSTM解码器当前时间步的输入来自前一时间步的预测词元及上下文向量，如图6.5所示，当输出序列遇到序列结束词元（“〈EOS〉”）时，则预测结束。算法6.3给出基于LSTM的神经机器翻译方法。

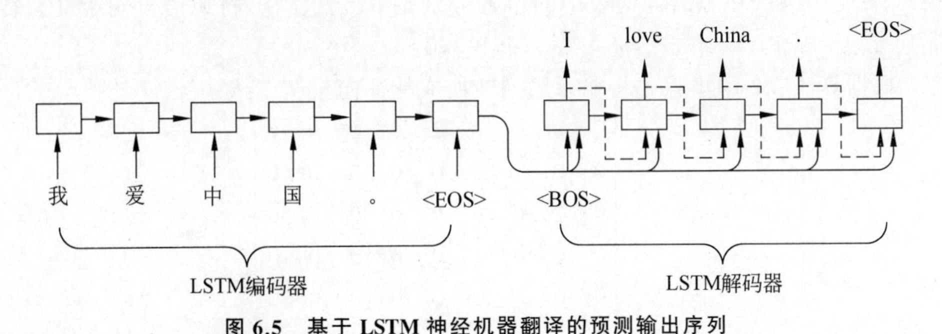

图6.5　基于LSTM神经机器翻译的预测输出序列

算法6.3　基于LSTM的神经机器翻译

输入：

$\{x_1,x_2,\cdots,x_t\}$：源语言句子，n_{step}：训练的最大步数

输出：

$\{y_1,y_2,\cdots,y_{t'}\}$：目标语言句子

步骤：

1. 根据式(6-16)，将输入序列 $x_1, x_2, \cdots, x_t$ 转换成特征向量 $\boldsymbol{x}_1, \boldsymbol{x}_2, \cdots, \boldsymbol{x}_t$
2. $i \leftarrow 1, j \leftarrow 1$
3. While $i \leqslant t$ Do
4. 　　根据式(6-17)计算时间步 i 的遗忘门 $\boldsymbol{F}_i$
5. 　　根据式(6-18)计算时间步 i 的输入门 $\boldsymbol{I}_i$
6. 　　根据式(6-19)计算时间步 i 的候选记忆细胞 $\boldsymbol{C}'_i$
7. 　　根据式(6-20)计算时间步 i 的记忆细胞 $\boldsymbol{C}_i$
8. 　　根据式(6-21)计算时间步 i 的输出 $\boldsymbol{y}_i$
9. 　　根据式(6-22)计算时间步 i 的隐藏变量 $\boldsymbol{H}_i$
10. $i \leftarrow i+1$
11. End While
12. 根据式(6-23)计算上下文向量 $\boldsymbol{v}$，并初始化解码器的隐状态
13. While $j \leqslant n_{\text{step}}$ And $y_j \neq \langle \text{EOS} \rangle$ Do
14. 　　根据式(6-24)计算时间步 j 词元 $\boldsymbol{y}_j$ 的条件概率
15. 　　根据式(6-25)更新时间步 j 的隐藏状态 $\boldsymbol{s}_j$
16. 　　取出 $\boldsymbol{y}_j$ 中概率最大的词作为对应目标词 y_j
17. 　　$j \leftarrow j+1$
18. End While
19. Return $\{y_1, y_2, \cdots, y_{t'}\}$

动画 6-5

下面通过一个简单的例子展示基于 LSTM 的神经机器翻译过程。

例 6.2　将中文的源语言句子 T_{sen}＝"我爱中国。"翻译成英文 T'_{sen}＝"I love China."

(1) 假设最大预测步数为 n，编码维度为 256，源语言词表{'。': 0,'中': 1,'么': 2,'国': 3,'急': 4,'慢': 5,'我': 6,'来': 7,'没': 8,'爱': 9,'那': 10,'，': 11}，目标词表{'\t': 0,'\n': 1,' ': 2,'"': 3,'.': 4,'C': 5,'I': 6,'T': 7,'a': 8,'e': 9,'h': 10,'i': 11,'k': 12,'l': 13,'m': 14,'n': 15,'o': 16,'r': 17,'s': 18,'t': 19,'u': 20,'v': 21,'y': 22}。

(2) "我爱中国。"在源语言词表中的位置分别是 6、9、1、3、0，将源语言句子 T_{sen} 转换成输入序列 $T_{\text{sen}}=\{x_1, x_2, x_3, x_4, x_5\}=\{6,9,1,3,0\}$。

(3) 根据算法 6.3 的步骤 1 将输入序列转换成特征向量 $\boldsymbol{T}_{\text{sen}}$：

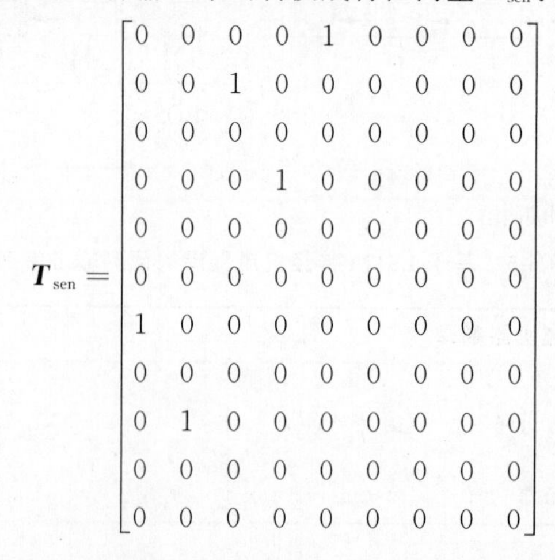

$$\boldsymbol{T}_{\text{sen}}=\begin{bmatrix}0&0&0&0&1&0&0&0&0\\0&0&1&0&0&0&0&0&0\\0&0&0&0&0&0&0&0&0\\0&0&0&1&0&0&0&0&0\\0&0&0&0&0&0&0&0&0\\0&0&0&0&0&0&0&0&0\\1&0&0&0&0&0&0&0&0\\0&0&0&0&0&0&0&0&0\\0&1&0&0&0&0&0&0&0\\0&0&0&0&0&0&0&0&0\\0&0&0&0&0&0&0&0&0\end{bmatrix}$$

(4) 根据算法 6.3 的步骤 4～10 对 $\boldsymbol{T}_{\text{sen}}$ 进行编码，得到编码器每个时间步隐状态 $\boldsymbol{H}_{256\times 12}$：

$$\boldsymbol{H}=\begin{bmatrix} 0.537 & 0.770 & -0.653 & \cdots & 0.109 & 0.462 & 0.654 \\ 0 & -0.308 & 0.552 & \cdots & 0.397 & 0.519 & -0.048 \\ 0 & -0.562 & 0.751 & \cdots & 0.890 & 0.431 & -0.519 \\ 0 & 0.390 & 0.605 & \cdots & 0.451 & 0.246 & 0.330 \\ \vdots & \vdots & \vdots & \ddots & \vdots & \vdots & \vdots \\ 0.804 & 0.539 & 0.285 & \cdots & 0.654 & 0.106 & 0.438 \\ 0.763 & 0.562 & 0.496 & \cdots & -0.461 & 0.619 & 0.753 \\ 0.706 & 0.329 & 0.668 & \cdots & -0.893 & 0.224 & 0.478 \\ 0.707 & 0.843 & 0.149 & \cdots & 0.096 & 0.513 & 0.027 \end{bmatrix}$$

(5) 根据算法 6.3 的步骤 11，得到上下文变量 $\boldsymbol{v}=q(\boldsymbol{H}_1,\boldsymbol{H}_2,\boldsymbol{H}_3,\boldsymbol{H}_4,\boldsymbol{H}_5)=\boldsymbol{H}_5=[0.654,-0.048,-0.519,0.330,\cdots,0.438,0.753,0.478,0.027]^{\mathrm{T}}$。

(6) 初始化解码器的隐状态为 $\boldsymbol{H}_5$。

(7) 根据算法 6.3 的步骤 14～17，得到每个时间步的条件概率 $\boldsymbol{y}_{23\times 13}$ 以及每个时间步解码器的隐状态 $\mathcal{S}_{256\times 23}$，根据每个时间步的条件概率取出对应的索引值{6,2,13,16,21,9,2,5,10,11,15,18,4}，然后通过目标词表映射成对应的目标语言输出 $T'_{\text{sen}}=\{y_1,y_2,\cdots,y_{13}\}=\{\text{I},,\text{l},\text{o},\text{v},\text{e},,\text{C},\text{h},\text{i},\text{n},\text{a},.\}$。

$$\boldsymbol{y}=\begin{bmatrix} 0 & 0 & 0 & \cdots & 0 & 0 & 0 \\ 0 & 0 & 0 & \cdots & 0 & 0 & 0 \\ 0 & 0.999 & 0 & \cdots & 0 & 0 & 0 \\ 0 & 0 & 0 & \cdots & 0 & 0 & 0 \\ 0 & 0 & 0 & \cdots & 0 & 0 & 0.996 \\ 0 & 0 & 0 & \cdots & 0 & 0 & 0 \\ \vdots & \vdots & \vdots & \ddots & \vdots & \vdots & \vdots \\ 0 & 0 & 0 & \cdots & 0 & 0.998 & 0 \\ 0 & 0 & 0 & \cdots & 0 & 0 & 0 \\ 0 & 0 & 0 & \cdots & 0 & 0 & 0 \\ 0 & 0 & 0 & \cdots & 0 & 0 & 0 \\ 0 & 0 & 0 & \cdots & 0 & 0 & 0 \end{bmatrix}$$

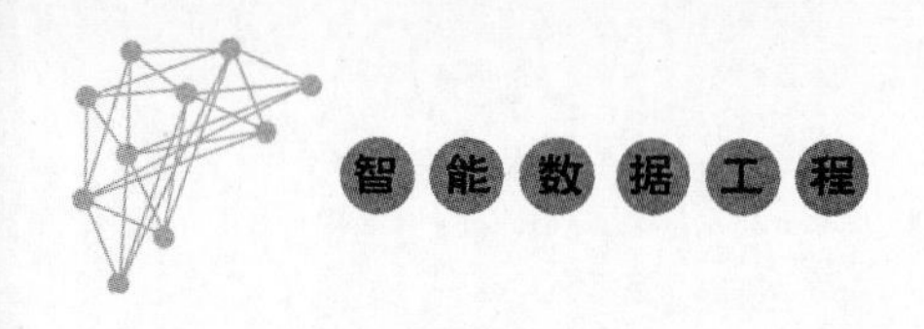

$$
\boldsymbol{s}=[\boldsymbol{s}_1,\boldsymbol{s}_2,\cdots,\boldsymbol{s}_{22},\boldsymbol{s}_{23}]
=\begin{bmatrix}
0.654 & 0.970 & -0.753 & \cdots & 0.920 & 0.716 & 0.938\\
-0.048 & -0.108 & 0.159 & \cdots & -0.526 & 0.165 & 0.431\\
-0.519 & -0.862 & 0.591 & \cdots & 0.999 & 0.985 & 0.693\\
0.330 & 0.890 & 0.868 & \cdots & 0.272 & 0.225 & 0.487\\
\vdots & \vdots & \vdots & \ddots & \vdots & \vdots & \vdots\\
0.438 & 0.439 & 0.829 & \cdots & -0.929 & 0.288 & 0.707\\
0.753 & 0.954 & 0.630 & \cdots & -0.921 & -0.979 & -0.925\\
0.478 & 0.841 & 0.888 & \cdots & -0.887 & -0.856 & -0.541\\
0.027 & 0.091 & 0.367 & \cdots & -0.648 & -0.947 & -0.574
\end{bmatrix}
$$

（8）得到目标语言“I love China.”。

6.4.3 基于 BERT 的机器翻译模型

基于 LSTM 的机器翻译模型虽然可有效解决机器翻译中的长依赖问题，但当上下文向量过长时，会导致翻译精度下降，而基于 Transformer 的模型通过注意力机制充分利用编码器所有隐藏状态的信息来动态表示不同时刻的上下文向量，可有效解决上下文向量长度限制的问题。BERT 是基于 Transformer 编码器构造的预训练语言模型，若直接用 BERT 初始化机器翻译中的编码器输入，并不会带来翻译结果的明显提升，有时可能会遗忘预训练中的特征而导致翻译精度下降。为了将 BERT 学习到的丰富向量表征用于编码器—解码器，基于 BERT 的机器翻译模型在训练阶段使用渐近蒸馏（asymptotic distillation）、动态开关（dynamic switch）、学习率调度（rate-scheduled learning）等技术有效实现机器翻译，模型架构如图 6.6 所示。

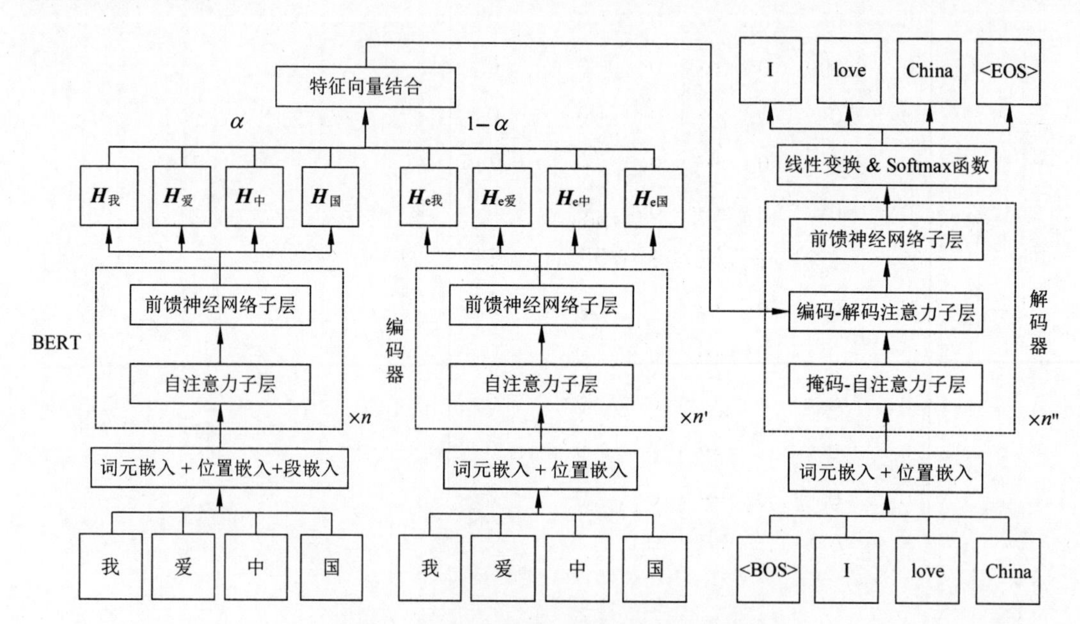

图 6.6 基于 BERT 的神经机器翻译架构

渐近蒸馏将 BERT 作为教师网络，Transformer 编码器作为学生网络，使用如下损失函数学习到 BERT 的特征表示：

$$\mathcal{L}=\alpha\,\mathcal{L}_{\text{MSE}}(\boldsymbol{H}^{\text{BERT}},\boldsymbol{H}^{\text{Encoder}})+(1-\alpha)\,\mathcal{L}_{\text{CE}}(\boldsymbol{H}^{\text{BERT}},\boldsymbol{H}^{\text{Encoder}}) \tag{6-26}$$

其中，$\boldsymbol{H}^{\text{BERT}}$是 BERT 上下文语义特征向量，$\boldsymbol{H}^{\text{Encoder}}$是 Transformer 编码器上下文语义特征向量，$\mathcal{L}_{\text{MSE}}$是均方误差(mean squared error)损失，$\mathcal{L}_{\text{CE}}$是交叉熵(cross entropy)损失。

动态开关将 BERT 上下文语义特征向量 $\boldsymbol{H}^{\text{BERT}}$和 Transformer 编码器上下文语义特征向量 $\boldsymbol{H}^{\text{Encoder}}$进行结合，使得模型也能学习到 BERT 的特征表示。

学习率调度使 BERT 更新速率和更新轮次小于 Transformer 编码器，减轻 BERT 预训练时的知识灾难性遗忘问题(catastrophic forgetting problem)。

基于 BERT 的神经机器翻译流程可分为预处理、编码和解码三个阶段。

1. 预处理

输入序列首先使用 6.2.2 节 BERT 输入向量方式对输入序列编码，其中 Transformer 词元嵌入编码则与 BERT 词元嵌入编码一致，将词的 One-Hot 编码与预训练好的权重矩阵 $\boldsymbol{W}_E$ 相乘得到：

$$\boldsymbol{x}'_i=\boldsymbol{x}_i\boldsymbol{W}_E \tag{6-27}$$

输入序列的词元嵌入编码表示为

$$\boldsymbol{x}=\{\boldsymbol{x}'_1,\boldsymbol{x}'_2,\cdots,\boldsymbol{x}'_t\} \tag{6-28}$$

Transformer 位置嵌入使用固定的正弦和余弦函数进行位置编码，表示为 $\boldsymbol{e}^{\text{pos}}$，计算方法如下：

$$\boldsymbol{e}^{pos}=\{\boldsymbol{e}^{pos_1},\boldsymbol{e}^{pos_2},\cdots,\boldsymbol{e}^{pos_t}\},\quad \boldsymbol{e}^{pos_i}=\{\boldsymbol{e}_1^{pos_i},\boldsymbol{e}_2^{pos_i},\cdots,\boldsymbol{e}_{d_{\text{model}}}^{pos_i}\}$$

其中，

$$\boldsymbol{e}_j^{pos_i}=\sin\left(\frac{pos_i}{10000\,\dfrac{j}{d_{\text{model}}}}\right),\quad 若\ j\ 为偶数 \tag{6-29}$$

$$\boldsymbol{e}_j^{pos_i}=\cos\left(\frac{pos_i}{10000\,\dfrac{j}{d_{\text{model}}}}\right),\quad 若\ j\ 奇偶数 \tag{6-30}$$

d_{model}为嵌入维度，$1\leqslant i\leqslant t$，$1\leqslant j\leqslant d_{\text{model}}$，$\text{pos}_i$ 为第 i 个词元在输入序列是的位置。

最终将 *Transformer* 输入序列的编码表示为词元嵌入加上位置嵌入：

$$\boldsymbol{X}=\boldsymbol{x}+\boldsymbol{e}^{\text{pos}} \tag{6-31}$$

2. 编码

BERT 编码层和 Transformer 编码器由 n 个结构相同的层组成，每个层主要包含自注意力子层、前馈神经网络子层、残差连接和层标准化四个模块。

自注意力子层采用缩放点乘注意力，将输入序列中的字表征为包含更多语义信息的向量，将输入序列进行预处理而得到 $\boldsymbol{X}$，将其分别与预训练的权重矩阵 $\boldsymbol{W}_Q$、$\boldsymbol{W}_K$ 和 $\boldsymbol{W}_V$ 相乘，得到对应的查询向量 $\boldsymbol{Q}$、键向量 $\boldsymbol{K}$ 和值向量 $\boldsymbol{V}$：

$$\begin{cases}\boldsymbol{Q}=\boldsymbol{X}\boldsymbol{W}_Q\\ \boldsymbol{K}=\boldsymbol{X}\boldsymbol{W}_k\\ \boldsymbol{V}=\boldsymbol{X}\boldsymbol{W}_V\end{cases} \tag{6-32}$$

利用 d_k 维的 $\boldsymbol{Q}$、$\boldsymbol{K}$ 和 $\boldsymbol{V}$，通过多头自注意力机制计算每个头的注意力得分：

$$\boldsymbol{X}' = \text{Attention}(\boldsymbol{Q},\boldsymbol{K},\boldsymbol{V}) = \text{Softmax}\left(\frac{\boldsymbol{Q}\boldsymbol{K}^{\mathrm{T}}}{\sqrt{d_k}}\right)\boldsymbol{V} \tag{6-33}$$

自注意力子层引入多头注意力机制，进一步完善了自注意力机制，使得模型可以在不同子表示空间中关注不同位置，提高了模型的性能。具体而言，将权重矩阵 $\boldsymbol{W}_Q$、$\boldsymbol{W}_K$ 和 $\boldsymbol{W}_V$ 均分成 h 个权重矩阵 $\boldsymbol{W}_Q=\{\boldsymbol{W}_1^Q,\boldsymbol{W}_2^Q,\cdots,\boldsymbol{W}_h^Q\}$、$\boldsymbol{W}_K=\{\boldsymbol{W}_1^K,\boldsymbol{W}_2^K,\cdots,\boldsymbol{W}_h^K\}$ 和 $\boldsymbol{W}_V=\{\boldsymbol{W}_1^V,\boldsymbol{W}_2^V,\cdots,\boldsymbol{W}_h^V\}$，将输入向量 $\boldsymbol{X}$ 分别与权重矩阵相乘，得到对应的 $\boldsymbol{Q}_i$、$\boldsymbol{K}_i$ 和 $\boldsymbol{V}_i$ 矩阵，从而得到对每一组 $\boldsymbol{Q}_i$、$\boldsymbol{K}_i$ 和 $\boldsymbol{V}_i$ 的注意力：

$$\textbf{head}_i = \text{Attention}(\boldsymbol{Q}_i\boldsymbol{W}_i^Q,\boldsymbol{K}_i\boldsymbol{W}_i^K,\boldsymbol{V}_i\boldsymbol{W}_i^V) \tag{6-34}$$

将每一组注意力拼接，并乘以权重矩阵 $\boldsymbol{W}^0$：

$$\boldsymbol{X}' = \text{MultiHead}(\boldsymbol{Q},\boldsymbol{K},\boldsymbol{V}) = \text{Concat}(\textbf{head}_1,\textbf{head}_2,\cdots,\textbf{head}_h)\boldsymbol{W}^0 \tag{6-35}$$

前馈神经网络子层的作用是将输入向量表示映射到新的空间，包含两次线性变换，在两次线性变换的中间使用 ReLU 激活（$\text{ReLU}(x)=\max(0,x)$）函数的非线性变换：

$$\boldsymbol{H} = \text{FFN}(\boldsymbol{X}') = \max(0,\boldsymbol{X}'\boldsymbol{W}_1+\boldsymbol{b}_1)\boldsymbol{W}_2+\boldsymbol{b}_2 \tag{6-36}$$

其中，$\boldsymbol{W}_1$、$\boldsymbol{W}_2$、$\boldsymbol{b}_1$ 和 $\boldsymbol{b}_2$ 为前馈神经网络子层的参数，每层的前馈神经网络参数不共享。

特征向量结合层采用动态开关的方式将 $\boldsymbol{H}^{\text{BERT}}$ 和 $\boldsymbol{H}^{\text{Encoder}}$ 进行整合，得到最终输入解码器的输入序列特征向量 $\boldsymbol{H}'$：

$$\alpha = \text{Sigmod}(\boldsymbol{W}_3\boldsymbol{H}^{\text{BERT}}+\boldsymbol{W}_4\boldsymbol{H}^{\text{Encoder}}+\boldsymbol{b}_3) \tag{6-37}$$

$$\boldsymbol{H}' = \alpha\boldsymbol{H}^{\text{BERT}}+(1-\alpha)\boldsymbol{H}^{\text{Encoder}} \tag{6-38}$$

其中，$\boldsymbol{W}_3$、$\boldsymbol{W}_4$ 和 $\boldsymbol{b}_3$ 为特征向量结合层的参数。

3. 解码

Transformer 的解码器比编码器多引入一个 Mask 机制，在模型训练的过程中，更关注已知的信息，并消除未知信息对模型预测的影响。另外，为了捕捉源端的信息，解码器还引入了一个额外的编码—解码注意力子层，将解码器的“注意力”集中到源端相关的词上。值得注意的是，在自注意力子层中的 $\boldsymbol{Q}$、$\boldsymbol{K}$ 和 $\boldsymbol{V}$ 都相同，而在编码—解码注意力子层中，由于要对双语之间的信息进行建模，因此将目标语言每个位置的表示视为编码—解码注意力机制的 $\boldsymbol{Q}$，源语言句子的表示视为 $\boldsymbol{K}$ 和 $\boldsymbol{V}$。

算法 6.4 给出基于 BERT 的机器翻译方法。

算法 6.4　基于 BERT 的机器翻译

输入：

$\{x_1,x_2,\cdots,x_t\}$：源语言句子序列

输出：

$\{y_1,y_2,\cdots,y_{t'}\}$：目标语言序列

步骤：

动画 6-6

1. 利用 BERT 编码方式将输入序列 $x_1,x_2,\cdots,x_t$ 转换成特征向量 $\boldsymbol{x}_B^1,\boldsymbol{x}_B^2,\cdots,\boldsymbol{x}_B^t$
2. 根据式(6-31)将输入序列 $x_1,x_2,\cdots,x_t$ 转换成特征向量 $\boldsymbol{x}_E^1,\boldsymbol{x}_E^2,\cdots,\boldsymbol{x}_E^t$
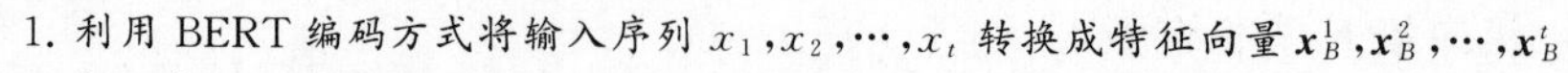
3. 根据式(6-32)～式(6-36)，将特征向量 $\boldsymbol{x}_B^1,\boldsymbol{x}_B^2,\cdots,\boldsymbol{x}_B^t$ 转换成具有包含上下文语义信息的特征向量 $\boldsymbol{H}_B^1,\boldsymbol{H}_B^2,\cdots,\boldsymbol{H}_B^t$

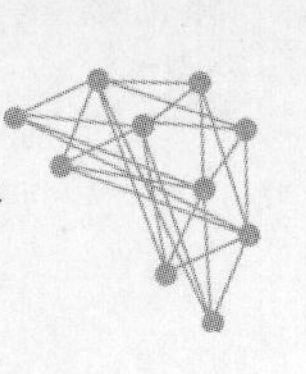

4. 根据式(6-32)～式(6-36)，将特征向量 $\boldsymbol{x}_E^1,\boldsymbol{x}_E^2,\cdots,\boldsymbol{x}_E^t$ 转换成具有包含上下文语义信息的特征向量 $\boldsymbol{H}_E^1,\boldsymbol{H}_E^2,\cdots,\boldsymbol{H}_E^t$
5. 根据式(6-37)～式(6-38)，将特征向量 $\boldsymbol{H}_B^1,\boldsymbol{H}_B^2,\cdots,\boldsymbol{H}_B^t$ 和 $\boldsymbol{H}_E^1,\boldsymbol{H}_E^2,\cdots,\boldsymbol{H}_E^t$ 整合，转换成最终输入解码器的特征向量 $\boldsymbol{H}_1',\boldsymbol{H}_2',\cdots,\boldsymbol{H}_t'$
6. $j \leftarrow 0, y_0 \leftarrow \langle \text{BOS} \rangle$
7. While $y_j \neq \langle \text{EOS} \rangle$ Do
8. 　　根据式(6-31)将 y_j 转成特征向量 $\boldsymbol{y}_j$
9. 　　根据式(6-32)～式(6-36)，将 $\boldsymbol{y}_j$ 与上下文特征向量 $\boldsymbol{H}_j'$ 计算相关性权重，得到包含源语言和目标语言的特征向量 $\boldsymbol{y}_j'$
10. 　　经过 Softmax 函数归一化后得到目标语言词的条件概率 $\boldsymbol{y}_j''$
11. 　　取出 $\boldsymbol{y}_j''$ 中概率最大的词索引对应目标词 y_j
12. End While
13. Return $\{y_1,y_2,\cdots,y_{t'}\}$

下面通过一个例子来展示算法 6.4 的执行过程。

例 6.3　将源文字序列 T_{sen} =“我爱中国”翻译成英语 T_{sen}' =“I love China”。

(1) 假设源语言词表为{'。': 0,'中': 1,'么': 2,'国': 3,'急': 4,'慢': 5,'我': 6,'来': 7,'没': 8,'爱': 9,'那': 10,',': 11}，目标词表为{'\t': 0,'\n': 1,' ': 2,"'": 3,'.': 4,'C': 5,'I': 6,'T': 7,'a': 8,'e': 9,'h': 10,'i': 11,'k': 12,'l': 13,'m': 14,'n': 15,'o': 16,'r': 17,'s': 18,'t': 19,'u': 20,'v': 21,'y': 22}。

(2) 根据算法 6.4 的步骤 1，利用源语言词表将“我爱中国”转换为输入序列 $T_{\text{sen}}=\{x_1,x_2,x_3,x_4\}=\{6,9,1,3\}$，按照 BERT 词嵌入编码方式，对输入序列 T_{sen} 进行编码，得到特征向量 $\boldsymbol{X}_B$：

$$
\boldsymbol{X}_B=[\boldsymbol{x}_B^1,\boldsymbol{x}_B^2,\boldsymbol{x}_B^3,\boldsymbol{x}_B^4]=\begin{bmatrix} 0.044 & 0.027 & -0.927 & -0.010 \\ -0.185 & 0.112 & -0.419 & 0.084 \\ -0.099 & 0.399 & -0.162 & -0.484 \\ \vdots & \vdots & \vdots & \vdots \\ 0.545 & 0.276 & -1.34 & 1.350 \\ -0.169 & -0.247 & -0.077 & 0.064 \\ 0.706 & 0.002 & -0.556 & 0.431 \end{bmatrix}
$$

(3) 根据算法 6.4 的步骤 2，按照 Transformer 词元嵌入对输入序列 T_{sen} 进行编码，得到特征向量 $\boldsymbol{X}_E$：

$$
\boldsymbol{X}_E=[\boldsymbol{x}_E^1,\boldsymbol{x}_E^2,\boldsymbol{x}_E^3,\boldsymbol{x}_E^4]=\begin{bmatrix} 0.381 & -0.099 & -0.759 & 1.54 \\ -0.279 & -0.051 & -0.595 & 0.997 \\ 0.382 & 0.169 & -1.97 & 0.872 \\ \vdots & \vdots & \vdots & \vdots \\ 0.155 & -0.522 & -0.741 & 0.971 \\ 0.004 & -0.145 & -1.82 & 1.47 \\ 0.418 & -0.127 & -1.67 & 1.39 \end{bmatrix}
$$

(4) 根据算法 6.4 的步骤 3 和步骤 4，分别将 $\boldsymbol{X}_B$ 和 $\boldsymbol{X}_E$ 输入各自的自注意力子层和前馈

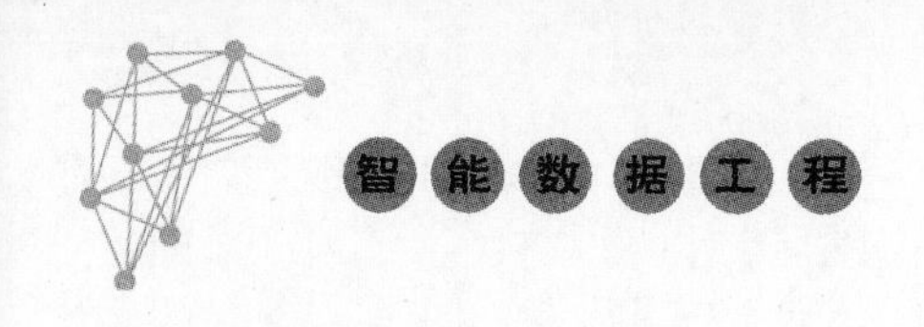

神经网络子层，得到 $\boldsymbol{H}_B$ 和 $\boldsymbol{H}_E$。将 $\boldsymbol{H}_B$ 和 $\boldsymbol{H}_E$ 进行整合，得到最终输入解码器的特征向量 $\boldsymbol{H}'$：

$$\boldsymbol{H}' = \begin{bmatrix} 0.375 & 0.643 & 0.771 & -1.27 \\ 0.724 & 0.215 & 0 & -0.787 \\ 0.431 & 0.179 & 0.763 & 0.874 \\ \vdots & \vdots & \vdots & \vdots \\ 0.791 & 0.457 & 0.835 & 0.971 \\ 0.517 & 0.242 & -1.64 & 1.477 \\ 0.698 & 0.418 & -0.124 & -0.561 \end{bmatrix}$$

(5) 初始化解码器的当前输入词 $y_0 = \langle \mathrm{BOS} \rangle$。

(6) 根据算法 6.4 的步骤 8 和步骤 9，首先按照 Transformer 词元嵌入编码方式对 y_0 进行编码，得到特征向量 $\boldsymbol{y}_0 = [2.56, \cdots, 0.774]^{\mathrm{T}}$，然后根据式(6-38)将 $\boldsymbol{y}_0$ 和 $\boldsymbol{H}'$ 进行注意力计算，得到包含源语言和目标语言信息的特征向量 $\boldsymbol{y}_0' = [1.37, \cdots, 0.835]^{\mathrm{T}}$，再根据 Softmax 函数计算目标词表中每个词的概率，y 表示“I”时有 $P(y_1 | x_1, x_2, x_3, x_4, y_0) = 0.975$，此时概率最大，则输出第一个的翻译词 y_1 为“I”。

(7) 迭代地取 $P(y_{i+1} | x_1, x_2, x_3, x_4, y_i)$ 概率最大的词作为输出的翻译词，并作为当前解码器的输入词，直到 $P(\langle \mathrm{EOS} \rangle | x_1, x_2, x_3, x_4, y_i)$ 的概率最大时，循环结束。

(8) 最后得到目标语言“I love China”。

6.5 思考题

1. 文本数据分析的第一步通常是分词，即确定句子中词与词的边界。中文分词往往比英文分词更为复杂和困难。请查阅相关文献，阐述中文分词的必要性，并总结常用的中文分词方法。

2. 尽管 BERT 预训练语言模型性能优越，但其参数众多、模型庞大，推理速度较慢。为了使其能够应用到实时性要求高、计算资源受限的场景，往往需要对 BERT 进行模型压缩，在尽可能不降低性能的前提下减小模型规模，提升推理速度。请查阅相关文献，分析各类模型压缩方法的特点。

3. 基于深度学习的情感分析方法的性能依赖于训练数据的数量及质量，然而大规模、高质量的标注数据并不易获得。如何在缺少标注的数据集上训练此类情感分析模型？

4. 本章介绍的机器翻译模型只局限于处理文本数据，但最近关于多模态数据分析的研究表明，可同时提取文本、音频和视频数据的特征并生成更有效的表示。如何构建多模态的训练数据及机器翻译模型？

5. 本章中基于 BERT 的情感分析和机器翻译采用不同的训练模型框架，简要阐述两类框架的优势和不足，并思考如何改进。

6. 除了 BERT，还有哪些其他的预训练语言模型在情感分析和机器翻译任务中取得了良好的效果？比较它们的优劣和适用场景。

7. 如何评估机器翻译模型的性能和质量？有哪些常用的评估指标和方法？

8. 简单对比并阐述SVM和LSTM的优缺点，阐述SVM等传统机器学习模型和LSTM等深度学习模型在文本数据分析任务中的可用性和未来可进一步扩展的方向。

9. 编程实现算法6.3和算法6.4，并使用AI Challenger和UN parallel Corpus数据集对翻译结果进行对比。

10. 文本分析任务还包含文本分类、关键词提取、摘要生成和文本生成等，是否存在一个通用的模型框架可实现所有文本类任务，阐述其基本思想。

11. 阐述大模型在文本数据分析领域的应用和未来发展方向。

第7章 图数据分析

7.1 图数据分析概述

随着数据获取和存储技术的快速发展及互联网应用的快速普及，图数据成为了社交网络、文本分析、视觉计算、知识图谱和生物信息等领域中信息表示和存储的重要形式。图数据是描述具有图结构的客观事物的符号表示，例如，论文引用图可描述学术论文之间的引用关系，城市地铁交通网络可描述城市地铁线路，蛋白质分子图可描述蛋白质结构。图数据分析具有丰富的研究内容，可为现实生活中诸多问题的解决提供支撑技术。

以论文发表的学术社交网络为例。根据主题，可将论文划分为多个类别，实现论文的分类管理，但面对大量论文时，标注所有论文的类别具有相当的难度。通过构建论文引用关系图及部分论文的类别，进而预测其他论文的类别，这是典型的图节点分类问题。图7.1(a)给出图节点分类模型的示例，其中节点表示论文、编号表示类别，基于该模型可预测未知（图中用问号标记）节点的类别。

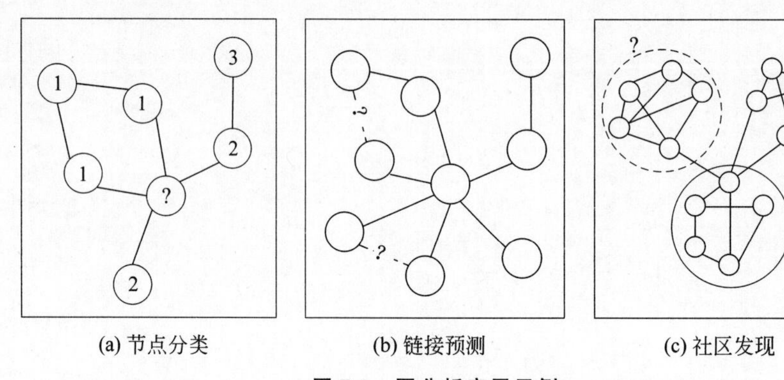

图7.1 图分析应用示例

论文检索问题根据论文间的引用关系构建学术社交网络，实现学术论文的快速检索，但面对大量引用关系时，研究者无法将所有引用关系添加到网络中。通过预测部分论文间的引用关系实现学术社交网络的补全，这是典型的链接预测问题。图7.1(b)给出链接预测模型的示例，其中实线边表示论文间已知的关系，基于该模型可预测节点间未知的关系。

论文社区检测问题将学术论文作为各领域学者的研究成果记录，能体现作者所在团体的研究领域和研究水平，但学者通常归属于代表不同研究领域的学术团体，学者想要了解其他领域学术成果或前沿技术，可能需付出较高的查询代价。通过构建论文引用关系图来发

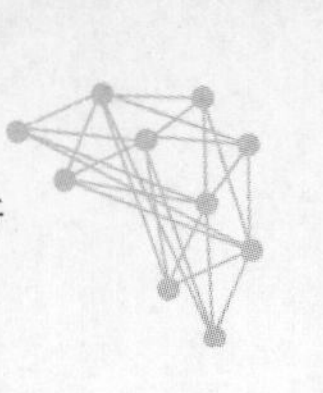

现论文社区，是典型的社区发现问题。图 7.1(c)给出社区发现模型的示例，其中实线大圆表示已知的论文社区，基于该模型可挖掘潜在的论文社区。

图分析包括图节点分类、链接预测、社区发现、关系抽取、目标检测及问答系统等任务，旨在挖掘图数据中的知识，为基于图数据的应用提供支撑。按照任务的粒度，可分为以图节点分类为代表的节点级别任务、以链接预测为代表的边级别任务、以社区发现为代表的图级别任务。随着人工智能技术的快速发展，以图神经网络(graph neural network，GNN)为代表的深度学习模型实现了图数据与深度神经网络的有效结合。GNN 从节点、边和图层面实现了高效的表示学习，为众多场景下的图分析任务提供了端到端的支撑技术。以基于 GNN 的论文分类为例，论文特征的二维空间分布如图 7.2 所示，图 7.2(a)和(b)分别表示原始论文特征分布和经过 GNN 处理后的论文特征分布情况。可以看出，GNN 使同类节点的特征在空间上距离更近，即更新后的论文特征更容易区分。

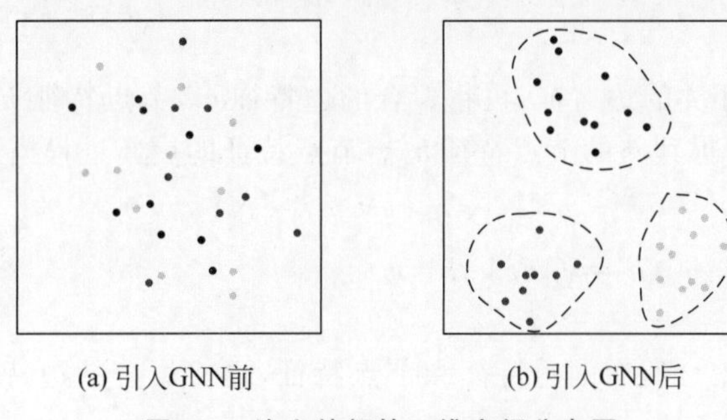

图 7.2　论文特征的二维空间分布图

图卷积网络(graph convolution network，GCN)作为一种典型的 GNN，是卷积神经网络在图数据上的自然推广。GCN 不仅能从空域(spatial domain)角度将图卷积操作定义为对邻居节点特征的聚合，还可从频域(spectral domain)和图信号处理的角度将图卷积操作定义为图滤波器。GCN 本质上是一个低通滤波器，能通过放大低频分量并减小高频分量来获取蕴含在数据低频分量中的有效信息。因此，可从频域的视角来理解基于空域的 GNN，相比基于频域的 GNN，基于空域的 GNN 不需要进行特征分解，在工程实践上也更具优越性。

本章首先介绍常用的 GNN 框架及基于 GNN 的图分析步骤，然后针对节点分类、链接预测和社区发现三类典型的图数据分析任务，分别介绍基于 GCN 的节点分类方法及论文分类应用、基于 GCN 的链接预测方法及论文引用预测应用、基于 GCN 的社区发现方法及学术社区发现应用。

7.2　图神经网络

GNN 是一类用于图数据建模与分析的神经网络，能利用图卷积操作聚合信息得到节点、边和图的特征。在常用的 GNN 模型中，消息传播神经网络(message passing neural network，MPNN)，为基于聚合与更新操作的 GNN 模型，以图注意力网络(graph attention network，GAT)为代表的非局部神经网络(non-local neural network，NLNN)，为基于注意力机制的 GNN 模型，图网络(graph network，GN)是对 MPNN 和 NLNN 的更一般化总结。

下面分别介绍 GN、MPNN 和 NLNN 框架。

一个具有节点特征、边特征和全图特征的图可表示为五元组 $G=(V,E,\boldsymbol{H},\boldsymbol{e},\boldsymbol{u})$，其中 $V=\{v_1,v_2,\cdots,v_n\}$ 表示节点的集合，E 表示边的集合，$\boldsymbol{H}=\{\boldsymbol{h}_i\}_{i=1}^{n}$ 表示节点特征的集合，$\boldsymbol{e}=\{\boldsymbol{e}_{\langle i,j\rangle}\mid\langle i,j\rangle\in E\}$ 表示边特征的集合，$\boldsymbol{u}$ 表示全图特征，$N(v_i)$ 表示节点 v_i 的邻居集合。

1. 基于 GN 框架的 GNN 建模

基于 GN 框架的 GNN 建模包括边更新、节点更新和图更新三个阶段，以及聚合和更新两种函数。聚合函数用 ρ 表示，旨在根据节点或边生成聚合特征；更新函数用 ϕ 表示，旨在根据聚合特征与自身特征生成新的节点、边或图特征。

1）边更新

将边 $\langle i,j\rangle$ 的特征 $\boldsymbol{e}_{\langle i,j\rangle}$、全图特征 $\boldsymbol{u}$、节点特征 $\boldsymbol{h}_i$ 和 $\boldsymbol{h}_j$ 作为输入，利用更新函数 ϕ^e 得到新的边特征 $\boldsymbol{e}'_{\langle i,j\rangle}$。边特征的更新过程描述如下：

$$\boldsymbol{e}'_{\langle i,j\rangle}=\phi^e(\boldsymbol{e}_{\langle i,j\rangle},\boldsymbol{h}_i,\boldsymbol{h}_j,\boldsymbol{u}) \tag{7-1}$$

2）节点更新

先聚合与节点 v_i 相关的边特征，再将聚合的边特征 $\bar{\boldsymbol{e}}'_i$、节点特征 $\boldsymbol{h}_i$ 和全图特征 $\boldsymbol{u}$ 作为输入，利用更新函数 ϕ^h 得到新的节点特征 $\boldsymbol{h}'_i$。节点特征的更新过程描述如下：

$$\bar{\boldsymbol{e}}'_i=\rho^{e\to h}([\boldsymbol{e}'_{\langle i,j\rangle},\forall v_j\in N(v_i)]) \tag{7-2}$$

$$\boldsymbol{h}'_i=\phi^h(\bar{\boldsymbol{e}}'_i,\boldsymbol{h}_i,\boldsymbol{u}) \tag{7-3}$$

3）图更新

对于全图特征，先聚合所有的边特征和节点特征，再将聚合的边特征 $\bar{\boldsymbol{e}}'$、聚合的节点特征 $\bar{\boldsymbol{h}}'$ 和全图特征 $\boldsymbol{u}$ 作为输入，利用更新函数 ϕ^u 得到新的全图特征 $\boldsymbol{u}'$。图特征更新过程描述如下：

$$\bar{\boldsymbol{e}}'=\rho^{e\to u}([\boldsymbol{e}'_{\langle i,j\rangle},\forall\langle i,j\rangle\in E]) \tag{7-4}$$

$$\bar{\boldsymbol{H}}'=\rho^{h\to u}(\boldsymbol{H}) \tag{7-5}$$

$$\boldsymbol{u}'=\phi^u(\bar{\boldsymbol{e}}',\bar{\boldsymbol{H}}',\boldsymbol{u}) \tag{7-6}$$

2. 基于 MPNN 框架的 GNN 建模

当不考虑更新边特征和全图特征时，GN 退化成更新节点特征的 MPNN。消息传播和节点更新的过程分别描述如下：

$$\bar{\boldsymbol{e}}'_i=\sum_{v_j\in N(v_i)}\rho^{e\to h}(\boldsymbol{e}_{\langle i,j\rangle},\boldsymbol{h}_i,\boldsymbol{h}_j) \tag{7-7}$$

$$\boldsymbol{h}'_i=\phi^h(\bar{\boldsymbol{e}}'_i,\boldsymbol{h}_i) \tag{7-8}$$

其中，式(7-7)表示聚合与节点 i 相关的边特征及节点特征，得到特征 $\bar{\boldsymbol{e}}'_i$，式(7-8)表示利用特征 $\bar{\boldsymbol{e}}'_i$ 更新节点 i 的特征 $\boldsymbol{h}_i$。

当基于 MPNN 框架的 GNN 为多层结构时，第 l 个图卷积层的计算过程如下：

$$\boldsymbol{o}_i^l=\sum_{v_j\in N(v_i)}\rho_l^{e\to h}(\boldsymbol{e}_{\langle i,j\rangle},\boldsymbol{h}_i^{l-1},\boldsymbol{h}_j^{l-1}) \tag{7-9}$$

$$\boldsymbol{h}_i^l=\phi_l^h(\boldsymbol{o}_i^l,\boldsymbol{h}_i^{l-1}) \tag{7-10}$$

3. 基于 NLNN 框架的 GNN 建模

MPNN 框架将某节点的邻居节点特征进行聚合并作用于该节点上，是典型的局部运算。为了捕捉非邻居节点的信息，使不同节点具有不同的影响，NLNN 将注意力机制引入到节点更新和消息传播过程中，描述如下：

$$\bar{\boldsymbol{e}}'_i = \sum_{v_j \in V} \psi(\boldsymbol{h}_j) \cdot \rho^{e \to h}(\boldsymbol{h}_i, \boldsymbol{h}_j) \tag{7-11}$$

其中，$\psi(\boldsymbol{h}_j)$为节点 v_j 的权重，式(7-11)表示聚合图中所有节点特征而得到特征$\bar{\boldsymbol{e}}'_i$，然后按照式(7-8)更新节点特征。

当基于 NLNN 框架的 GNN 为多层结构时，第 l 个图卷积层的计算过程如下：

$$\boldsymbol{o}_i^l = \sum_{v_j \in V} \psi(\boldsymbol{h}_j) \cdot \rho_l^{e \to h}(\boldsymbol{e}_{\langle i,j \rangle}, \boldsymbol{h}_i^{l-1}, \boldsymbol{h}_j^{l-1}) \tag{7-12}$$

根据以上 GNN 建模的思想，基于 GNN 进行图数据分析的主要步骤概括如下。

定义损失函数。根据具体图数据分析任务类别定义均方误差、交叉熵和负对数似然等损失函数。

搭建模型结构。根据任务输入和目标输出搭建 GNN 模型结构，包括输入层、图卷积层和输出层三部分。其中，输入层负责接收图数据，如图的邻接矩阵、节点特征矩阵、边特征矩阵等；图卷积层基于式(7-1)～式(7-6)得到边特征、节点特征和全图特征；输出层将图卷积层得到的特征映射为目标输出。

训练模型。基于损失函数和梯度下降法设计模型训练算法，更新图卷积层的参数。

实现图数据分析任务。基于训练好的 GNN 模型实现具体的图数据分析任务。

7.3 节点分类

7.3.1 节点分类概述

以论文分类为例，可基于“遗传算法”“神经网络”“理论研究”等主题将论文划分为多个类别，当读者需查询相关领域的论文时，按类别查询可提高检索速度。但面对规模庞大的论文时，标注所有论文的类别变得非常困难。针对上述问题，论文分类任务通过收集论文中各词出现的情况、论文之间的引用关系及部分论文的类别，并以论文为节点，以词出现情况为节点特征，以引用关系为边构建图节点分类模型，从而预测其他论文的类别，这是典型的图节点分类问题。

图节点分类是指，对于给定的图，根据图中部分已经标注的节点，对未标注的节点进行标注，属于有监督的分类任务。图节点分类方法可分传统方法和深度学习方法两类。传统方法主要包括关系分类(relational classification)、迭代分类(iterative classification)和信念传播(belief propagation)，这些方法优势在于实用性强且极易并行化，但无法保证模型的收敛性；深度学习方法主要包括基于 GCN 的图节点分类和基于 GAT 的图节点分类方法。基于 GCN 的图节点分类方法是目前图节点分类的主流方法，其优势在于利用图卷积操作对图中的信息进行聚合，同时学习图的拓扑结构和节点特征，使模型能在较少训练样本的条件下获得比传统方法更好的效果。基于 GAT 的方法主要在 GCN 基础上添加注意力机制，使模型能以不同权重进行节点特征的聚合，避免所有节点共用一个权重，但注意力机制使得模型变得更复杂，训练时需更大的时间开销。下面介绍基于 GCN 的图节点分类方法，并以学术论文分类任务为例介绍方法的应用。

7.3.2 基于GCN的节点分类

基于GCN的图节点分类方法，以描述图结构的邻接矩阵和描述节点特征的特征矩阵为输入，经过图卷积层将图结构信息和节点特征信息融合得到隐藏层表示，最后利用全连接层将隐藏层的表示转换成节点类别矩阵。下面介绍基于GCN的图节点分类方法的主要步骤。

1. 问题形式化

给定图 $G=(V,E,\boldsymbol{X})$，其中 $V=\{v_1,v_2,\cdots,v_n\}$ 表示节点集合，n 为图中节点的数量，E 表示边的集合，$\boldsymbol{X}$ 表示节点特征矩阵。算法输入为 G 的邻接矩阵 $\boldsymbol{A}$ 和特征矩阵 $\boldsymbol{X}$，输出为节点类别矩阵 $\boldsymbol{P}$，其中 P_{ij} 表示节点 v_i 分配到类别 j 的概率（$1\leqslant i\leqslant n,1\leqslant j\leqslant K$），$K$ 为节点类别的数量。

2. 损失函数定义

对于分类问题，常用如下交叉熵损失函数：

$$\mathcal{L}(\boldsymbol{Y},\boldsymbol{P})=-\frac{1}{n}\sum_{i=1}^{n}\sum_{j=1}^{K}Y_{ij}\log P_{ij} \tag{7-13}$$

其中，$\boldsymbol{Y}$ 为真实的节点类别矩阵，$\boldsymbol{P}$ 为预测的节点类别矩阵，Y_{ij} 为节点 i 属于类别 j 的概率。

3. 模型结构搭建

GCN主要包括输入层、图卷积层和输出层，用于图节点分类的GCN模型通过图卷积层将同类节点的特征变换为相似特征，输出层将其映射为分类结果，一个包含 L 个图卷积层的GCN模型结构如图7.3所示。

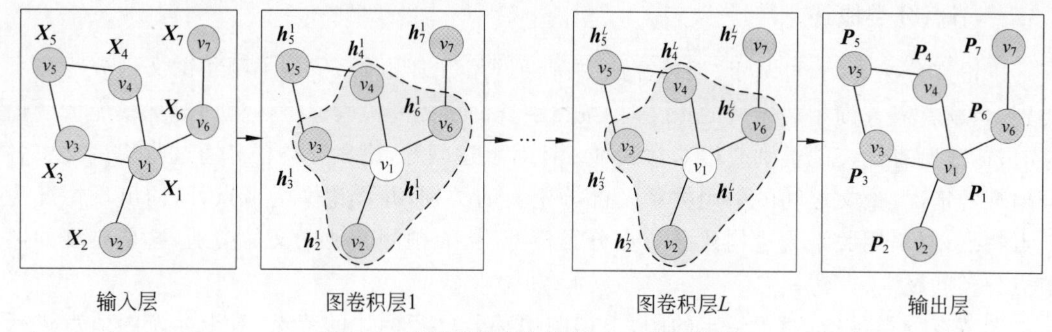

图7.3 用于图节点分类的GCN模型结构

1）输入层

图的邻接矩阵 $\boldsymbol{A}$ 和节点特征矩阵 $\boldsymbol{X}$。

2）图卷积层

基于式(7-9)和式(7-10)对邻居节点特征进行聚合操作，再通过更新函数得到新的节点特征，第 l 层节点 v_i 的特征更新过程描述如下：

$$\boldsymbol{h}_i^l=\phi_l^h\left(\sum_{v_j\in N(v_i)}\rho_l^{e\to h}(\boldsymbol{h}_i^{l-1},\boldsymbol{h}_j^{l-1}),\boldsymbol{h}_i^{l-1}\right) \tag{7-14}$$

其中，$\boldsymbol{h}_i^l$（$1\leqslant l\leqslant L$）表示第 l 个图卷积层输出节点 v_i 的特征。

图卷积操作本质上是对节点 v_i 及其邻居的特征先变换再聚合，描述如下：

$$\boldsymbol{h}_i^l = \Phi^l(v_i)\boldsymbol{h}_i^{l-1} + \sum_{v_j \in N(v_i)} \Psi^l(v_j)\boldsymbol{h}_j^{l-1} \tag{7-15}$$

其中，Φ^l 和 Ψ^l 为第 l 个图卷积层中的权重函数，$N(v_i)$为节点 v_i 邻居节点集合。

式(7-15)仅更新节点 v_i 的特征，而实际中图卷积操作要更新图中所有节点的特征。对图中所有节点的一阶邻居特征进行聚合，等价于将邻接矩阵与特征矩阵相乘；对所有节点的特征变换，等价于将特征矩阵和权重矩阵相乘。因此，式(7-15)可写为

$$\boldsymbol{H}^l = \sigma(\boldsymbol{A}\boldsymbol{H}^{l-1}\boldsymbol{W}^l) \tag{7-16}$$

其中，$\boldsymbol{H}^l$ 表示第 l 个图卷积层输出的节点特征矩阵，且 $\boldsymbol{H}^0 = \boldsymbol{X}$，$\boldsymbol{W}^l$ 表示第 l 个图卷积层待学习的权重矩阵，σ 表示形如 ReLU 的非线性激活函数。

为了提升 GCN 的泛化能力，避免训练过程中产生梯度爆炸或梯度消失的问题，通常在图卷积操作中对图的邻接矩阵进行归一化，式(7-16)可写为

$$\boldsymbol{H}^l = \sigma(\widetilde{\boldsymbol{A}}\boldsymbol{H}^{l-1}\boldsymbol{W}^l) \tag{7-17}$$

其中，$\widetilde{\boldsymbol{A}}$ 为归一化邻接矩阵，主要有随机游走归一化(random walk normalization)和对称归一化(symmetric normalization)。

若采用随机游走归一化，则按式(7-17)对 $\boldsymbol{A}$ 进行处理，表示节点接收到的一阶邻居信息的平均值。

$$\widetilde{\boldsymbol{A}} = \boldsymbol{D}^{-1}\boldsymbol{A} \tag{7-18}$$

其中，$\boldsymbol{D}$ 为 $\boldsymbol{A}$ 的度矩阵，D_{ii} 表示节点 i 的度数；若采用对称归一化，则按式(7-19)对 $\boldsymbol{A}$ 进行处理，表示节点接收到的一阶邻居信息的和的平均值。

$$\widetilde{\boldsymbol{A}} = \boldsymbol{D}^{-\frac{1}{2}}\boldsymbol{A}\,\boldsymbol{D}^{-\frac{1}{2}} \tag{7-19}$$

考虑到聚合过程中节点自身特征的消息传播，可在归一化中增加自循环，也就是使用 $\boldsymbol{I}+\boldsymbol{A}$ 代替 $\boldsymbol{A}$。

3) 输出层

利用 Softmax 函数，将最后一个卷积层输出的节点特征矩阵 $\boldsymbol{H}^L$ 映射为节点类别矩阵 $\boldsymbol{P}$：

$$\boldsymbol{P} = \mathrm{Softmax}(\boldsymbol{H}^L) \tag{7-20}$$

4. 模型训练

使用梯度下降法的 GCN 训练过程通常包括前向传播和反向传播两部分，前向传播将 $\boldsymbol{X}$ 作为输入，利用式(7-17)～式(7-20)得到节点类别矩阵 $\boldsymbol{P}$；反向传播先利用式(7-13)计算损失函数值，再计算权重矩阵的梯度，最后基于梯度更新权重，更新过程描述如下：

$$\boldsymbol{W}^l \leftarrow \boldsymbol{W}^l - \eta \frac{\partial\, \mathcal{L}(\boldsymbol{Y},\boldsymbol{P})}{\partial \boldsymbol{W}^l} \tag{7-21}$$

其中，$\eta(0<\eta<1)$为学习率。

算法 7.1 给出用于图节点分类的 GCN 模型训练过程，其目的是得到图节点分类模型的权重矩阵，时间复杂度为 $O(T\times n^2\times r)$，其中，T 为算法的总迭代次数，n 和 r 分别为节点数和特征维度。

算法 7.1　用于节点分类的 GCN 训练

输入：

$\widetilde{\boldsymbol{A}}$：归一化邻接矩阵，$\boldsymbol{X}$：节点特征矩阵，$\boldsymbol{Y}^{\mathrm{tr}}$：训练集对应的节点类别矩阵

变量：

L：图卷积层数，$\boldsymbol{d}$：图卷积层输出维度向量，$\eta(0<\eta<1)$：学习率，T：总迭代次数

输出：

$\{\boldsymbol{W}^l\}_{l=1}^L$：图卷积层的权重矩阵

步骤：

1. 令 $\boldsymbol{X}$ 的列数为 r　　//特征维度
2. 令 $\boldsymbol{Y}^{\mathrm{tr}}$ 的列数为 c　　//类别数
3. 随机初始化图卷积层中的所有权重矩阵 $\boldsymbol{W}^1_{r\times d_0}, \boldsymbol{W}^2_{d_0\times d_1}, \cdots, \boldsymbol{W}^L_{d_{L-1}\times c}$
4. For $t=1$ To T Do　　//模型训练
   //正向传播
5. 　$\boldsymbol{H}^1 \leftarrow \sigma(\widetilde{\boldsymbol{A}}\boldsymbol{X}\boldsymbol{W}^1)$　　//根据式(7-17)计算图卷积层结果
6. 　For $l=2$ To L Do
7. 　　$\boldsymbol{H}^l \leftarrow \sigma(\widetilde{\boldsymbol{A}}\boldsymbol{H}^{l-1}\boldsymbol{W}^l)$
8. 　End For
9. 　$\boldsymbol{P} \leftarrow \mathrm{Softmax}(\boldsymbol{H}^L)$　　//根据式(7-20)计算输出层结果
   //反向传播
10. 　从 $\boldsymbol{P}$ 中取出与 $\boldsymbol{Y}^{\mathrm{tr}}$ 对应的 $\boldsymbol{P}^{\mathrm{tr}}$　　// $\boldsymbol{P}^{\mathrm{tr}}$ 表示训练集对应的预测结果
11. 　$\mathcal{L}(\boldsymbol{Y}^{\mathrm{tr}}, \boldsymbol{P}^{\mathrm{tr}}) \leftarrow -\frac{1}{|\boldsymbol{Y}^{\mathrm{tr}}|}\sum_{i=1}^{|\boldsymbol{Y}^{\mathrm{tr}}|}\sum_{j=1}^{c} Y^{\mathrm{tr}}_{ij}\log P^{\mathrm{tr}}_{ij}$　　//根据式(7-13)计算损失函数值
12. 　For $l=1$ To L Do
13. 　　$\boldsymbol{W}^l \leftarrow \boldsymbol{W}^l - \eta\frac{\partial\mathcal{L}(\boldsymbol{Y}^{\mathrm{tr}}, \boldsymbol{P}^{\mathrm{tr}})}{\partial\boldsymbol{W}^l}$　　//根据式(7-21)更新图卷积层的权重矩阵
14. 　End For
15. End For
16. Return $\{\boldsymbol{W}^l\}_{l=1}^L$

基于训练好的 GCN 模型，利用前向传播得到节点类别矩阵。算法 7.2 给出基于 GCN 的图节点分类方法，时间复杂度为 $O(n^2\times r)$。

动画 7-1

算法 7.2　基于 GCN 的节点分类

输入：

$\widetilde{\boldsymbol{A}}$：归一化邻接矩阵，$\boldsymbol{X}$：节点特征矩阵（$\boldsymbol{X}$ 的行数和列数分别为 n 和 r），$\boldsymbol{Y}^{\mathrm{te}}$：测试集对应的节点类别矩阵，$\{\boldsymbol{W}^l\}_{l=1}^L$：图卷积层的权重矩阵

输出：

$\boldsymbol{P}^{\mathrm{te}}$：节点类别矩阵

步骤：

1. $\boldsymbol{H}^1 \leftarrow \sigma(\widetilde{\boldsymbol{A}}\boldsymbol{X}\boldsymbol{W}^1)$　　//根据式(7-17)计算图卷积层结果
2. For $l=2$ To L Do
3. 　$\boldsymbol{H}^l \leftarrow \sigma(\widetilde{\boldsymbol{A}}\boldsymbol{H}^{l-1}\boldsymbol{W}^l)$
4. End For
5. $\boldsymbol{P} \leftarrow \mathrm{Softmax}(\boldsymbol{H}^L)$　　//根据式(7-20)计算输出层结果
6. 从 $\boldsymbol{P}$ 中取出与 $\boldsymbol{Y}^{\mathrm{te}}$ 对应的 $\boldsymbol{P}^{\mathrm{te}}$　　//$\boldsymbol{P}^{\mathrm{te}}$ 表示测试集对应的预测结果
7. Return $\boldsymbol{P}^{\mathrm{te}}$

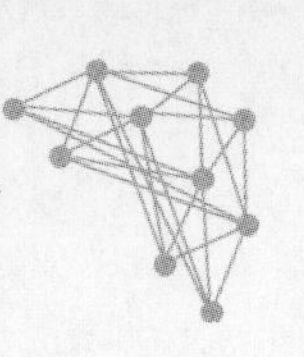

例 7.1　对于“遗传算法”“神经网络”和“理论研究”3 个类别的 7 篇论文，生成如图 7.4 所示的论文引用关系图，其中节点 v_i 表示论文 i，边表示引用关系。已知 $v_{2\sim7}$ 的类别，利用图节点分类模型预测 v_1 的类别，过程如下。

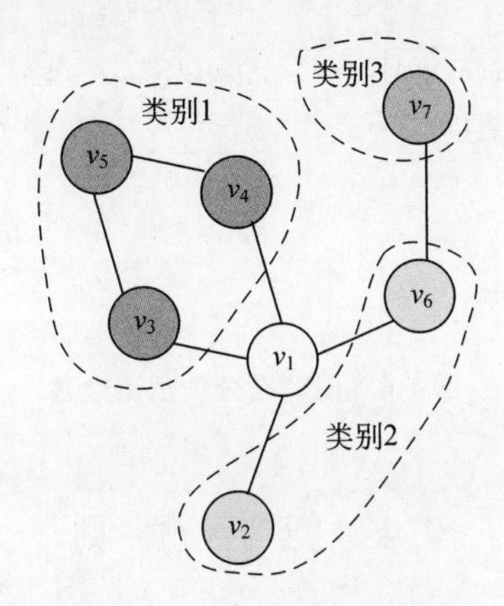

图 7.4　论文引用关系图

首先，对图 7.4 中的论文引用关系图进行预处理，得到归一化邻接矩阵 $\widetilde{\boldsymbol{A}}_{7\times7}$、节点特征矩阵 $\boldsymbol{X}_{7\times100}$、训练集对应节点类别矩阵 $\boldsymbol{Y}^{\text{tr}}_{7\times3}$、测试集对应节点类别矩阵 $\boldsymbol{Y}^{\text{te}}_{7\times3}$，如图 7.5 所示。

$$\widetilde{\boldsymbol{A}}=\begin{bmatrix}0 & 0.25 & 0 & 0 & 0 & 0.25 & 0\\1 & 0 & 0 & 0 & 0 & 0 & 0\\0.5 & 0 & 0 & 0 & 0.5 & 0 & 0\\0.5 & 0 & 0 & 0 & 0.5 & 0 & 0\\0 & 0 & 0.5 & 0.5 & 0 & 0 & 0\\0.5 & 0 & 0 & 0 & 0 & 0 & 0.5\\0 & 0 & 0 & 0 & 0 & 1 & 0\end{bmatrix}$$

$$\boldsymbol{X}=\begin{bmatrix}1 & 0 & \cdots & 1 & 0\\0 & 1 & \cdots & 1 & 0\\0 & 0 & \cdots & 0 & 0\\0 & 1 & \cdots & 1 & 1\\1 & 1 & \cdots & 1 & 1\\0 & 0 & \cdots & 1 & 1\\1 & 1 & \cdots & 1 & 0\end{bmatrix}\quad \boldsymbol{Y}^{\text{tr}}=\begin{bmatrix}0 & 0 & 0\\0 & 1 & 0\\1 & 0 & 0\\1 & 0 & 0\\1 & 0 & 0\\0 & 1 & 0\\0 & 0 & 1\end{bmatrix}\quad \boldsymbol{Y}^{\text{te}}=\begin{bmatrix}0 & 1 & 0\\0 & 1 & 0\\1 & 0 & 0\\1 & 0 & 0\\1 & 0 & 0\\0 & 1 & 0\\0 & 0 & 1\end{bmatrix}$$

图 7.5　论文引用关系预处理结果

然后，构建具有两个图卷积层的图节点分类模型。

接着，随机初始化 $\boldsymbol{W}^1_{7\times50}$ 和 $\boldsymbol{W}^2_{7\times3}$ 后，根据算法 7.1 训练 GCN，经过正向传播计算输出结果 $\boldsymbol{P}$，从 $\boldsymbol{P}$ 中取出 $\boldsymbol{Y}^{\text{tr}}$ 对应的 $\boldsymbol{P}^{\text{tr}}$，经过反向传播更新图卷积层权重矩阵 $\boldsymbol{W}^1$ 和 $\boldsymbol{W}^2$。

最后，根据算法 7.2 计算输出层结果 P，从 P 中取出 $\boldsymbol{Y}^{\text{te}}$ 对应的 $\boldsymbol{P}^{\text{te}}$，其中 $P^{\text{te}}_{1,2}=0.9$，表示 v_1 属于类别 2 的概率为 0.9，高于其他类别。因此 v_1 预测结果为类别 2，预测结果如图 7.6 所示。

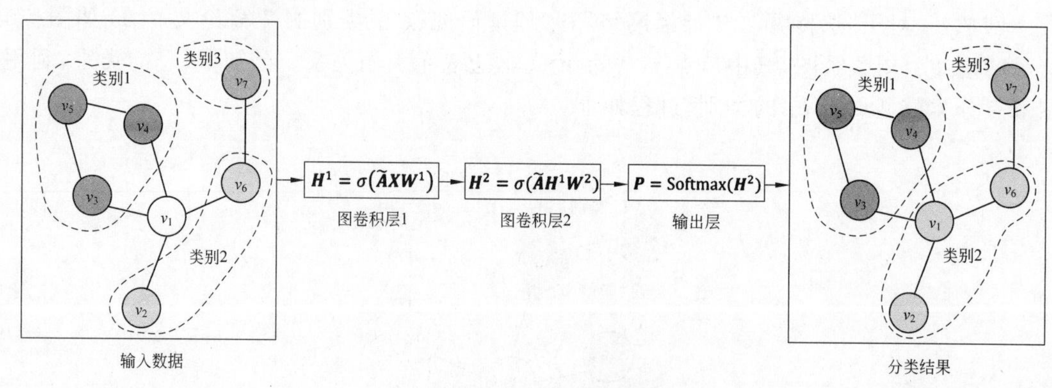

图 7.6　图节点分类预测过程

7.4　链接预测

7.4.1　链接预测概述

以学术搜索为例，为了体现不同领域论文间的引用关系，方便读者高效地搜索论文，学术社交网络广泛应用于论文引用关系的描述和建模，通过该网络可找到与某篇论文相关的其他论文。然而，由于论文的数量巨大，无法将全部论文的引用关系添加到网络中，使得读者搜索论文的效率变低。为此，需预测网络中节点之间是否存在边，间接地描述论文间的引用关系，这是典型的链接预测问题。

链接预测针对给定图中节点间的关系及节点属性来预测两个节点之间是否存在边，进而预测网络中实体间是否存在关系，属于有监督的二分类任务。链接预测的常用方法包括基于相似性的方法、基于降维技术的方法和基于 GNN 的方法。编码器—解码器架构是基于 GNN 的链接预测方法的主流框架，而在众多编码器中，基于 GCN 实现的编码器表现出强大的学习能力和数据适应能力，本节以学术社交网络为例，介绍基于 GCN 的链接预测算法。

7.4.2　基于 GCN 的链接预测

基于 GCN 的链接预测方法以描述图结构的邻接矩阵和描述节点特征的特征矩阵为输入，经过图卷积层构造的编码器对输入进行编码，得到低维的节点特征，然后通过点积操作进行解码，得到重构邻接矩阵。下面介绍算法的主要步骤。

1. 问题形式化

针对图 $G=(V,E,\boldsymbol{X})$，其中 $V=\{v_1,v_2,\cdots,v_n\}$ 表示节点集合，n 为图中节点的数量，E 表示论文边集合，$\boldsymbol{X}$ 表示节点特征矩阵。算法输入为图 G 的邻接矩阵 $\boldsymbol{A}$ 和节点属性矩阵 $\boldsymbol{X}$，输出 G 的重构邻接矩阵 $\hat{\boldsymbol{A}}$，$\hat{A}_{i,j}$ 表示节点 i 与 j 之间存在边的概率。

2. 损失函数定义

针对链接预测任务，模型训练目的是优化图卷积层权重，进而使得 $\hat{\boldsymbol{A}}$ 与 $\boldsymbol{A}$ 尽量相似，使用如下交叉熵损失函数：

$$\mathcal{L}(\boldsymbol{A},\hat{\boldsymbol{A}})=\frac{1}{n}\sum_{i=1}^{n}\sum_{j=1}^{n}(A_{ij}\log\hat{A}_{ij}+(1-A_{ij})\log(1-\hat{A}_{ij}))\tag{7-22}$$

3. 模型结构搭建

用于链接预测的GCN模型主要包括输入层、编码器和解码器，通过编码器对节点特征进行降维，得到图卷积层特征，然后利用解码器计算节点间的点积和，得到重构邻接矩阵，最后通过重构邻接矩阵可得到节点间链接预测结果，模型结构如图7.7所示。

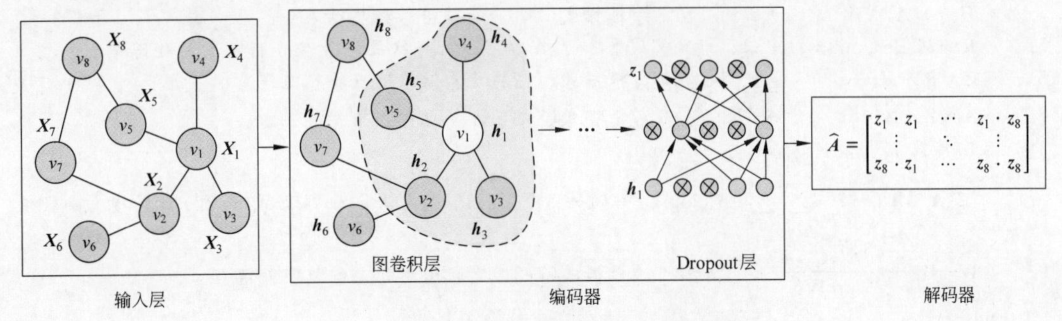

图7.7 用于图链接预测的GCN模型结构

1）输入层

图的邻接矩阵 $\mathbf{A}$ 和节点的特征矩阵 $\boldsymbol{X}$。

2）编码器

编码器由图卷积层和Dropout层实现，目的是将节点特征映为低维节点特征矩阵 $\boldsymbol{Z}$。图卷积层对节点特征进行聚合和更新操作，得到图卷积层特征 $\boldsymbol{H}$。Dropout层为了防止过拟合，对 $\boldsymbol{H}$ 中的权重进行调整。首先设置Dropout层参数 α，然后对分布Bernoulli(α)进行采样，得到矩阵 $\boldsymbol{R}$，最后将 $\boldsymbol{R}$ 与 $\boldsymbol{H}$ 相乘得到 $\boldsymbol{Z}$，上述过程描述如下：

$$\begin{aligned} \boldsymbol{R} &\sim \text{Bernoulli}(\alpha) \\ \boldsymbol{Z} &= \boldsymbol{R} \times \boldsymbol{H} \end{aligned} \tag{7-23}$$

3）解码器

对 $\boldsymbol{Z}$ 进行点积操作，根据式(7-24)得到重构邻接矩阵 $\hat{\mathbf{A}}$：

$$\hat{\mathbf{A}} = \boldsymbol{Z} \cdot \boldsymbol{Z}^{\mathrm{T}} \tag{7-24}$$

4. 模型训练

基于GCN的链接预测训练，首先对 $\mathbf{A}$ 随机删减边，分别构造训练集邻接矩阵 $\mathbf{A}^{\mathrm{tr}}$ 和测试集邻接矩阵 $\mathbf{A}^{\mathrm{te}}$。使用 $\mathbf{A}^{\mathrm{tr}}$ 训练模型，通过前向传播得到重构邻接矩阵 $\hat{\mathbf{A}}$，然后利用式(7-22)计算损失函数值，再计算权重矩阵的梯度，最后利用式(7-21)更新权重矩阵。

算法7.3给出用于链接预测的GCN模型训练过程，其目的是得到链接预测模型的权重矩阵。为了描述方便，本算法以一个图卷积层为例介绍GCN的训练，时间复杂度为 $O(T\times n^2 \times r)$，其中，T 为算法的总迭代次数，n 和 r 分别为节点数和特征维度。

算法7.3 用于链接预测的GCN训练

输入：

　$\mathbf{A}^{\mathrm{tr}}$：训练集图的邻接矩阵，$\boldsymbol{X}$：图节点的特征矩阵

变量：

　d：图卷积层输出维度，$\eta(0<\eta<1)$：学习率，α：Dropout层参数，T：总迭代次数

输出：

　$\boldsymbol{W}$：图卷积层的权重矩阵

步骤：
1. 令 $\boldsymbol{X}$ 的列数为 r //特征维度
2. 随机初始化图卷积层中的权重矩阵 $\boldsymbol{W}_{r\times d}$
3. For $t=1$ To T Do //模型训练
   //正向传播
4. $\boldsymbol{H}\leftarrow\sigma(\boldsymbol{A}^{\text{tr}}\boldsymbol{XW})$ //根据式(7-16)计算图卷积层结果
5. $\boldsymbol{R}\leftarrow$从 Bernoulli(α)中采样 //重复 $n\times d$ 次采样，将结果保存在 n 行 d 列的矩阵中
6. $\boldsymbol{Z}\leftarrow\boldsymbol{R}\times\boldsymbol{H}$ //根据式(7-23)计算低维节点特征矩阵
7. $\hat{\boldsymbol{A}}\leftarrow\boldsymbol{Z}\cdot\boldsymbol{Z}^T$ //根据式(7-24)计算重构邻接矩阵
   //反向传播
8. $\mathcal{L}(\boldsymbol{A}^{\text{tr}},\hat{\boldsymbol{A}})\leftarrow\frac{1}{n}\sum_{i=1}^{n}\sum_{j=1}^{n}(A_{ij}^{\text{tr}}\log\hat{A}_{ij}+(1-A_{ij}^{\text{tr}})\log(1-\hat{A}_{ij}))$ //根据式(7-22)计算损失函数值
9. $\boldsymbol{W}\leftarrow\boldsymbol{W}-\eta\frac{\partial\mathcal{L}(\boldsymbol{A}^{\text{tr}},\hat{\boldsymbol{A}})}{\partial\boldsymbol{W}}$ //根据式(7-21)更新图卷积层的权重矩阵
10. End For
11. Return $\boldsymbol{W}$

基于训练好的 GCN 模型，使用 $\boldsymbol{A}^{\text{te}}$ 验证模型，利用前向传播得到重构邻接矩阵。算法 7.4 给出基于 GCN 的链接预测方法，时间复杂度为 $O(n^2)$。

算法 7.4 基于 GCN 的链接预测

动画 7-2

输入：

$\boldsymbol{A}^{\text{te}}$：测试集图的邻接矩阵，$\boldsymbol{X}$：节点特征矩阵，$\boldsymbol{W}$：图卷积层的权重矩阵

输出：

$\hat{\boldsymbol{A}}$：重构邻接矩阵

步骤：
1. $\boldsymbol{H}\leftarrow\sigma(\boldsymbol{A}^{\text{te}}\boldsymbol{XW})$ //根据式(7-16)计算图卷积层结果
2. $\boldsymbol{Z}\leftarrow\boldsymbol{R}\times\boldsymbol{H}$ //根据式(7-23)计算低维节点特征表示
3. $\hat{\boldsymbol{A}}\leftarrow\boldsymbol{Z}\cdot\boldsymbol{Z}^{\text{T}}$ //根据式(7-24)计算重构邻接矩阵
4. Return $\hat{\boldsymbol{A}}$

例 7.2 图 7.8 给出 8 篇论文的学术社交网络，其中节点 v_i 表示论文 i，边表示论文间的引用关系。利用链接预测模型预测论文 1 和论文 5 之间是否存在关系，过程如下。

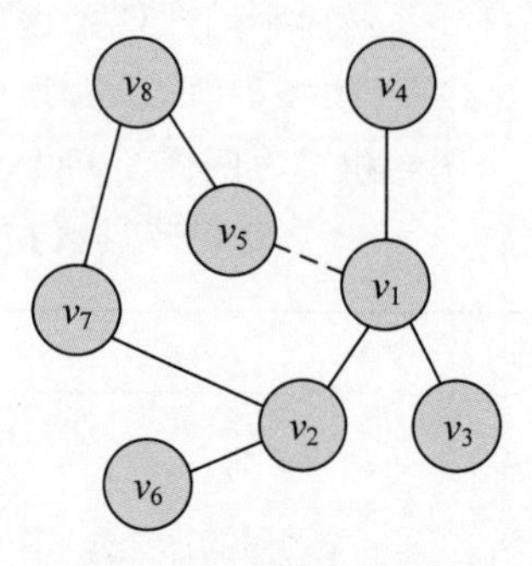

图 7.8 学术社交网络示例

首先,对图 7.8 中学术社交网络进行预处理,得到邻接矩阵 $\boldsymbol{A}_{8\times 8}$ 及节点特征矩阵 $\boldsymbol{X}_{8\times 100}$,随机删除 G 的边,得到训练集邻接矩阵 $\boldsymbol{A}^{\text{tr}}_{8\times 8}$ 和测试集 $\boldsymbol{A}^{\text{te}}_{8\times 8}$,如图 7.9 所示。

$$
\boldsymbol{A}=\begin{bmatrix}
0&1&1&1&1&0&0&0\\
1&0&0&0&0&1&1&0\\
1&0&0&0&0&0&0&0\\
1&0&0&0&0&0&0&0\\
1&0&0&0&0&0&0&1\\
0&1&0&0&0&0&0&0\\
0&1&0&0&0&0&0&1\\
0&0&0&0&1&0&1&0
\end{bmatrix}
\quad
\boldsymbol{X}=\begin{bmatrix}
1&0&\cdots&1&0\\
1&1&\cdots&1&1\\
0&1&\cdots&1&0\\
1&0&\cdots&0&0\\
1&1&\cdots&0&0\\
0&1&\cdots&0&1\\
0&0&\cdots&0&1\\
0&0&\cdots&0&0
\end{bmatrix}
$$

$$
\boldsymbol{A}^{\text{tr}}=\begin{bmatrix}
0&1&0&1&0&0&0&0\\
0&0&0&0&0&1&1&0\\
1&0&0&0&0&0&0&0\\
0&0&0&0&0&0&0&0\\
1&0&0&0&0&0&0&1\\
0&0&0&0&0&0&0&0\\
0&1&0&0&0&0&0&1\\
0&0&0&0&1&0&0&0
\end{bmatrix}
\quad
\boldsymbol{A}^{\text{te}}=\begin{bmatrix}
0&0&1&1&1&0&0&0\\
1&0&0&0&0&0&1&0\\
0&0&0&0&0&0&0&0\\
1&0&0&0&0&0&0&0\\
0&0&0&0&0&0&0&1\\
0&1&0&0&0&0&0&0\\
0&1&0&0&0&0&0&1\\
0&0&0&0&1&0&1&0
\end{bmatrix}
$$

图 7.9 学术社交网络预处理结果

然后,构建具有一个图卷积层链接预测模型,如图 7.10 所示。

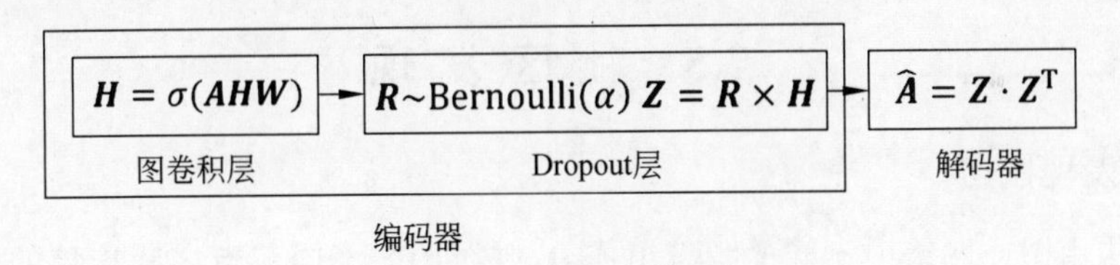

图 7.10 链接预测模型示例

接着,随机初始化 $\boldsymbol{W}$,根据算法 7.3 训练 GCN,经过正向传播计算 $\boldsymbol{A}^{\text{tr}}$ 对应结果 $\hat{\boldsymbol{A}}^{\text{tr}}$,经过反向传播更新图卷积层权重,权重矩阵如图 7.11 所示。

$$
\boldsymbol{W}=\begin{bmatrix}
0&1&0&0&0&0&0&0&0&1\\
0&1&0&1&0&0&0&0&0&0\\
0&0&0&0&0&0&0&0&0&0\\
0&0&0&0&0&0&0&0&0&0\\
0&0&0&0&0&0&0&0&0&0\\
0&0&0&0&0&0&0&0&0&0\\
0&0&0&0&0&0&0&0&0&0\\
0&1&1&0&0&0&0&0&0&0
\end{bmatrix}
$$

图 7.11 权重矩阵

进一步,根据算法 7.4,计算 $\boldsymbol{A}^{\text{te}}$ 对应结果 $\hat{\boldsymbol{A}}^{\text{te}}$,如图 7.12 所示。

$$
\hat{\boldsymbol{A}}^{\mathrm{te}}=\begin{bmatrix}
0 & 0 & 0.9 & 0.7 & 0.9 & 0 & 0 & 0\\
0.8 & 0 & 0 & 0 & 0 & 0 & 0.9 & 0\\
0 & 0 & 0 & 0.5 & 0 & 0 & 0 & 0\\
0.8 & 0 & 0.2 & 0 & 0 & 0.5 & 0 & 0\\
0 & 0 & 0 & 0 & 0.5 & 0 & 0.1 & 1\\
0 & 0.9 & 0 & 0 & 0 & 0 & 0 & 0\\
0 & 0.8 & 0 & 0 & 0 & 0 & 0 & 0.7\\
0 & 0 & 0 & 0 & 0.8 & 0 & 1 & 0
\end{bmatrix}
$$

图 7.12　重构邻接矩阵

最后，若 $\hat{A}_{i,j}^{\mathrm{te}}>0.5$，则论文 i 和论文 j 之间存在引用关系，根据 $\hat{A}_{1,5}^{\mathrm{te}}=0.9$，可推断论文 1 和论文 5 之间存在引用关系，如图 7.13 所示。

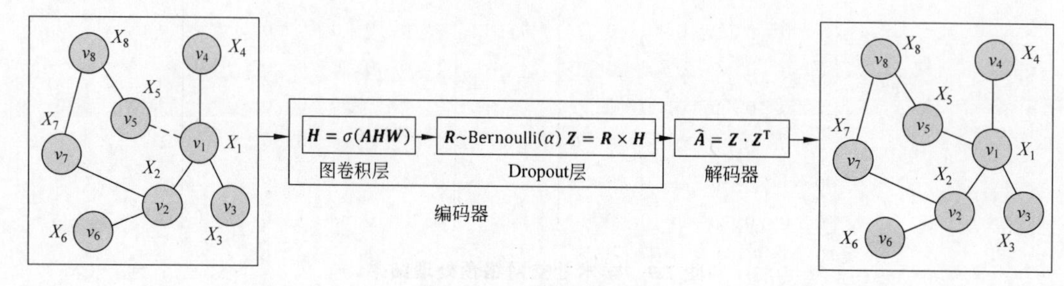

图 7.13　链接预测示例

7.5　社区发现

7.5.1　社区发现概述

社区结构由图或网络中不同的“簇”组成，反映了图中不同节点之间连接的紧密程度，社区内部连边密集，社区之间连边稀疏。图 7.14(a)为论文引用网络中的简单社区结构示意图，共包括 2 个社区，每一个社区代表特定的研究领域。与节点分类不同，社区存在层次性和重叠性特点，前者表现为低层次社区总出现在高层次社区中，后者表现为单个节点可属于多个社区。

社区发现(也称社区检测)任务，针对给定图中节点间的关系及节点属性来挖掘图中潜在的社区结构，属于无监督的聚类。社区发现算法主要包括传统方法和深度学习方法，传统方法包括图分割、层次聚类、统计推断、动态技术、谱聚类及优化器等，深度学习方法主要包括基于 CNN 和 GNN 的端对端模型。基于 CNN 的社区发现方法，优势在于能够处理不完整图，从部分图信息中逐渐恢复完整的图信息，但由于 CNN 通常用于处理图像数据，对输入的图需进行预处理。为了提高 CNN 处理图数据的效率，GCN 既保留了 CNN 的优势，同时也弥补了 CNN 不能直接处理图的缺陷，能进一步利用网络结构信息提升社区发现效果。本节介绍基于 GCN 的社区发现算法，并以学术论文社区发现任务为例介绍方法的应用。

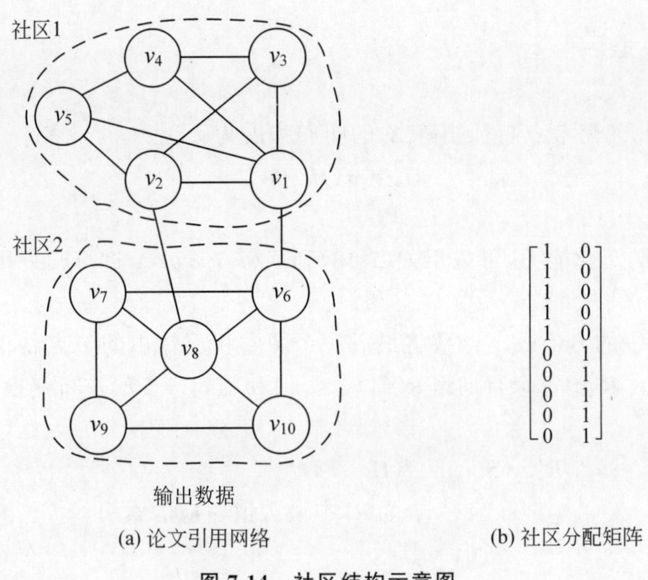

(a) 论文引用网络　　(b) 社区分配矩阵

图 7.14　社区结构示意图

7.5.2　基于 GCN 的社区发现

基于 GCN 的社区发现，基本思想是以描述图结构的邻接矩阵为输入，经过图卷积层提取含有图结构信息的节点特征，通过损失函数优化特征，将特征相似的节点分配到相同社区，最终得到社区结构。下面介绍算法的主要步骤。

1. 问题形式化

针对图 $G=(V,E)$，其中 $V=\{v_1,v_2,\cdots,v_n\}$ 表示节点集合，n 为图中节点的数量，E 表示论文边集合。算法输入为 G 的邻接矩阵 $\boldsymbol{A}$，输出为分配矩阵 $\boldsymbol{R}$，$R_{ij}=1$ 表示节点 v_i 分配到第 j 个社区，$R_{ij}=0$ 表示节点 v_i 未被分配到第 j 个社区，S 为社区数量($1\leqslant i\leqslant n$，$1\leqslant j\leqslant S$)，图 7.14(b)给出图 7.14(a)所对应的社区分配矩阵 $\boldsymbol{R}$。

2. 损失函数

针对社区发现任务，模型训练的目的是优化图卷积层权重，使得每一个节点连接同一社区中其他节点的边数都不小于该节点连接其他社区中节点的边数，因此使用如下损失函数：

$$\mathcal{L}(\boldsymbol{A},\boldsymbol{R})=1-\frac{1}{2m}\sum_{i=0,j=0,i\neq j}^{n}\left(A_{ij}-\frac{d_i d_j}{2m}\right)(\boldsymbol{R}_i\times\boldsymbol{R}_j^{\mathrm{T}}) \tag{7-25}$$

其中，m 表示 G 中边的数量；$(\boldsymbol{R}_i\times\boldsymbol{R}_j^{\mathrm{T}})$ 表示节点 i 和节点 j 是否在相同社区，若在相同社区，则值为 1，否则为 0；d_i 表示节点 v_i 的度。损失值越小说明社区内节点间的连接越密集。

3. 模型结构搭建

用于社区发现的 GCN 模型与用于图节点分类的 GCN 模型类似，由输入层、图卷积层和输出层组成。两者的主要区别在于图节点分类模型的输入层可为单节点构成的图，而社区发现模型输入必须是多节点构成的图。模型结构如图 7.3 所示，图卷积层将属于同一社区的节点特征变换为相似特征，输出层将特征相似的节点分配到相同社区内。

1）输入层

图的邻接矩阵 $\boldsymbol{A}$。

2）图卷积层

基于式(7-16)，忽略节点特征矩阵 $\boldsymbol{X}$ 的图卷积层为

$$\boldsymbol{H}^l=\sigma(\boldsymbol{H}^{l-1}\boldsymbol{W}^l) \tag{7-26}$$

其中，$\boldsymbol{H}^0=\boldsymbol{A}$。

为提升 GCN 的泛化能力，可采用式(7-18)和式(7-19)对 $\boldsymbol{A}$ 进行归一化。

3）输出层

利用式(7-27)中的 Softmax 函数将最后一个图卷积层输出的节点特征矩阵 $\boldsymbol{H}^L$ 映射为概率矩阵 $\boldsymbol{R}'$，然后对 $\boldsymbol{R}'$ 中每个行向量 $\boldsymbol{R}_i'(1\leqslant i\leqslant n)$ 利用式(7-28)进行变换，得到社区分配矩阵 $\boldsymbol{R}$：

$$\boldsymbol{R}'=\text{Softmax}(\boldsymbol{H}^L) \tag{7-27}$$

$$R_{ij}=\begin{cases}1, & j\text{ 为 }\boldsymbol{R}_i'\text{ 中最大值对应的索引}\\0, & \text{其他}\end{cases} \tag{7-28}$$

4. 基于 GCN 的社区发现算法

基于 GCN 的社区发现算法包括前向传播和反向传播两个部分。前向传播目的是得到节点分配结果，将 $\boldsymbol{A}$ 作为输入，利用式(7-26)～式(7-28)得到分配矩阵 $\boldsymbol{R}$；反向传播的目的是优化图卷积层的权重矩阵，利用式(7-25)计算损失函数值，再计算权重矩阵的梯度，最后利用式(7-19)更新权重。算法 7.5 给出 GCN 的训练方法，时间复杂度为 $O(T\times n^2\times d_1)$，其中 d_1 为权重矩阵中最大的特征维度。

算法 7.5　基于 GCN 的社区发现

输入：

　$\boldsymbol{A}$：归一化邻接矩阵，K：社区个数

变量：

　L：图卷积层数，$\boldsymbol{d}$：图卷积层输出维度向量 $\eta(0<\eta<1)$：学习率，T：迭代次数

输出：

　$\boldsymbol{R}$：分配矩阵

步骤：

1. 令 $\boldsymbol{A}$ 的行数为 n　　//节点数
2. 随机初始化图卷积层中的所有权重矩阵 $\boldsymbol{W}^1_{n\times d_1},\boldsymbol{W}^2_{d_1\times d_2},\cdots,\boldsymbol{W}^L_{d_{L-1}\times K}$
3. For $t=1$ To T Do　　//模型训练

　//正向传播

4. 　$\boldsymbol{H}^1\leftarrow\sigma(\boldsymbol{A}\boldsymbol{W}^1)$　　//根据式(7-26)计算图卷积层结果
5. 　For $l=2$ To L Do
6. 　　$\boldsymbol{H}^l\leftarrow\sigma(\boldsymbol{H}^{l-1}\boldsymbol{W}^l)$　　//根据式(7-26)计算图卷积层结果
7. 　End For
8. 　$\boldsymbol{R}'\leftarrow\text{Softmax}(\boldsymbol{H}^L)$　　//根据式(7-27)计算输出层结果
9. 　根据式(7-28)将 $\boldsymbol{R}'$ 变换为 $\boldsymbol{R}$

　//反向传播

10. 　$\mathcal{L}(\boldsymbol{A},\boldsymbol{R})\leftarrow 1-\frac{1}{2m}\sum_{i=0,j=0,i\neq j}^{n}\left(A_{ij}-\frac{d_id_j}{2m}\right)(\boldsymbol{R}_i\times\boldsymbol{R}_j^{\mathrm{T}})$　　//根据式(7-25)计算损失函数值

动画 7-3

```
11.         For l=1 To L Do
12.             W^l ← W^l − η ∂L(A,R)/∂W^l        //根据式(7-19)更新图卷积层的权重矩阵
13.         End For
14. End For
15. Return R
```

例 7.3　构建如图 7.15 所示的 15 篇论文的引用网络，利用算法 7.5 发现图中潜在的社区结构，过程如下。

首先，对图 7.15 进行预处理，得到邻接矩阵 $\boldsymbol{A}_{10\times10}$，如图 7.16 所示。

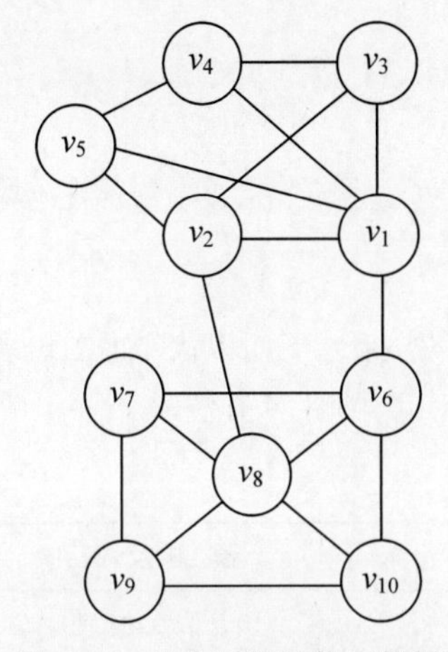

图 7.15　论文引用网络示例图

$$\boldsymbol{A}=\begin{bmatrix}0&1&1&1&1&1&0&0&0&0\\1&0&1&0&1&0&0&1&0&0\\1&1&0&0&0&0&0&0&0&0\\1&0&1&0&1&0&0&0&0&0\\1&1&0&1&0&0&0&0&0&0\\1&0&0&0&0&0&1&1&0&1\\0&0&0&0&0&1&0&1&1&0\\0&1&0&0&0&1&1&0&1&1\\0&0&0&0&0&0&1&1&0&1\\0&0&0&0&0&1&0&1&1&0\end{bmatrix}$$

图 7.16　论文引用网络邻接矩阵

然后，构建具有一个图卷积层的社区发现模型，如图 7.3 所示。

接着，随机初始化 $\boldsymbol{W}_{10\times2}$，根据算法 7.5 对网络进行社区划分，经过正向传播计算输出结果 $\boldsymbol{R}$，经过反向传播更新图卷积层权重矩阵 $\boldsymbol{W}$，如图 7.17 所示。

$$\boldsymbol{W}=\begin{bmatrix}1&0\\-0.12&-0.12\\0.97&-0.22\\-0.07&0.32\\-0.1&0.1\\0.22&0.02\\0.32&0.07\\-1.27&0.52\\0.92&0.32\\0.12&0.12\end{bmatrix}$$

图 7.17　权重矩阵 $\boldsymbol{W}$

进一步地，根据算法 7.5，迭代完成后返回输出层结果 $\boldsymbol{R}'$，并计算社区分配矩阵 $\boldsymbol{R}$，如图 7.18 所示。

$$
\boldsymbol{R}' = \begin{bmatrix} 0.9 & 0.1 \\ 0.6 & 0.4 \\ 0.8 & 0.2 \\ 0.9 & 0.1 \\ 0.7 & 0.3 \\ 0.4 & 0.6 \\ 0.2 & 0.8 \\ 0.2 & 0.8 \\ 0.1 & 0.9 \\ 0 & 1 \end{bmatrix} \quad \boldsymbol{R} = \begin{bmatrix} 1 & 0 \\ 1 & 0 \\ 1 & 0 \\ 1 & 0 \\ 1 & 0 \\ 0 & 1 \\ 0 & 1 \\ 0 & 1 \\ 0 & 1 \\ 0 & 1 \end{bmatrix}
$$

图 7.18　分配结果 $\boldsymbol{R}$

最后，根据 $\boldsymbol{R}$ 得到 $v_{1\sim5}$ 属于社区 1，$v_{8\sim10}$ 属于社区 2。

7.6　评价指标

对于本章中 3 类典型的图数据分析任务，本节给出评价指标。下面以表 7.1 二分类问题的四种结果为例，介绍准确率、精确率、召回率、F_1 分数和 AUC 的计算方法。

表 7.1　二分类结果符号表

	预测正例	预测反例
真实正例	TP(真正类数)	FN(假反类数)
真实反例	FP(假正类数)	TN(真反类数)

(1) 准确率(accuracy)为预测正例占总样本的比例，描述分类模型是否有效，计算公式如下。

$$
\text{Accuracy} = \frac{\text{TP} + \text{TN}}{\text{TP} + \text{FN} + \text{FP} + \text{TN}} \tag{7-29}
$$

(2) 精确率(precision)为预测正例中真实正例所占比例，描述分类模型对于真实正例的识别能力，计算公式如下。

$$
\text{Precision} = \frac{\text{TP}}{\text{TP} + \text{FP}} \tag{7-30}
$$

(3) 召回率(recall)为真实正例中预测正例所占比例，描述分类模型对于真实正例的预测能力，计算公式如下。

$$
\text{Recall} = \frac{\text{TP}}{\text{TP} + \text{FN}} \tag{7-31}
$$

(4) F_1 分数(F_1 Score)为精确率和准确率的平均数，计算公式如下。

$$
F_1 = 2 \times \frac{\text{Precision} \times \text{Recall}}{\text{Precision} + \text{Recall}} \tag{7-32}
$$

(5) ROC 曲线(receiver operating characteristic curve)描述分类器的整体性能，根据不

同的阈值，以真阳率（TPR）为纵坐标，假阳率（FPR）为横坐标绘制的曲线，ROC曲线越靠左上方，表示分类器的准确性越高，计算方法如下。

$$\mathrm{TPR}=\frac{\mathrm{TP}}{\mathrm{TP}+\mathrm{FN}} \tag{7-33}$$

$$\mathrm{FPR}=\frac{\mathrm{FP}}{\mathrm{FP}+\mathrm{TN}} \tag{7-34}$$

例7.4　假设得到5个样本的预测结果，如表7.2所示，其中No.表示样本序号，Class表示样本真实类别、包含正例和反例，Score表示预测结果为正类的概率。

表7.2　二分类预测结果

No.	Class	Score	No.	Class	Score
1	T	0.9	4	T	0.6
2	T	0.8	5	F	0.5
3	F	0.7			

按照从高到低的顺序，依次将每个样本的Score值与阈值进行比较，对所有样本分为正反两类。当样本的Score值大于或等于当前阈值时，认为该样本为正例，否则为反例。例如，阈值为0.6时，那么样本1～4为正例，其他样本则为反例。每次选取一个不同的阈值，可得到一组TPR和FPR，即ROC曲线上的一点。最终可得到5组TPR和FPR的值，如图7.19所示。

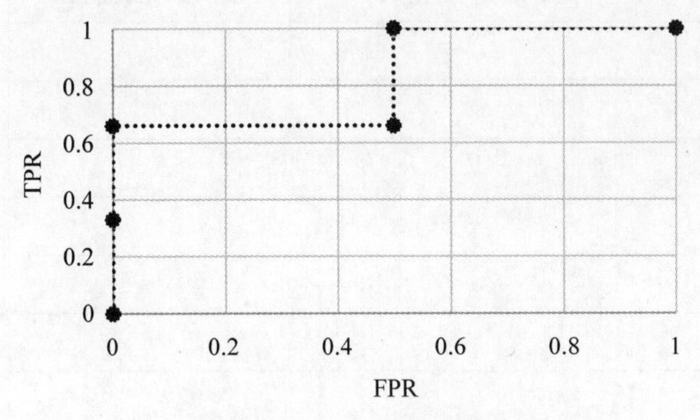

图7.19　ROC曲线示例图

(6) AUC(area under curve)为ROC曲线下面积总和，其优势在于不受阈值影响，可直观反映模型的整体预测能力。若模型输出为正例概率，则按照该概率从小到大排序，然后计算所有正样本的排位之和，再减去两个正样本的组合，最后取平均值；若模型输出为反例概率，则相反。模型输出为正例概率的AUC计算公式如下。

$$\mathrm{AUC}=\frac{\sum_{i\in F}\mathrm{rank}_i-\frac{Q_F(Q_F+1)}{2}}{Q_T+Q_F} \tag{7-35}$$

其中，Q_F表示正样本的数目，Q_T表示负样本的数目，rank_i表示第i个样本的排位，F表示正样本集合。

(7) 模块度(modularity)用于评估图划分的优劣,反映划分子图内部的边数与随机情况下的边数之差,计算公式如下。

$$Q=\frac{1}{2M}\sum_{i\neq j}\left(A_{ij}-\frac{d_i d_j}{2M}\right)\delta^{ij} \tag{7-36}$$

其中,$\boldsymbol{A}$ 是图的邻接矩阵,M 是图的总边数,d 是节点的度数,如果节点 v_i 和 v_j 同属于一个社区,则有 δ^{ij} 为 1,否则为 0。

(8) 归一化互信息(normalized mutual information,NMI),常用于度量两次图划分的相似程度。一般而言,将划分后所得分配矩阵 $\boldsymbol{R}$ 与节点真实分配矩阵 $\boldsymbol{Y}$ 相比较,若 $\boldsymbol{Z}$ 和 $\boldsymbol{Y}$ 划分越接近,算法有效性越高,计算公式如下。

$$\text{NMI}(\boldsymbol{Z},\boldsymbol{Y})=\frac{-2\sum_{i=1}^{|Z|}\sum_{j=1}^{|Y|}D_{ij}\log\left(\frac{n\cdot D_{ij}}{Z_i\cdot Y_j}\right)}{\sum_{i=1}^{|Z|}Z_i\log\left(\frac{Z_i}{n}\right)+\sum_{j=1}^{|Y|}Y_j\log\left(\frac{Y_j}{n}\right)} \tag{7-37}$$

其中,Z 表示社区算法的划分结果,Y 表示真实的划分结果,$|Z|$ 和 $|Y|$ 分别表示划分后社区的数;$\boldsymbol{D}$ 表示混淆矩阵,D_{ij} 表示 Z 划分中属于社区 i 而 Y 划分中属于社区 j 的节点数;Z_i 和 Y_j 分别表示两次划分中社区 i 和 j 的节点数。

针对本章所列举的 3 种图数据分析任务,以上 8 种评价指标的适用情况如表 7.3 所示。其中"√"表示指标适用于该任务,"×"表示指标不适用于该任务。

表 7.3 评价指标适用的图分析任务

	节点分类(有监督)	链接预测(有监督)	社区发现(无监督)
准确率	√	√	×
精确率	√	√	×
召回率	√	√	×
F1 分数	√	√	×
ROC	√	√	×
AUC	√	√	×
模块度	×	×	√
归一化互信息	×	×	√

7.7 思考题

1. GCN 本质上是一个低通滤波器,能通过放大低频分量并减小高频分量来获取蕴含在数据低频分量中的有效信息。请举例描述 GCN 在节点特征更新过程中如何放大或减小节点所接受的分量(即特征),并尝试从拉普拉斯算子的角度分析上述问题。

2. 本章 7.2 节介绍了 GN、MPNN 和 NLNN 三类 GNN 框架,请说明其异同,并举例说明基于三类框架的 GNN 模型。

3. GN、MPNN 和 NLNN 三类框架都包含聚合和更新两种操作，能否调换它们的次序，调换后会对 GNN 产生什么影响？并尝试通过图节点分类实验来验证可能存在的影响。

4. 本章 7.3 节介绍了随机游走归一化和对称归一化两种操作，旨在解决 GCN 训练过程中可能产生的梯度爆炸或梯度消失问题。当 GCN 网络层数较深时，是否存在其他方法解决此类问题？

5. ICA(iterative classification algorithm)是一个经典的图节点分类算法。查阅相关文献，分析 ICA 与本章介绍的基于 GCN 的节点分类算法的区别。

6. 本章 7.3 节中基于 GCN 的节点分类算法的计算时间开销与总迭代次数、节点数和特征维度相关。当节点特征的维度较高时，如何进行特征选择，以实现高效的节点分类？

7. 本章 7.4 节介绍了基于自编码器的 GCN 链接预测方法，该方法能预测两个节点之间是否存在边，属于有监督的二分类任务。实际应用中的关系往往有多个类别，甚至同时具有多个标签。请围绕解码器和损失函数，阐述实现多类别与多标签情形下的链接预测方法。

8. 本章 7.5 节基于 GCN 的社区发现算法使用模块度目标函数，请查阅资料讨论其他可用于社区发现的目标函数，并对比其异同。

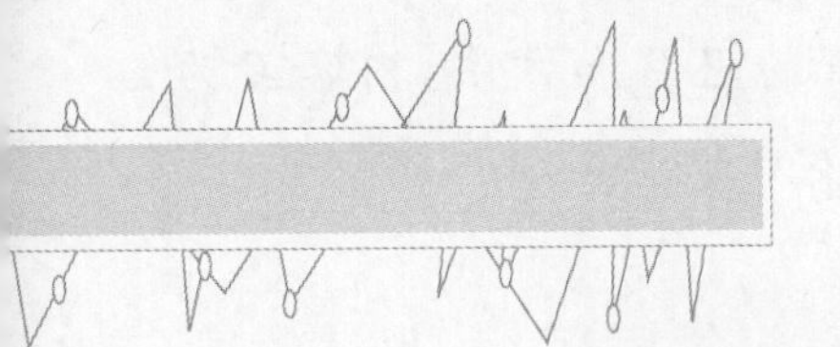

第 3 篇

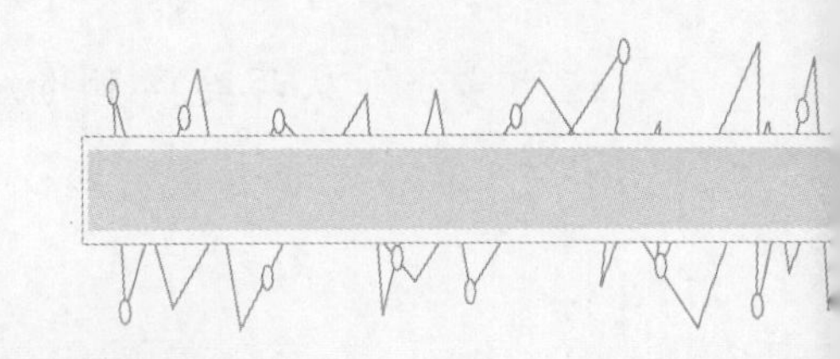

知识表示和知识推理篇

获取知识并用计算机能理解的方式进行表示，多年来一直是人工智能领域备受关注的问题；知识表示、知识发现、知识推理和知识融合，是知识工程的重要内容。随着大数据时代的到来，以及数据范式日益广泛地应用于实际问题的求解，面对海量且多源异构的数据，如何全面有效地发现并表示其中蕴含的知识，进而针对实际需求进行知识推理，成为智能系统走向实用的关键。

作为当代知识组织和异构信息表示的框架，知识图谱是一种用图模型描述知识并建模世界万物之间关联关系的技术方法，是语义网络、知识表示和本体论等相关技术相互影响和继承发展的结果，在辅助智能问答、自然语言理解、大数据分析、个性化推荐、可解释人工智能等领域呈现出丰富的应用价值。在知识图谱的研究与应用中，知识图谱构建、嵌入和推理，成为重要的研究课题。

贝叶斯网是不确定性知识表示和推理的基本框架，是该领域最有效的理论模型之一，它以概率论和图论为基础，有效刻画了图的概率性质，本身就是一种将多元知识图解可视化的概率知识表达和推理模型，更为贴切地描述了变量间的因果及条件依赖关系。贝叶斯网在处理不确定信息的智能化系统中具有广泛的应用，在医疗诊断、统计决策、专家系统、学习预测等领域取得了巨大的成功。

围绕不确定性知识表示和推理的研究与应用，贝叶斯网的构建和推理一直是本领域关注的重点。

第8章首先介绍知识图谱的概念，然后介绍知识图谱构建、嵌入和推理技术。第9章首先介绍贝叶斯网的概念，然后介绍贝叶斯网构建和概率推理算法。这两章分别从两类典型的知识模型出发介绍知识工程的思路和方法，内容互为补充，以期为读者奠定知识表示和知识推理方面的理论与技术基础。

第8章 知识图谱

8.1 知识图谱概述

随着信息技术的高速发展和 Web 2.0 的迅速普及，真实世界中的数据呈指数级增长，人们所采集的数据规模已达到 ZB 级别。这些数据记录了世界上行形形色色的人和事，以及其错综复杂的关联，并通过文本、图片和视频等载体得以表达。面对海量且多源异构的数据，如何全面有效地存储并表示其中蕴含的知识，以支持计算机模拟人的心智而实现知识推理，成为人工智能系统真正走向实用的关键。

作为当代知识组织和异构信息表示的典型框架，知识图谱(knowledge graph，KG)是一种用图模型描述知识和建模世界万物之间关联关系的技术方法，于 2012 年由谷歌提出，是语义网络、知识表示、本体论等相关技术相互影响和继承发展的结果。KG 由节点和边组成，节点可以是一个实体(如一个人、一本书)或一个抽象概念(如人工智能)；边可以是实体的属性(如姓名、书名)或实体间的关系(如朋友、配偶)。随着学界和业界对 KG 研究的不断深入，以 Freebase、Wikidata、DBpedia 和 YAGO 为代表的大规模知识库应运而生，KG 在辅助智能问答、自然语言理解、大数据分析、个性化推荐、可解释人工智能等领域展现出丰富的应用价值。

KG 由语义网发展而来，常用的组织形式包括资源描述框架(resource description framework，RDF)及其扩展、面向网络本体语言(web ontology language，WOL)等。其中，基于 RDF 的三元组(triple)是最基本的 KG 数据模型，KG 通过一系列形如〈头实体，关系，尾实体〉的三元组对真实世界中的知识进行结构化整理。

KG 可表示为三元组的集合 $G=(\langle h,r,t\rangle \mid h,t\in E, r\in R)$，其中 $E=\{e_1,e_2,\cdots,e_n\}$ 表示实体的集合，$R=\{r_1,r_2,\cdots,r_m\}$ 表示实体间关系的集合，三元组 $\langle h,r,t\rangle$ 表示实体 h 和实体 t 之间存在关系 r。

例 8.1 在古典名著《西游记》中，“菩提老祖和唐三藏是孙悟空的师傅”可由“〈孙悟空，师傅，菩提老祖〉”和“〈孙悟空，师傅，唐三藏〉”两个三元组表示，并以此为基础构建两条有向边，最终可构建包含上述实体及其间关系的 KG，如图 8.1 所示。

KG 是一个结构化的语义知识库，通过将互联网中积累的信息组织起来，以改变传统的信息检索方式，如何有效地从各种不同结构的海量数据中获取高质量、结构化的知识，以构建、完善并丰富现有知识库，是 KG 构建的首要问题。在实际应用中，大规模 KG 中的实体和关系面临着严重的数据稀疏问题，针对 KG 设计专门的图算法，存在可移植性差、计算复

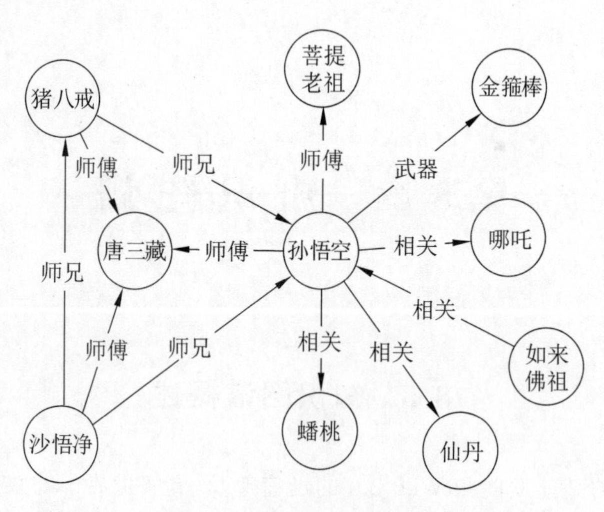

图 8.1 《西游记》KG 示例

杂度高等不足。如何将高维、稀疏的 KG 嵌入到低维稠密的向量空间,从而高效计算实体和关系的语义联系,解决数据稀疏问题,并显著提升知识获取、融合与推理的性能,是 KG 嵌入的关键所在。知识推理是人类智能活动的重要组成部分,也是人工智能的基础性研究内容,如何从 KG 中的知识出发,推断出新的或未知的知识,辅助人工智能由"感知智能"转为具备理解、推理和解释能力的"认知智能",是 KG 推理的核心问题。

利用自动或半自动的技术,从已有数据抽取知识要素(事实)并构建 KG,是 KG 下游任务的基础;进一步利用快速发展并广泛使用的表示学习技术对 KG 进行嵌入、提升 KG 的处理性能,并进行知识推理,是 KG 用于解决实际问题的基本计算步骤。本章围绕 KG 构建、KG 嵌入和 KG 推理,分别介绍其代表性方法。

8.2 知识图谱构建

KG 构建的核心任务是获取实体及其对应关系组成的三元组。现有数据按照其结构可分为结构化数据、半结构化数据和非结构化数据三类,结构化数据使用关系型数据库(如 MySQL 和 Oracle 等)进行表示和存储,由于其数据严格按照给定规则存储和排列,针对这类数据的三元组抽取,主要通过直接映射或定义映射规则等方法实现。半结构化数据中包含相关标记,以分隔语义元素,对记录和字段进行分层,该类数据结构和内容交叉重叠,没有明显区分,也称为自描述结构数据(如 XML、JSON 和 HTML 等格式的数据)。针对该类数据的三元组抽取,主要通过制定规则和混合抽取方式实现。非结构化数据是没有固定结构的数据(如文本、图片、视频和音频等),针对该类数据进行三元组抽取难度较大,且缺少处理不同类型非格式化数据的统一挖掘分析工具,而随着互联网和数据采集技术的快速发展,以及 Web 2.0 的迅速普及,非结构化数据规模急剧增长,远超结构化数据和半结构化数据,针对这类数据的三元组抽取是目前学界和业界关注的重点。

本节以文本这一最常见的非结构化数据为代表介绍 KG 构建的方法,按照信息获取的不同粒度,可分为命名实体识别(named entity recognition,NER)、关系抽取(relation extraction,RE)和实体关系联合抽取(joint extraction)三类,并分别以基于BERT-BiLSTM-CRF的命名实体识别方法、基于BERT-BiLSTM-Softmax的关系抽取方法及基于BiLSTM-LSTM-Softmax的联合抽取方法为代表,介绍其基本思想和主要算法。

8.2.1 命名实体识别

1. 基本概念

NER旨在从非结构化文本数据中抽取出具有特定意义的实体,主要包括人名、地名、组织名、机构名、日期、时间、货币和专有名词等,广泛应用于KG、舆情分析和文本理解等领域。例如,“孙大圣认得他,即叫:‘师傅,此乃是灵山脚下玉真观金顶大仙,他来接我们哩’。三藏方才醒悟,进前施礼”,可通过NER技术识别出“孙大圣”、“金顶大仙”和“三藏”为人名实体,“玉真观”为机构实体,“灵山”为地名实体。经典的NER方法主要包括基于规则和词典的方法、基于统计机器学习的方法及基于深度学习的方法。

基于规则和词典的方法通常采用人工制定的规则进行实体识别,首先由领域专家手工构建大量的规则模板,然后通过将文本与规则词典相匹配的方式实现命名实体识别,主要依赖统计信息、标点符号、关键字、指示词、方向词、位置词和中心词等特征。

基于统计机器学习的方法将NER视为序列标注任务,通过对训练语料所包含的语义信息进行统计和分析,挖掘出语料中的单词、上下文、词性、停用词、核心词及语义等特征,从而预测语句序列中各字符对应的标签类别,该类方法主要包括隐马尔可夫模型(hidden markov model,HMM)、最大熵模型(maximum entropy model,MEM)、支持向量机(support vector machine,SVM)和条件随机场模型(conditional random field,CRF)等。“特征模板+CRF”是目前的主流模型,其目标函数不仅考虑输入的状态特征函数,还包含标签转移特征函数,训练时使用随机梯度下降(stochastic gradient descent)法学习模型参数。CRF模型的优点在于标注的过程中可利用丰富的内部及上下文特征信息,为NER提供一个特征灵活且全局最优的标注框架,但同时存在收敛速度慢和训练时间长的问题。MEM模型和SVM模型的正确率高于HMM,但HMM模型在训练和识别时速度更快,更适用于对实时性有要求的应用。

基于深度学习的方法同样将NER视为序列标注任务,首先通过字符表示层获取序列中字符对应的基础嵌入,然后利用神经网络模型作为编码层,进一步学习字符的向量表示,获取其深层特征,最后通过解码层预测标签序列。表示层、编码层和解码层的主要任务如下。

(1) 表示层使用词向量特征、字符向量特征、形态学特征及实体词典特征,有效表达前缀和后缀信息,缓解低频词不可靠向量及未登录词(训练语料中未出现过的词汇)缺失向量等问题。例如,BERT和GPT等预训练模型基于大规模通用语料库,能较好地实现字符嵌入表示,使模型达到更好的识别效果。

(2) 编码层使用不同结构的网络捕获字符之间的上下文关联、不同距离依赖关系及句子结构依赖等信息。例如,卷积神经网络(convolutional neural network,CNN)能有效表达句子中字符的短距离依赖关系,BiLSTM能捕获上下文关联及长距离依赖关系,基于自注意力机制的Transformer结构能感知字符距离和前后关系。BiLSTM能较好地建模字符之间的不同距离依赖,而 CNN 和 Transformer 可并行计算、速度更快。

(3) 解码层使用不同分类器对字符所属的标签类别进行划分。例如,Softmax 分类器将序列标注转化为多分类问题,为句子中的每个字符独立计算其对应标签的概率。CRF 分类器不但能计算每个字符对应的标签概率,还同时考虑相邻字符标签之间的相互依赖关系,但针对长输入序列或多实体类型标签的速度较慢。循环神经网络(recurrent neural network,RNN)首先计算第一个位置的字符标签,然后基于前一个字符标签计算当前字符标签,在标签数量较多时速度比 CRF 快。

2. 基于 BERT-BiLSTM-CRF 的命名实体识别

BERT-BiLSTM-CRF 是一个将 NER 视为序列标注任务的端到端模型,该框架以 BERT 作为基础输入层编码方式,充分挖掘出字符的深层特征。以 BiLSTM 作为编码层模型,自动提取序列特征并捕获输入序列中字符的上下文关联和长距离依赖关系,以 CRF 作为解码层模型,以保证输出标签序列满足现实约束,提升输出序列标签的正确性。该模型首先通过有监督的训练得到模型的所有基础参数,然后通过该模型直接输出给定字符序列对应的标签序列。模型训练的输入为字符序列,输出为模型参数;预测过程的输入为给定字符组成的句子序列,输出为其对应的标签序列。模型的整体框架如图 8.2 所示。

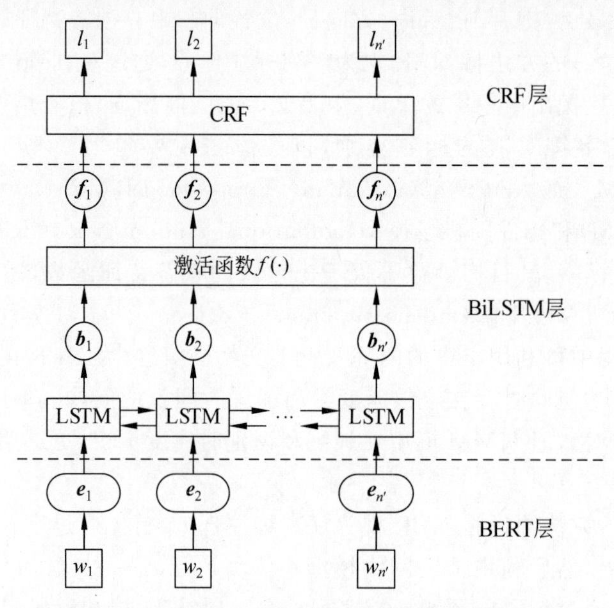

图 8.2 基于 BERT-BiLSTM-CRF 的命名实体识别

在模型训练过程中,需先对字符序列进行标签标注。目前常用的序列标注方式包括 BIO、BMES 和 BIOES 三种。在 BIO 方式中,"B-X"代表"X"类型实体的开头,"I-X"代表"X" 类型实体的中间或结尾,"O"代表不属于任何类型实体。在 BMES 标注方式中,"B-X"代表"X"类型实体词首位置,"M-X"代表"X"类型实体的中间位置,"E-X"代表"X"类型实体的末尾位置,"S-X"代表单独字符的实体。在 BIOES 标注法中,"B-X"代表"X"类型实体词首位置,"I-X"代表"X"类型实体的中间位置,"E-X"代表"X"类型实体的末尾位置,"S-X"代表单独字符的实体,"O"代表不属于任何类型实体。

BERT 模型的输入由字符嵌入(token embedding)、分段嵌入(segment embedding)和位置嵌入(position embedding)组合而成,然后通过全连接的 Transformer 结构,由大规模语料库经过掩码语言模型(masked language model)和下句预测(next sentence prediction)两个预训练任务,输出字符的深层嵌入表示。BiLSTM 基于 RNN 扩展而来,由前向和后向两个 LSTM 组合而成,每个 LSTM 单元包括输入、细胞状态、临时细胞状态、隐层状态、遗忘门、记忆门和输出门,通过对细胞状态中信息遗忘和记忆新的信息,使后续时刻计算有用的信息得以传递,同时丢弃无用信息,从而实现双向上下文信息的捕获,输出包含字符双向语义依赖的向量表示。CRF 表示给定观测序列时状态序列的概率,通常包含转移特征和状态特征两类特征函数,状态特征表示输入序列与当前状态之间的关系,转移特征表示前一个输出状态与当前输出状态之间的关系。

给定句子 $S=\{w_1,w_2,\cdots,w_{n'}\}$,其中 $w_i(1\leqslant i\leqslant n')$为组成句子的字符,$n'$为句子的长度。模型首先利用 BERT 预训练模型直接获取句子中字符对应的向量表示$\{\boldsymbol{e}_1,\boldsymbol{e}_2,\cdots,\boldsymbol{e}_{n'}\}$,即 $\boldsymbol{e}_i=\text{BERT}(w_i)$。然后,将句子中的字符向量输入 BiLSTM 中,学习其上下文相互关系等更深层的特征,并得到更优的向量表示$\{\boldsymbol{b}_1,\boldsymbol{b}_2,\cdots,\boldsymbol{b}_{n'}\}$:

$$\boldsymbol{b}_i=\text{BiLSTM}(\boldsymbol{e}_i)\quad(1\leqslant i\leqslant n') \tag{8-1}$$

然后,通过激活函数 $f(\cdot)$可直接获取字符对应各类别标签的得分:

$$\boldsymbol{f}_i=f(\boldsymbol{W}\boldsymbol{b}_i) \tag{8-2}$$

其中,$\boldsymbol{W}$ 为通过训练数据学习得到的权重矩阵,激活函数 $f(\cdot)$一般选取 tanh 和 Sigmoid 等。

此时,$\boldsymbol{f}_i$ 中每一维度表示字符对应各类别标签的得分,可选择将得分最高的标签作为预测结果。但是,输出的标签可能并不满足现实约束,例如,字符 w_1 对应的输出标签为 B-PEO,字符 w_2 对应的输出标签为 I-ORG,表示字符 w_1 为人名实体的起始位置,字符 w_2 为组织名实体的中间或结尾位置,明显与现实情况不相符。

为了使最终输出标签序列符合现实约束,模型通过添加 CRF 层自动学习约束条件,减少错误和无效的预测标签序列。针对给定输入序列句子 S,预测的标签序列(路径)$L=\{l_1,l_2,\cdots,l_{n'}\}$有多种组合,每种标签序列(路径)的得分由句子中每个字符和标签对应的发射概率及标签之间的转移概率累加而得到,计算方法如下:

$$s(S,L)=\sum_{i=1}^{n'}\boldsymbol{F}_{i,l_i}+\sum_{i=0}^{n'}\boldsymbol{Z}_{l_i,l_{i+1}} \tag{8-3}$$

其中,发射矩阵(emission matrix)$\boldsymbol{F}=[\boldsymbol{f}_i]$由 BiLSTM 层的所有输出经过激活函数得到的向量 $\boldsymbol{f}_i$ 组合而成,其中 $\boldsymbol{F}\in\mathbb{R}^{n'\times c}$,$c$ 为标签类别数。$\boldsymbol{F}_{i,l_i}$ 表示第 i 个字符 w_i 映射到标签 l_i 的分数。$\boldsymbol{Z}$ 为转移矩阵,l_0 和 $l_{n'+1}$分别为句子的开始标签和结束标签,因此,$\boldsymbol{Z}\in\mathbb{R}^{(c+2)\times(c+2)}$,$\boldsymbol{Z}_{l_i,l_{i+1}}$ 表示从标签 l_i 成功转移到标签 l_{i+1}的分数。

然后,模型使用 Softmax 函数为每种可能的路径 $\hat{L}$ 计算归一化概率:

$$P(L\mid S)=\frac{e^{s(S,L)}}{\sum\limits_{\hat{L}}e^{s(S,\hat{L})}} \tag{8-4}$$

模型在训练过程中最大化对数似然函数 $\log P(L\mid S)=s(S,L)-\log\sum\limits_{\hat{L}}e^{s(S,\hat{L})}$,定义如

下损失函数：

$$-\log P(L \mid S)=\log \sum_{\hat{L}} e^{s(S,\hat{L})}-s(S,L) \tag{8-5}$$

此时，模型使用动态规划思想，通过分数累加的方式，利用维特比(Viterbi)算法加速计算。首先计算到达 l_1 所有路径的得分，然后计算 $l_1 \to l_2$ 所有路径的得分，以此类推，计算出 $l_1 \to l_2 \to \cdots \to l_n$ 所有路径的得分。解码时利用维特比算法，将得分最高的路径 L^* 作为输出预测标签序列，即

$$L^*=\arg\max_{\hat{L}} s(S,\hat{L}) \tag{8-6}$$

算法 8.1 给出基于 BERT-BiLSTM-CRF 的命名实体识别方法。在已训练得到的模型上，对给定的句子预测其中字符对应的标签序列，其时间复杂度为 $O(n' \times c^2)$，其中，n' 为句子长度，c 为标签类别数。BERT-BiLSTM-CRF 模型通过增加 CRF 层对预测标签增加了约束，减少了错误预测序列，使用 BERT 预训练模型得到字符表征，结合 BiLSTM 获取的上下文信息及 CRF 学习得到的标签间的转移概率约束，从而提升模型的整体识别效果。

算法 8.1　基于 BERT-BiLSTM-CRF 的命名实体识别

输入：

$S=\{w_1, w_2, \cdots, w_{n'}\}$：句子

输出：

L^*：句子中字符对应标签序列

步骤：

1. For Each w_i In S Do
2. 　$\boldsymbol{e}_i \leftarrow \mathrm{BERT}(w_i)$　//使用预训练语料库 BERT 获取句子中字符的基础向量表示
3. End For
4. For $i=1$ To n' Do
5. 　$\boldsymbol{b}_i \leftarrow \mathrm{BiLSTM}(\boldsymbol{e}_i)$　//通过 BiLSTM 模型获取句子中字符的深层特征表示
6. 　$\boldsymbol{f}_i \leftarrow f(\boldsymbol{W}\boldsymbol{b}_i)$　//使用激活函数得到各类别标签的得分
7. End For
8. $\boldsymbol{F} \leftarrow [\boldsymbol{f}_i]$　//得分向量组合成发射矩阵
9. For Each $\hat{L}$ Do
10. 　$s(S,\hat{L}) \leftarrow \sum_{i=1}^{n'} \boldsymbol{F}_{i,li} + \sum_{i=0}^{n'} \boldsymbol{Z}_{l_i,l_{i+1}}$　//依据式(8-3)利用维特比算法计算路径得分
11. End For
12. $L^* \leftarrow \arg\max_{\hat{L}} s(S,\hat{L})$　//最大得分路径 L^* 作为输出预测标签序列
13. Return L^*

动画 8-1

8.2.2　关系抽取

1. 基本概念

关系抽取的目的是在命名实体识别的基础上进一步得到实体之间的关联，是 KG 构建的另一项关键任务。例如，“孙大圣认得他，即叫：‘师傅，此乃是灵山脚下玉真观金顶大仙，他来接我们哩’。三藏方才醒悟，进前施礼”，可通过关系抽取技术得到三元组“〈孙大圣，师傅，三藏〉”、“〈金顶大仙，工作地点，玉真观〉”和“〈玉真观，位置，灵山〉”，表明实体“孙大圣”

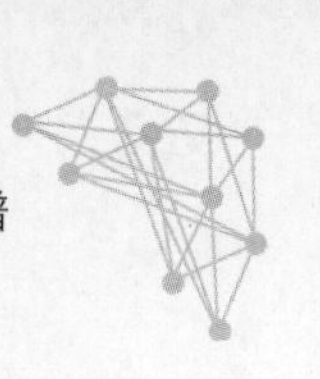

的“师傅”是“三藏”，实体“金顶大仙”的“工作地点”是“玉真观”，实体“玉真观”的“位置”在“灵山”。当前典型的关系抽取方法主要包括基于规则的方法、基于传统机器学习的方法和基于深度学习的方法三类。

基于规则的关系抽取方法通过人工构造规则，以匹配文本来实现关系的提取，主要依赖依存句法分析(dependency syntactic parsing)捕获句子中满足主谓宾和动补结构等规则的关系，或通过人工制定规则模板实现。当文本中出现与规则模板匹配的内容时，将满足规则的实体和规则对应的关系组成三元组。

基于传统机器学习方法，通过对数据中不同特征进行分析和处理来实现实体间关系的分类，其中监督学习方法从上下文信息、词性、句法等关键元素中提取特征向量，然后通过朴素贝叶斯、支持向量机、最大熵等分类算法预测关系类别；半监督学习方法利用少量实例作为初始种子集合，学习得到新的模式，并扩充种子集合，以不断迭代的方式发现潜在的三元组，主要包括基于 Bootstrapping 的方法和基于雪球(snowball)的方法；无监督学习方法使用每个实体对所对应的上下文信息来代表该实体对的语义关系，并对其进行聚类。

基于深度学习的方法主要包括基于远程监督的方法和基于监督学习的方法。基于远程监督的方法通过引入外部知识，将数据自动对齐远程知识库来解决开放域中大量无标签数据自动标注的问题，主要包括基于分段卷积神经网络(piecewise convolutional neural network)和基于 LSTM 的方法。基于监督学习的方法将关系抽取任务视为分类问题，首先通过字符表示层获取序列中字符对应的基础嵌入，然后利用不同神经网络模型提取句子特征，最后通过分类器完成关系预测，从而实现关系抽取。表示层、编码层和解码层的主要任务如下。

(1) 表示层主要使用 BERT 等预训练语言模型及 Word2Vec 等词向量生成模型，获取包含字符语义信息的向量表示。

(2) 编码层使用不同结构的神经网络提取句子中的不同层次特征。例如，在基于 CNN 的模型中，特征提取层每个神经元的输入与前一层的局部接受域相连，从而提取该局部的特征，其特征映射层中所有神经元的权值相等，可减少网络中自由参数的个数，以实现并行学习。基于 RNN 的模型包括内部的反馈连接和前馈连接，既可以利用其内部记忆来处理任意时序的序列信息，又可以学习任意长度的短语和句子的组合向量表示。

(3) 解码层主要使用 Softmax 分类器完成句子中的关系分类，基于交叉熵损失函数、结合 Sigmoid 激活函数，计算每个输入句子中实体组合属于不同关系类别的概率，最终取得较好的多关系分类效果。

2. 基于 BERT-BiLSTM-Softmax 的关系抽取

BERT-BiLSTM-Softmax 模型首先通过 BERT 得到句子中字符的基础向量表示，然后通过 BiLSTM 学习得到其上下文关系，再将 BiLSTM 的输出向量作为注意力层的输入，通过生成权重向量并进行加权平均等操作完成句子的整体表示，最终通过 Softmax 分类器判断该句子中实体对之间的关系，从而实现关系抽取。模型主要包括输入层、表示层、BiLSTM 层、注意力层和输出层五个部分，如图 8.3 所示。

给定句子 $S=\{w_1,w_2,\cdots,w_{n'}\}$，其中 $w_i(1\leqslant i\leqslant n')$ 为组成句子的字符，n' 为句子的长度。该模型首先通过 BERT 得到句子中所有字符的对应基础向量表示 $\{\boldsymbol{e}_1,\boldsymbol{e}_2,\cdots,\boldsymbol{e}_{n'}\}$，然后

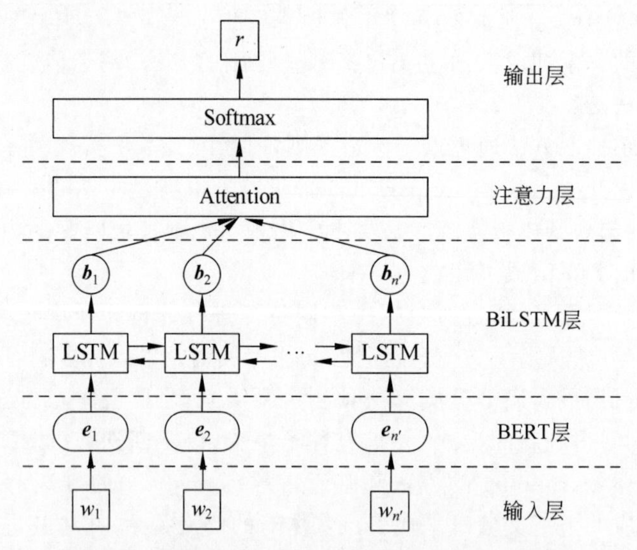

图 8.3　基于 BERT-BiLSTM-Softmax 的关系抽取

将句子中的字符向量输入 BiLSTM,学习其上下文相互关系等更深层的特征,并得到更优的向量表示$\{\boldsymbol{b}_1,\boldsymbol{b}_2,\cdots,\boldsymbol{b}_{n'}\}$,即

$$\boldsymbol{b}_i=\mathrm{BiLSTM}(\boldsymbol{e}_i)(1\leqslant i\leqslant n') \tag{8-7}$$

此时,句子 S 可表示为矩阵$\boldsymbol{S}=[\boldsymbol{b}_1,\boldsymbol{b}_2,\cdots,\boldsymbol{b}_{n'}]$,其中,$\boldsymbol{S}\in\mathbb{R}^{d\times n'}$,$d$ 为向量表示维度。接着,模型使用注意力层自动捕获句子中对于关系分类任务更重要的语义信息,由字符向量的权重之和得到句子的最终表示:

$$\boldsymbol{S}'=\tanh(\boldsymbol{S}) \tag{8-8}$$

$$\boldsymbol{\alpha}=\mathrm{Softmax}(\boldsymbol{\rho}^{\mathrm{T}}\boldsymbol{S}') \tag{8-9}$$

$$\boldsymbol{s}^*=\tanh(\boldsymbol{S}\boldsymbol{\alpha}^{\mathrm{T}}) \tag{8-10}$$

其中,$\boldsymbol{\rho}$ 为 d 维训练参数向量,$\boldsymbol{\alpha}$ 为 n'维注意力权重参数向量,$\boldsymbol{s}^*$ 为最终按照注意力权重相加得到的句子向量。

模型通过使用 Softmax 分类器计算句子中实体对之间可能存在的各类关系的概率,并将最大概率对应的关系类别 $\hat{r}$ 作为其关系预测结果:

$$P(r\mid S)=\mathrm{Softmax}(\boldsymbol{W}^{(S)}\boldsymbol{s}^*+\boldsymbol{b}^{(S)}) \tag{8-11}$$

$$\hat{r}=\arg\max_r P(r\mid S) \tag{8-12}$$

算法 8.2 给出基于 BERT-BiLSTM-Softmax 的关系抽取方法,基于已训练得到的模型预测给定句子中实体对之间的关系,其时间复杂度为 $O(n'+m)$。其中,n'为句子长度,m 为关系的类别数。

算法 8.2　基于 BERT-BiLSTM-Softmax 的关系抽取

输入:

$S=\{w_1,w_2,\cdots,w_{n'}\}$: 句子

输出:

$\hat{r}$: 句子中实体对所对应的关系

步骤：

1. For Each w_i In S Do
2. 　$\boldsymbol{e}_i \leftarrow \text{BERT}(w_i)$　　//使用 BERT 获取句子中字符的基础向量表示
3. End For
4. For $i=1$ To n' Do
5. 　$\boldsymbol{b}_i \leftarrow \text{BiLSTM}(\boldsymbol{e}_i)$　　//通过 BiLSTM 模型获取句子中字符的深层特征表示
6. End For
7. $\boldsymbol{S} \leftarrow [\boldsymbol{b}_1, \boldsymbol{b}_2, \cdots, \boldsymbol{b}_{n'}]$　　//句子 S 的表示矩阵
8. $\boldsymbol{S}' \leftarrow \tanh(\boldsymbol{S})$
9. $\boldsymbol{\alpha} \leftarrow \text{Softmax}(\boldsymbol{\rho}^{\mathrm{T}}\boldsymbol{S}')$　　//学习注意力权重向量
10. $\boldsymbol{s}^* \leftarrow \tanh(\boldsymbol{S}\boldsymbol{\alpha}^{\mathrm{T}})$　　//加权得到句子的最终向量表示
11. $P(r|S) \leftarrow \text{Softmax}(\boldsymbol{W}^{(S)}\boldsymbol{s}^* + \boldsymbol{b}^{(S)})$　　//使用 Softmax 分类器得到最终可能的关系类型
12. $\hat{r} \leftarrow \arg\max_{r} P(r|S)$
13. Return $\hat{r}$

动画 8-2

8.2.3　实体关系联合抽取

1. 基本概念

实体关系联合抽取旨在同时识别出文本中的实体及其存在的关系，是上述命名实体识别和关系抽取两项子任务的结合，也是 KG 构建的核心任务。例如，对于“孙大圣认得他，即叫：‘师傅，此乃是灵山脚下玉真观金顶大仙，他来接我们哩’。三藏方才醒悟，进前施礼”，可通过实体关系联合抽取技术得到三元组“〈孙大圣，师傅，三藏〉”、“〈金顶大仙，工作地点，玉真观〉”和“〈玉真观，位置，灵山〉”。基于联合学习的方法，通过联合命名实体识别和关系抽取模型，直接得到存在关系的实体及三元组，主要包括参数共享方法和序列标注方法。参数共享方法分别对实体和关系进行建模，而序列标注方法则是直接对实体关系组成的三元组进行建模。

在基于参数共享的方法中，命名实体识别子任务和关系抽取子任务通过共享联合模型的编码层进行联合学习，训练时两个子任务都通过后向传播算法更新编码层的共享参数，从而找到全局任务的最佳参数，实现性能更佳的实体关系抽取效果。在联合学习模型中，输入的句子经过共享的编码层处理后，解码层首先执行实体识别子任务，再利用实体识别的结果对存在关系的实体对进行分类，最终输出实体关系三元组。

基于序列标注的方法将命名实体识别和关系抽取两个子任务转换为一个统一的序列标注问题，同时识别出实体及其对应的关系，避免了复杂的特征工程，通过端到端的神经网络模型直接得到实体关系三元组。模型以实体关系联合标注为基础，首先通过字符表示层获取序列中字符的基础嵌入，然后通过编码层中的神经网络模型学习字符的不同层次特征和依赖信息，最后通过解码器输出字符的标签序列，同时找出句子中的实体，并判断其对应关系，完成实体关系联合抽取。表示层、编码层和解码层的主要任务与命名实体识别及关系抽取框架类似，使用的神经网络模型结构相同，具体可参考前两节介绍的内容。

2. 基于 BiLSTM-LSTM-Softmax 的联合抽取

BiLSTM-LSTM-Softmax 是将实体关系联合抽取视为序列标注任务的端到端模型，首先通过有监督的训练得到模型的所有基础参数，并直接输出给定字符序列对应的标签序列，

进而识别出实体及实体间对应的关系。

模型首先通过 Word2Vec 表示层获取句子中字符的基础向量表示，然后将其作为 BiLSTM 的输入，进一步学习上下文特征。再通过 LSTM 层加强句子中字符的依赖关系，并进行解码，最后通过 Softmax 分类器判断字符对应的标签类型，得到句子对应的标签序列，实现句子的实体关系联合抽取。模型包括输入层、表示层、编码层、解码层和输出层五个部分，整体框架如图 8.4 所示。

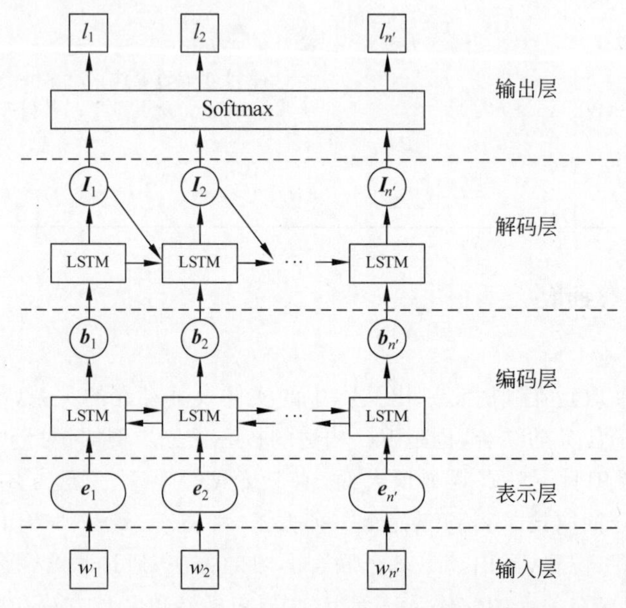

图 8.4 基于 BiLSTM-LSTM-Softmax 的实体关系联合抽取

BiLSTM-LSTM-Softmax 模型的训练采用扩展的 BIOES 标注方式，“B-R-＄”代表实体词的首位置，“I-R-＄”代表实体词的中间位置，“E-R-＄”代表实体词的结尾位置，“S-R-＄”代表单独字符的实体，“O”代表非实体字符，其中“R”代表关系类型，“＄”为头尾实体表示符，当“＄”为 1 时，表示该实体为头实体，“＄”为 2 时，表示该实体为尾实体。

给定句子 $S=\{w_1,w_2,\cdots,w_{n'}\}$，其中 $w_i(1\leqslant i\leqslant n')$ 为组成句子的字符，n' 为句子的长度。模型首先利用 Word2Vec 获取句子中字符的基础向量表示 $\{\boldsymbol{e}_1,\boldsymbol{e}_2,\cdots,\boldsymbol{e}_{n'}\}$，即 $\boldsymbol{e}_i=\text{Word2Vec}(w_i)$。然后将句子中的字符向量输入 BiLSTM 中，学习其上下文相互关系等更深层的特征，并得到更优的向量表示 $\{\boldsymbol{b}_1,\boldsymbol{b}_2,\cdots,\boldsymbol{b}_{n'}\}$，即

$$\boldsymbol{b}_i=\text{BiLSTM}(\boldsymbol{e}_i)\quad(1\leqslant i\leqslant n') \tag{8-13}$$

然后，模型使用 LSTM 层作为解码器来生成标签序列，对于任意字符 w_i，LSTM 层的输入包括该字符的 BiLSTM 层输出 $\boldsymbol{b}_i$，前一个字符的 LSTM 层细胞状态 $\boldsymbol{c}_{i-1}$ 和前一个字符解码结果 $\boldsymbol{l}_{i-1}$，表示如下：

$$\boldsymbol{l}_i=\text{LSTM}(\boldsymbol{b}_i,\boldsymbol{c}_{i-1},\boldsymbol{l}_{i-1}) \tag{8-14}$$

其中，细胞状态 $\boldsymbol{c}_i$ 由 LSTM 模型输出。

此时，句子可表示为 $\{\boldsymbol{l}_1,\boldsymbol{l}_2,\cdots,\boldsymbol{l}_{n'}\}$。最后，模型使用 Softmax 分类器计算向量 $\boldsymbol{l}_i$ 对应标签的归一化概率：

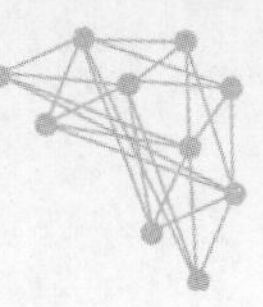

$$P(\boldsymbol{l}_i \mid S) = \text{Softmax}(\boldsymbol{W}\boldsymbol{l}_i + \boldsymbol{b}^{(l)}) \tag{8-15}$$

$$\hat{\boldsymbol{l}}_i = \arg\max_{\boldsymbol{l}_i} P(\boldsymbol{l}_i \mid S) \tag{8-16}$$

其中，$\boldsymbol{W}$ 为 Softmax 矩阵，$\boldsymbol{b}^{(l)}$ 为偏置。

对于给定的句子，算法 8.3 基于已训练得到的 BiLSTM-LSTM-Softmax 模型预测实体关系组成的三元组，其时间复杂度为 $O(n')$，其中 n' 为句子长度。

算法 8.3　基于 BiLSTM-LSTM-Softmax 的实体关系联合抽取

输入：

　　$S=\{w_1, w_2, \cdots, w_{n'}\}$：句子

输出：

　　$\{\hat{l}_1, \hat{l}_2, \cdots, \hat{l}_{n'}\}$：句子中字符对应的标签序列集合

步骤：

1. For Each w_i In S Do
2. 　　$\boldsymbol{e}_i \leftarrow$ Word2Vec(w_i)　　　　//使用 Word2Vec 获取句子中字符的基础向量表示
3. End For
4. For $i=1$ To n' Do
5. 　　$\boldsymbol{b}_i \leftarrow$ BiLSTM($\boldsymbol{e}_i$)　　　　//通过 BiLSTM 获取句子中字符的深层特征表示
6. 　　$\boldsymbol{l}_i \leftarrow$ LSTM($\boldsymbol{b}_i, \boldsymbol{c}_{i-1}, \boldsymbol{l}_{i-1}$)　　　　//通过 LSTM 解码
7. 　　$P(\boldsymbol{l}_i \mid S) \leftarrow$ Softmax($\boldsymbol{W}\boldsymbol{l}_i + \boldsymbol{b}^{(l)}$)　　　　//计算字符标签概率
8. 　　$\hat{l}_i \leftarrow \arg\max_{\boldsymbol{l}_i} P(\boldsymbol{l}_i \mid S)$　　　　//选取最大概率对应的标签
9. End For
10. Return $\{\hat{l}_1, \hat{l}_2, \cdots, \hat{l}_{n'}\}$

动画 8-3

8.3　知识图谱嵌入

知识图谱嵌入(knowledge graph embedding，KGE)旨在将实体和关系映射到低维向量空间，实现对实体和关系的语义信息表示，从而高效地计算实体、关系及其之间的复杂语义关联。目前，KGE 被广泛应用于自然语言处理、图像分析及语音识别等领域，其方法主要包括距离(distance-based)模型和双线性(bilinear)模型两类。距离模型将关系建模为从头实体到尾实体的翻译，并通过变换后的距离差来定义评分函数；双线性模型通过矩阵分解完成实体和关系的嵌入学习。本节分别介绍这两种嵌入模型的思想和相关算法。

8.3.1　距离模型

TransE 模型是经典的距离模型，其核心思想是将关系视为头实体到尾实体的翻译，即对于每个三元组，存在关系式“头实体向量＋关系向量＝尾实体向量”，即头实体向量 $\boldsymbol{h}$ 和关系向量 $\boldsymbol{r}$ 之和等于尾实体的向量 $\boldsymbol{t}$，如图 8.5 所示。

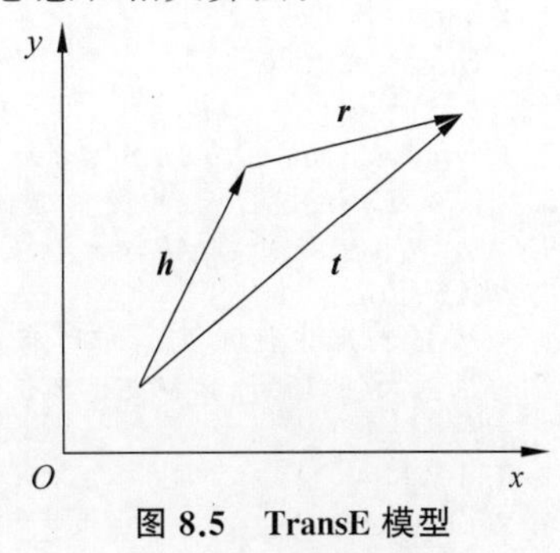

图 8.5　TransE 模型

TransE 对每个实体关系三元组 $\langle h, r, t\rangle$，h、r 和 t 分

别表示头实体、关系和尾实体，T 表示实体关系三元组的集合，定义如下评分函数：

$$f(h,r,t)=\|\boldsymbol{h}+\boldsymbol{r}-\boldsymbol{t}\| \tag{8-17}$$

其中，$\boldsymbol{h}$、$\boldsymbol{r}$ 和 $\boldsymbol{t}$ 分别为头实体 h、关系 r 和尾实体 t 的向量表示。

为了增强知识表示的区分能力，TransE 采用最大间隔法定义如下损失函数：

$$\mathcal{L}=\sum_{(h,r,t)\in T}\sum_{(h',r,t')\in T'}\max([\gamma+f(h,r,t)-f(h',r,t')],0) \tag{8-18}$$

其中，$f(h,r,t)$ 和 $f(h',r,t')$ 分别为正样本和负样本得分。三元组 $\langle h,r,t\rangle$ 的负样本 $\langle h',r,t'\rangle$ 是指随机使用 $h'(h'\in E-h)$ 或 $t'(t'\in E-t)$ 替换头实体 h 或尾实体 t 得到的三元组 $\langle h',r,t\rangle$ 或 $\langle h,r,t'\rangle$，$\gamma(\gamma>0)$ 为正、负样本的间隔距离。

算法 8.4 给出 TransE 的训练过程。经过 τ 次迭代，算法 8.4 的时间复杂度为 $O(\tau\times|S_{\text{batch}}|)$，其中，$|S_{\text{batch}}|$ 为 S_{batch} 中的样本数量。

算法 8.4　TransE 的训练

输入：

E：实体集，R：关系集，γ：间隔距离，d：嵌入维度，$T=\{\langle h,r,t\rangle|h,t\in E,r\in R\}$：训练集，$\tau$：迭代次数

输出：

$\boldsymbol{E}$，$\boldsymbol{R}$：实体集和关系集对应向量的集合

步骤：

1. $\boldsymbol{R}\leftarrow\varnothing$
2. For Each r In R Do
3. 　$\boldsymbol{r}\leftarrow\text{uniform}\left(-\frac{6}{\sqrt{d}},\frac{6}{\sqrt{d}}\right)$
 　//初始化关系 r 为向量 $\boldsymbol{r}$，每个维度随机在 $\left(-\frac{6}{\sqrt{d}},\frac{6}{\sqrt{d}}\right)$ 内随机取值
4. 　$\boldsymbol{r}\leftarrow\boldsymbol{r}/\|\boldsymbol{r}\|$　　//归一化关系嵌入向量
5. 　$\boldsymbol{R}\leftarrow\boldsymbol{R}\cup\{\boldsymbol{r}\}$
6. End For
7. $\boldsymbol{E}\leftarrow\varnothing$
8. For Each e In E Do
9. 　$\boldsymbol{e}\leftarrow\text{uniform}\left(-\frac{6}{\sqrt{d}},\frac{6}{\sqrt{d}}\right)$　//初始化实体 e 为向量 $\boldsymbol{e}$
10. 　$\boldsymbol{e}\leftarrow\boldsymbol{e}/\|\boldsymbol{e}\|$　　//归一化实体嵌入向量
11. 　$\boldsymbol{E}\leftarrow\boldsymbol{E}\cup\{\boldsymbol{e}\}$
12. End For
13. $i\leftarrow 0$
14. While $i<\tau$ Do
15. 　$S_{\text{batch}}\leftarrow\text{sample}(T,b)$　　//从 T 中随机选取 b 个样本
16. 　$T_{\text{batch}}\leftarrow\varnothing$　　//初始化三元组集合
17. 　For Each (h,r,t) In S_{batch} Do
18. 　　从 $E-h$ 或 $E-t$ 中随机选择 h' 或 t' 构造负样本 $\langle h',r,t'\rangle$
19. 　　$T_{\text{batch}}\leftarrow T_{\text{batch}}\cup\{\langle h,r,t\rangle,\langle h',r,t'\rangle\}$
20. 　End For
21. 　从 $\boldsymbol{E}$ 和 $\boldsymbol{R}$ 中获取 T_{batch} 中所有实体 e 的向量表示 $\boldsymbol{e}$ 和关系 r 的向量表示 $\boldsymbol{r}$
22. 　根据式(8-18)计算损失函数值并利用梯度下降法更新参数
23. 　$i\leftarrow i+1$
24. End While
25. Return $\boldsymbol{E}$，$\boldsymbol{R}$

动画 8-4

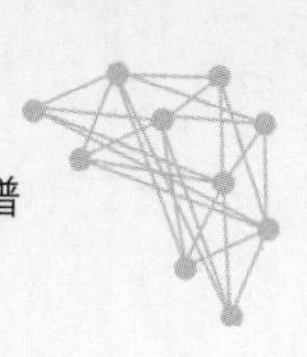

例 8.2　将三元组"〈孙悟空，师傅，唐三藏〉"中的实体"孙悟空"和"唐三藏"及关系"师傅"的用初始向量表示，经过 TransE 的训练，获得实体"孙悟空"和"唐三藏"及关系"师傅"的最终向量表示，如图 8.6 所示。

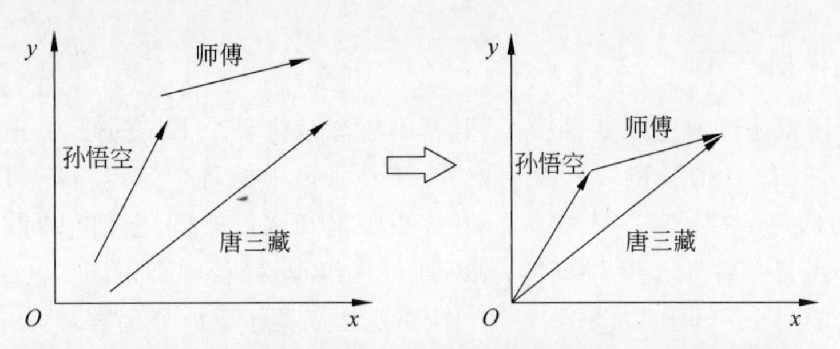

图 8.6　使用 TransE 模型获得三元组"〈孙悟空，师傅，唐三藏〉"的表示

TransE 模型参数少、计算复杂度低，但不能处理 KG 中多一对多、多对一和多对多的复杂关系。因此，研究人员提出不同的 Trans 系列模型，以解决 TransE 模型在处理复杂关系时的局限性。TransH 模型通过将头实体向量和尾实体向量投影到关系所在的超平面，从而使一个实体在不同关系下拥有不同的表示。TransH 中的头实体向量 $\boldsymbol{h}$ 经过 $\boldsymbol{w}_r$ 投影为 $\boldsymbol{h}_\perp$，尾实体向量 $\boldsymbol{t}$ 经过 $\boldsymbol{w}_r$ 投影为 $\boldsymbol{t}_\perp$，且在关系 $\boldsymbol{r}$ 的超平面上满足 $\boldsymbol{h}_\perp+\boldsymbol{r}=\boldsymbol{t}_\perp$，如图 8.7 所示。

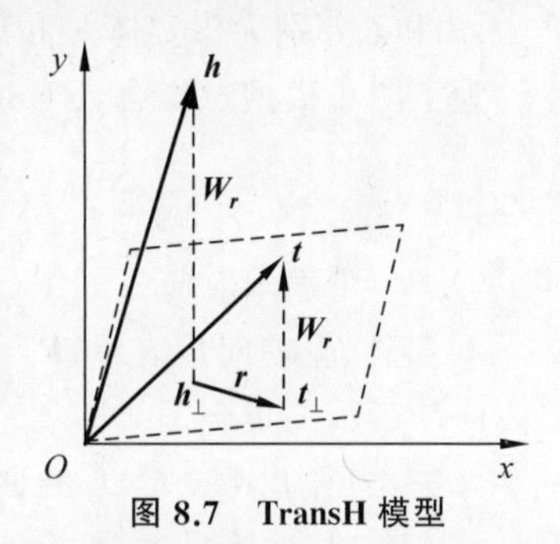

图 8.7　TransH 模型

TransH 对于 T 中的每个实体关系三元组 $\langle h,r,t\rangle$，定义如下评分函数：

$$f(h,r,t)=\|\boldsymbol{h}_\perp+\boldsymbol{r}-\boldsymbol{t}_\perp\| \tag{8-19}$$

其中，$\boldsymbol{h}_\perp=\boldsymbol{h}-\boldsymbol{w}_r^{\mathrm{T}}\boldsymbol{h}\boldsymbol{w}_r$，$\boldsymbol{t}_\perp=\boldsymbol{t}-\boldsymbol{w}_r^{\mathrm{T}}\boldsymbol{t}\boldsymbol{w}_r$。

虽然 TransH 使每个实体在不同关系下拥有不同的表示，但仍假设实体和关系处于相同的语义空间中，这从一定程度上限制了 TransH 的表示能力。TransR 模型进一步认为不同关系拥有不同语义空间，将实体向量利用矩阵投影到对应的关系空间中，再建立从头实体到尾实体的平移关系。TransR 中头实体向量 $\boldsymbol{h}$ 通过转移矩阵 $\boldsymbol{M}_r$ 变换为 $\boldsymbol{h}_r$，尾实体向量 $\boldsymbol{t}$ 通过 $\boldsymbol{M}_r$ 变换为 $\boldsymbol{t}_r$，且在关系空间中满足 $\boldsymbol{h}_r+\boldsymbol{r}=\boldsymbol{t}_r$，如图 8.8 所示。

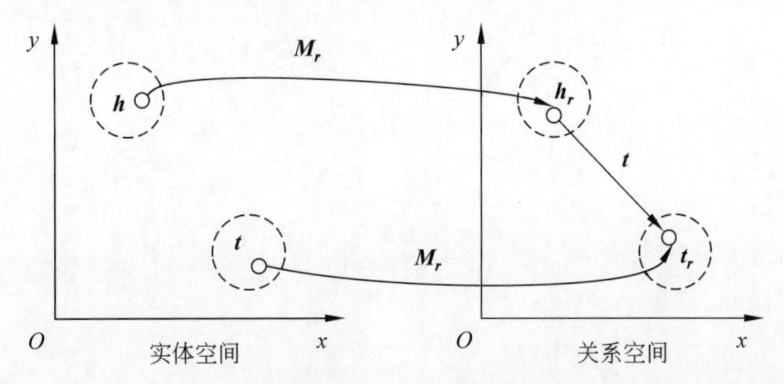

图 8.8　TransR 模型

TransR 对 T 中的每个实体关系三元组 $\langle h,r,t\rangle$，定义如下评分函数：

$$f(h,r,t)=\|\boldsymbol{h}_r+\boldsymbol{r}-\boldsymbol{t}_r\| \tag{8-20}$$

其中，$\boldsymbol{h}_r=\boldsymbol{M}_r\boldsymbol{h}$，$\boldsymbol{t}_r=\boldsymbol{M}_r\boldsymbol{t}$。

TransH 和 TransR 的损失函数与 TransE 一致，其训练过程可参考算法 8.4。

8.3.2 双线性模型

RESCAL 模型是经典的双线性模型，其基本思想是将整个 KG 编码为一个三维张量，由该张量分解出一个核心张量和一个因子矩阵，核心张量中的每个二维矩阵切片代表一种关系，因子矩阵中的每一行代表一个实体。将核心张量和因子矩阵还原的结果作为为对应三元组成立的概率，若概率大于某个阈值，则对应三元组正确，否则不正确。

针对 T 中的每个三元组$\langle h,r,t\rangle\in T$，RESCAL 定义如下评分函数：

$$f(h,r,t)=\boldsymbol{h}^{\mathrm{T}}\boldsymbol{R}_r\boldsymbol{t} \tag{8-21}$$

其中，$\boldsymbol{h}$ 和 $\boldsymbol{t}$ 分别为头实体 h 和尾实体 t 的向量表示，$\boldsymbol{R}_r$ 为关系 r 的矩阵表示。

为了防止模型过拟合，RESCAL 在损失函数中增加正则项，定义如下：

$$\mathcal{L}=\frac{1}{2}\sum_{ijk}(\|X_{ijk}-\boldsymbol{h}_i^{\mathrm{T}}\boldsymbol{R}_k\boldsymbol{t}_j\|^2)+\frac{1}{2}\lambda(\|\boldsymbol{E}\|^2+\sum_k\|\boldsymbol{R}_k\|^2) \tag{8-22}$$

其中，$X_{ijk}=1$ 表示对应三元组$\langle h_i,r_k,t_j\rangle$正确，$X_{ijk}=0$ 表示对应三元组$\langle h_i,r_k,t_j\rangle$不正确，$\boldsymbol{h}_i$ 为尾实体 h_i 的向量表示，$\boldsymbol{R}_k$ 为关系 r_k 的矩阵表示，$\boldsymbol{t}_j$ 为尾实体 t_j 的向量表示，$\boldsymbol{E}$ 为所有实体向量表示的集合。

算法 8.5 给出 RESCAL 的训练过程。经过 τ 次迭代，算法的时间复杂度为 $O(\tau\times m)$，其中，m 为 KG 中关系的数量。

算法 8.5　RESCAL 的训练

输入：

E：实体集，R：关系集，$T=\{\langle h,r,t\rangle|h,t\in E,r\in R\}$，

d：嵌入维度，τ：迭代次数

输出：

$\boldsymbol{E}$：实体集对应的向量集合，$\boldsymbol{R}$：关系集对应的关系矩阵集合

步骤：

1. $\boldsymbol{E}\leftarrow\varnothing$，$\boldsymbol{R}\leftarrow\varnothing$
2. For $k=1$ To m Do
3. 　　$\boldsymbol{R}_k\leftarrow\mathrm{uniform}\left(-\frac{6}{\sqrt{d}},\frac{6}{\sqrt{d}}\right)$　　//初始化关系 r 为关系矩阵 $\boldsymbol{R}_k$
4. 　　$\boldsymbol{R}\leftarrow\boldsymbol{R}\cup\{\boldsymbol{R}_k\}$
5. End For
6. For Each e In E Do
7. 　　$\boldsymbol{e}\leftarrow\mathrm{uniform}\left(-\frac{6}{\sqrt{d}},\frac{6}{\sqrt{d}}\right)$　　//初始化实体 e 为向量 $\boldsymbol{e}$

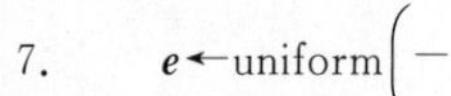
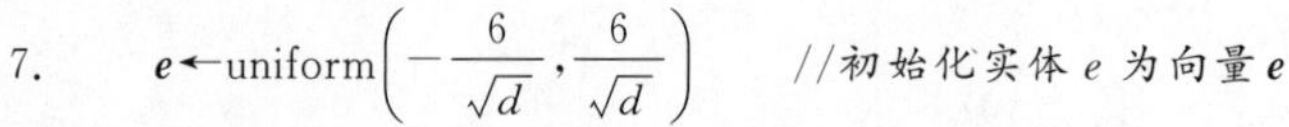

动画 8-5

8. 　　$\boldsymbol{E}\leftarrow\boldsymbol{E}\cup\{\boldsymbol{e}\}$
9. End For
10. $l\leftarrow 0$
11. While $l<\tau$ Do
12. 　　For $k=1$ To m Do
13. 　　　　For $i=1$ To n Do

```
14.         For j=1 To n Do
15.            从E和R中获取实体h_i的向量h_i、关系r_k的矩阵R_k、实体t_j的向量t_j
16.            根据式(8-21)计算三元组〈h_i,r_k,t_j〉的得分
17.         End For
18.      End For
19.   End For
20.   根据式(8-22)计算损失函数值,并用梯度下降更新参数
21.   l←l+1
22. End While
23. Return E,R
```

例 8.3 将三元组"〈孙悟空,师傅,唐三藏〉"中的实体"孙悟空"和"唐三藏"用初始向量表示,关系"师傅"用初始矩阵表示,经过 RESCAL 训练,计算得三元组"〈孙悟空,师傅,唐三藏〉"得分为1,从而获得实体"唐三藏"和"孙悟空"的向量表示,以及关系"师傅"的矩阵表示,如图 8.9 所示。

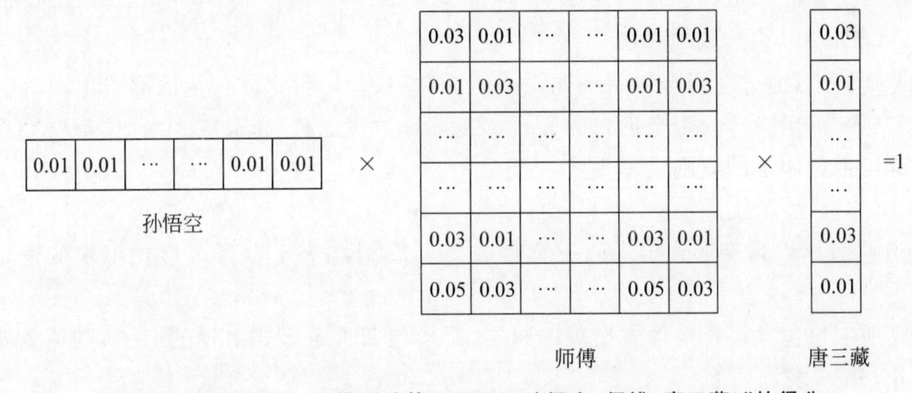

图 8.9 使用 RESCAL 模型计算三元组"〈孙悟空,师傅,唐三藏〉"的得分

8.4 知识图谱推理

KG 推理旨在基于 KG 中已有的事实或关系推断未知的事实或关系,常用于 KG 补全、不一致性检测和查询扩展等任务,主流方法包括基于演绎的推理和基于归纳的推理两类。基于演绎的推理通过给定一个或多个前提得到一个必然成立的结论,主要有 Datalog 和产生式规则等方法。随着数据的快速增长,传统的演绎推理方法难以适用于大规模 KG 中的推理任务。基于归纳的推理通过已观察到的部分得出一般结论,利用 KG 中的已有信息自动推理出新的知识,成为近年来 KG 研究的热点,主要包括基于表示学习、基于规则和基于神经网络的方法。其中,基于规则的方法使用规则或统计特征进行推理,推理结果精确且具有良好的可解释性;针对大规模 KG,基于神经网络的推理方法具有更强的学习、推理和泛化能力。本节以基于规则和基于神经网络的方法为代表,介绍 KG 推理的思想和相关算法。

8.4.1 基于规则的推理

基于规则的推理通过定义或学习 KG 中存在的规则来实现知识挖掘与推理，具有准确性高、可解释性好等优点。如何有效获取规则是基于规则推理方法的核心，通常，对于小型、特定领域的 KG，规则可由专家提供，而对于大型、综合的 KG，使用人工给定规则的方式效率较低，且难以全面、准确地获取规则，因此，如何从大规模 KG 中自动学习规则成为基于规则推理的前提。本节首先给出 KG 中规则的基本概念，然后介绍不完备知识库关联规则挖掘(association rule mining under incomplete evidence，AMIE)算法，作为规则自动学习方法的代表。

1. 基本概念

规则通常包含规则头(head)和规则体(body)两个部分，表达为

$$\text{head} \leftarrow \text{body} \tag{8-23}$$

其中，规则头由一个二元原子(atom)组成，规则体由一个或多个一元原子或二元原子组成。原子为包含变量的元组，例如，一元原子"师傅(x)"表示 x 为一个"师傅"实体，二元原子"师兄(x，y)"表示 x 是 y 的"师兄"。

在规则体中，通过逻辑合取将不同原子组合在一起，以肯定或否定的形式出现，例如，"¬师傅(唐三藏，孙悟空)"为否定形式的原子，表示当前"唐三藏"尚未成为"孙悟空"的"师傅"。包含肯定与否定原子的规则表示为

$$\text{head} \leftarrow \text{body}^{+} \wedge \text{body}^{-} \tag{8-24}$$

其中，body^{+} 表示以肯定形式出现的逻辑合取集合，body^{-} 表示以否定形式出现的逻辑合取集合。

若规则中只包含以肯定形式出现的原子，而不包括否定形式出现的原子，则称为霍恩规则(Horn rule)，表示如下：

$$a_0 \leftarrow a_1 \wedge a_2 \wedge \cdots \wedge a_K \tag{8-25}$$

其中，K 为规则中的原子数，$a_i(0 \leqslant i \leqslant K)$表示一个原子。

在利用霍恩规则进行 KG 推理时，若将每个三元组视为一个原子，则 KG 中的霍恩规则描述如下：

$$r_1(e_1, e_{n+1}) \leftarrow r_2(e_1, e_2) \wedge r_3(e_2, e_3) \wedge \cdots \wedge r_K(e_1, e_n) \tag{8-26}$$

其中，$e_i(1 \leqslant i \leqslant n)$表示实体，$r_j(1 \leqslant j \leqslant K)$表示实体间的关系。

所有原子均为含有两个实体变量的二元原子，且规则体中所有二元原子构成规则头中两个实体间的一条路径，这类规则称为路径规则(path rule)。通常一般规则包含各种不同的规则类型，表达能力最强，霍恩规则次之，路径规则的表达能力最弱。

2. AMIE 算法

AMIE 从早期的归纳逻辑编程(inductive logic programming)系统中衍生而来，是具有代表性的规则学习方法，用于挖掘 KG 中形如式(8-33)的连通(connected)和闭环(closed)的霍恩规则。其中，连通规则要求规则中的每个原子通过共享变量或实体传递相连，闭环规则中的每个变量都至少出现两次。例如，"师傅(唐三藏，孙悟空)∧师兄(孙悟空，猪八戒)→师傅(唐三藏，猪八戒)"就是一个连通、闭环的霍恩规则。

AMIE 定义了多个对规则质量进行评估的标准，包括支持度(support)、规则头覆盖度(head coverage)、标准置信度(standard confidence)，以及基于部分完全假设的置信度(partial completeness assumption confidence)。

1) 支持度

支持度是指满足规则体和规则头的实例个数，通常为一个大于或等于 0 的整数值。规则的支持度越大，说明在 KG 中满足该规则的实例数越多，从统计角度来看，更可能是一个较好的规则。

2) 头覆盖度

头覆盖度是指满足规则头的实例中同时也满足规则体的实例的比值，计算公式如下。

$$\mathrm{hc}(\mathrm{rule})=\frac{\mathrm{supp}(\mathrm{rule})}{\#\,\mathrm{head}(\mathrm{rule})} \tag{8-27}$$

3) 标准置信度

标准置信度是指满足规则体的实例中同时也满足规则头的实例的比值，计算公式如下。

$$\mathrm{conf}(\mathrm{rule})=\frac{\mathrm{supp}(\mathrm{rule})}{\#\,\mathrm{body}(\mathrm{rule})} \tag{8-28}$$

4) 基于部分完全假设的置信度

标准置信度假设 KG 中不存在的三元组都是错误的，而现实中大部分 KG 并不完整，KG 中不存在的三元组仍可能是正确但缺失的事实。为此，AMIE 引入 PCA 置信度，以最大限度地推理 KG 知识范围之外的三元组。具体而言，如果头实体 x 和关系 r_0 在 KG 中未构成相关三元组，则通过规则体推出在 KG 中缺失但其本身正确的三元组 $r_0(x,y)$，计算公式如下。

$$\mathrm{conf}_{\mathrm{pca}}(\mathrm{rule})=\frac{\mathrm{supp}(\mathrm{rule})}{\#\,\mathrm{body}(\mathrm{rule})\wedge r_0(x,y')} \tag{8-29}$$

其中，$r_0(x,y')$表示当规则头 $r_0(x,y)$中的头实体 x 通过关系 r_0 链接到除 y 以外的实体时，才在分母中计算该实例。

为了提高规则的学习效率，AMIE 定义以下 3 个挖掘算子。通过不断在规则中增加挖掘算子来拓展规则体部分，保留支持度高于阈值的候选闭环规则。

(1) 增加悬挂原子(adding dandling atom)。在规则中增加一个原子，其包含一个新的变量和一个已在规则中出现的元素，元素可以是出现过的变量或实体。

(2) 增加实例化原子(adding instantiated atom)。在规则中增加一个原子，其包含一个实例化的实体和一个已在规则中出现的元素。

(3) 增加闭合原子(adding closing atom)。在规则中增加一个原子，其包含的两个元素都是已出现在规则中的变量或实体。

在规则学习过程中，AMIE 引入以下两个剪枝策略，以缩小搜索空间，提高规则学习效率。

(1) 设置最低头覆盖度阈值，头覆盖度很低的规则一般为需直接过滤的边缘规则。

(2) 规则体每增加一个原子，都应增加规则置信度，使得新规则(子规则)的置信度大于原规则(父规则)，即 $\mathrm{conf}_{\mathrm{pca}}(r_1\leftarrow r_2\wedge r_3\wedge\cdots\wedge r_{K-1})>\mathrm{conf}_{\mathrm{pca}}(r_1\leftarrow r_2\wedge r_3\wedge\cdots\wedge r_K))$。若在规则中增加一个新的原子 r_k，却未提升规则的整体置信度，则将扩展后的规则 $r_1\leftarrow r_2\wedge r_3$

$\wedge \cdots \wedge r_K$)进行剪枝。

AMIE 算法维护一个规则队列,最初包含所有可能的头原子,即所有长度(原子数)为 1 的规则,然后以迭代的方式将规则出队。若规则是闭合的,且满足最小支持度和最小置信度,则输出该规则。若规则长度未超过最大长度阈值,则通过三个挖掘算子扩展该规则(父规则),以生成一组新规则(子规则)。若这些新规则既不重复,也没有根据头覆盖度阈值而被剪枝,则将该规则入队。重复该过程,直至队列为空。以上思想见算法 8.6。

算法 8.6　AMIE

输入:

$G=(\langle h,r,t\rangle | h,t\in E, r\in R)$: KG, minHC: 最小头覆盖率阈值($0<\text{minHC}\leqslant 1$), maxLen: 最大规则长度阈值, minConf: 最小置信度阈值($0<\text{minConf}\leqslant 1$)

输出:

Φ: 学习得到的规则集合

步骤:

1. $q\leftarrow\{r_0(x,y), r_1(x,y), \cdots, r_{|R|}(x,y)\}, r_i(x,y)\in G, 0\leqslant i\leqslant |R|$
2. $\Phi\leftarrow\varnothing$
3. While $q\neq\varnothing$ Do
4. 　　$r\leftarrow q$.dequeue()
5. 　　If AcceptedForOutput(r, Φ, minConf) Then
　　　　//若规则闭合且满足最小支持度、最小置信度,则输出该规则
6. 　　　　$\Phi\leftarrow\Phi\cup\{r\}$
7. 　　End If
8. 　　If $|r|<$maxLen Then
9. 　　　$R(r)\leftarrow$Refine(r)　　//根据挖掘算子扩展规则
10. 　　　For Each r_c In $R(r)$ Do
11. 　　　　If $hc(r_c)\geqslant$minHC And $r_c\notin q$ Then
12. 　　　　　q.enqueue(r_c)
13. 　　　　End If
14. 　　　End For
15. 　　End If
16. 　End While
17. Return Φ

动画 8-6

AcceptedForOutput(r, Φ, minConf)

1. If r 不是闭环规则 Or $\text{conf}_{\text{pca}}(r)\leqslant$minConf Then
2. 　　Return False
3. End If
4. For 父规则中的每个原子 r_p Do
5. 　　If $\text{conf}_{\text{pca}}(r)\leqslant\text{conf}_{\text{pca}}(r_p)$ Then
6. 　　　Return False　　//若增加新原子不能提升规则整体置信度,则剪枝
7. 　　End If
8. End For

8.4.2　基于神经网络的推理

基于规则的推理方法具有可解释性强和学习自动化的特点,但针对大规模 KG,规则学

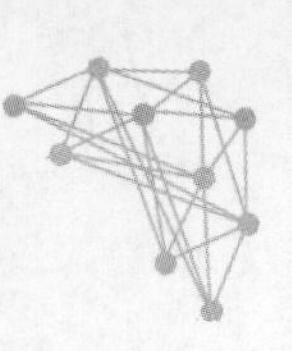

习的时间开销较大，且生成的规则覆盖度较低。基于神经网络的推理方法通过将实体和关系映射到一个非线性隐藏层，具有更强的学习、推理和泛化能力。本节介绍神经张量网络(neural tensor network，NTN)和图神经网络(graph neural network，GNN)模型，作为基于神经网络的 KG 推理方法的代表。

1. 基于 NTN 的推理

NTN 将 KG 中的每个实体嵌入到低维向量空间，捕获实体深层次特征，从而推断实体间存在某种关系的可能性。通过 NTN 参数来定义关系，并将两个实体向量进行关联。

1) 基本思想

给定任意两个实体 h 和 t，NTN 旨在发现它们之间是否存在关系 r，并通过如下打分函数计算存在关系的可能性：

$$g(h,r,t)=\boldsymbol{U}_r^{\mathrm{T}}\tanh\left(\boldsymbol{h}^{\mathrm{T}}\boldsymbol{W}_r^{[1:d']}\boldsymbol{t}+\boldsymbol{V}_r\begin{pmatrix}\boldsymbol{h}\\\boldsymbol{t}\end{pmatrix}+\boldsymbol{B}_r\right) \tag{8-30}$$

其中，g 为 NTN 的输出(即对关系 r 的打分)，$\boldsymbol{h}\in\mathbb{R}^{d'}$ 和 $\boldsymbol{t}\in\mathbb{R}^{d'}$ 分别为实体 h 和 t 的 d' 维特征向量，$\boldsymbol{W}_r^{[1:d']}\in\mathbb{R}^{d\times d\times d'}$ 为张量，$\boldsymbol{V}_r\in\mathbb{R}^{d'\times 2d}$ 和 $\boldsymbol{U}_r\in\mathbb{R}^{d'}$ 为权重矩阵，$\boldsymbol{B}_r\in\mathbb{R}^{d'}$ 为偏置矩阵，tanh 为激活函数。

2) 训练算法

针对 T 中的三元组 $T_i=\langle h_i,r_i,t_i\rangle(1\leqslant i\leqslant|T|)$，随机使用 $h_i'(h_i'\in E-h_i)$ 或 $t_j'(t_i'\in E-t_i)$ 替换实体 h_i 或 t_i，从而构造负样本 $T_i^{(j)}=\langle h_i',r_i,t_i\rangle$ 或 $T_i^{(j)}=\langle h_i,r_i,t_j'\rangle$。其中，$J(1\leqslant j\leqslant J)$ 为针对每个正样本构造的负样本数。假设 NTN 的参数集为 Θ，通过式(8-38)的损失函数更新 NTN 参数，使负样本得分小于正样本得分，最终使正样本得分趋近于 1、负样本得分趋近于 0。

$$\mathcal{L}(\Theta)=\sum_{i=1}^{|T|}\sum_{j=1}^{J}\max\{0,1-g(T_i)+g(T_i^{(j)})\}+\lambda\|\Theta\|_2^2 \tag{8-31}$$

其中，$|T|$ 为三元组数量(即正样本总数)，λ 为超参数。

算法 8.7 给出 NTN 的训练过程。经过 τ 次迭代训练，算法 8.7 时间复杂度为 $O(\tau\times|T|\times J\times d^2\times d')$，其中 $d^2\times d'$ 为张量的维度。

算法 8.7　NTN 训练

输入：

$G=(\langle h,r,t\rangle|h,t\in E,r\in R)$KG，$\eta(0<\eta<1)$：学习率，$T_i$：第 i 个三元组正样本，$T_i^{(j)}$：第 i 个三元组的第 j 个负样本，τ：总迭代次数

输出：

Θ：NTN 参数集

步骤：

1. 随机初始化 Θ 中的参数，$\mu\leftarrow 1$
2. While $\mu\leqslant\tau$ Do
3. 　　For $i=1$ To $|T|$ Do
4. 　　　　$g(T_i)\leftarrow\boldsymbol{U}_{r_i}^{T}\tanh\left(\boldsymbol{h}_i^{\mathrm{T}}\boldsymbol{W}_{r_i}^{[1:d']}\boldsymbol{t}_i+\boldsymbol{V}_{r_i}\begin{pmatrix}\boldsymbol{h}_i\\\boldsymbol{t}_i\end{pmatrix}+\boldsymbol{B}_{r_i}\right)$　　//根据式(8-37)对 T_i 打分

5. For $j=1$ To J Do

6. $g(T_i^{(j)}) \leftarrow \boldsymbol{U}_{r_i}^{\mathrm{T}} \tanh\left(\boldsymbol{h}_j^{\mathrm{T}} \boldsymbol{W}_{r_i}^{[1:d']} \boldsymbol{t}_i + \boldsymbol{V}_{r_i} \begin{pmatrix} h_i' \\ t_i \end{pmatrix} + \boldsymbol{B}_{r_i}\right)$ //根据式(8-37)对 $T_i^{(j)}$ 打分

7. End For

8. End For

动画 8-7

9. $\mathcal{L}(\Theta) \leftarrow \sum_{i=1}^{|T|} \sum_{j=1}^{J} \max\{0, 1-g(T_i)+g(T_i^{(j)})\} + \lambda \|\Theta\|_2^2$ //根据式(8-38)计算损失函数

10. $\Theta \leftarrow \Theta - \eta \dfrac{\partial L(\Theta)}{\partial \Theta}$

11. End While

12. Return Θ

2. 基于 GNN 的推理

GNN 主要用于处理图结构数据，基于 GNN 的推理方法通过同时考虑 KG 的语义信息和结构信息，丰富大规模 KG 中的实体和关系表示，并基于图进行推理。下面以关系图卷积网络(relation-graph convolutional network，R-GCN)模型为代表介绍基于 GNN 的 KG 推理方法。

1）基本思想

R-GCN 利用已知实体或关系在图中的局部结构，基于 GCN 实现图中节点信息的传播，对 KG 中不同关系连接的实体进行编码表示，然后利用实体的编码向量来实现 KG 的链接预测和节点分类等任务。R-GCN 首先对每个实体进行编码，每层实体特征由上一层自身实体特征和邻居实体特征加权求和得到，同时考虑自环(self loop)，以保留实体自身的信息。下面以实体 h_i 为例来说明 R-GCN 的编码过程，其不同层特征的前向传播过程如下：

$$\boldsymbol{e}_i^{(\ell+1)} = \sigma\left(\sum_{r \in R} \sum_{j \in N_i^r} \frac{1}{c_{i,r}} \boldsymbol{W}_r^{(\ell)} \boldsymbol{e}_j^{(\ell)} + \boldsymbol{W}_0^{(\ell)} \boldsymbol{e}_i^{(\ell)}\right) \tag{8-32}$$

其中，ℓ 表示神经网络的第 ℓ 层，$\boldsymbol{e}_i^{(\ell)} \in \mathbb{R}^d$ 为实体 h_i 的特征，σ 为激活函数，$\boldsymbol{e}_j^{(\ell)} \in \mathbb{R}^d$ 为 h_i 的邻居节点的特征，$\boldsymbol{W}_r^{(\ell)}$ 为 h_i 对应关系特征的权重矩阵，$\boldsymbol{W}_0^{(\ell)}$ 为 h_i 的特征权重矩阵，$c_{i,r}$ 为正则化常量，$\mathcal{N}_i^r$ 表示 h_i 针对关系 r 的邻居索引集。

使用式(8-32)进行 KG 推理时，参数规模会随着 KG 中关系数量的增加而快速增长，易导致稀疏关系的过拟合。为此，R-GCN 采用基分解(basic decomposition)来规范每一层的权重 $\boldsymbol{W}_r^{(\ell)}$，定义如下：

$$\boldsymbol{W}_r^{(\ell)} = \sum_{b=1}^{\mathcal{B}} \boldsymbol{a}_{rb}^{(\ell)} \boldsymbol{V}_b^{(\ell)} \tag{8-33}$$

其中，基分解的系数向量 $\boldsymbol{a}_{rb}^{(\ell)}$ 和基分解矩阵 $\boldsymbol{V}_b^{(\ell)} \in \mathbb{R}^{d \times d}$ 的数量均为$\mathcal{B}$。

在 R-GCN 模型中，计算单个实体 h_i 的特征的过程如图 8.10 所示。

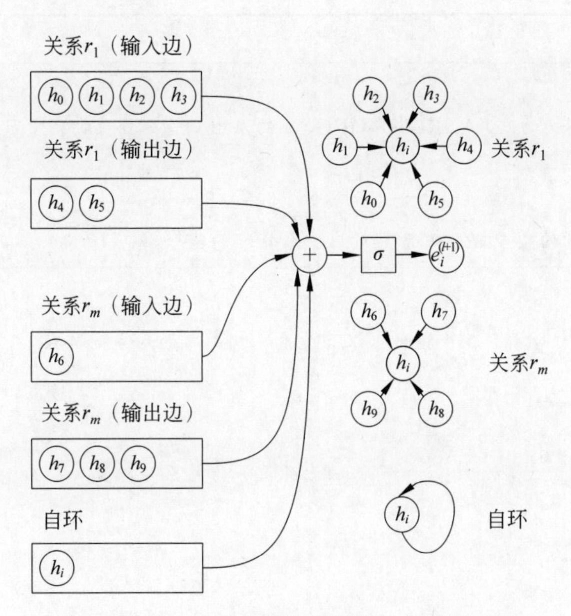

图 8.10　R-GCN 中实体特征的前向更新过程

2）训练算法

给定 KG 中可能存在的三元组$\langle h,r,t\rangle$，基于 R-GCN 的推理方法通过计算评分函数$f(h,r,t)$来判断三元组$\langle h,r,t\rangle$存在的可能性。R-GCN 由 N 层编码器对 KG 中的实体进行编码，然后通过评分函数（或解码器）对编码后的三元组进行打分，根据得分高低判断三元组是否符合要求。图 8.11 给出基于 R-GCN 的 KG 推理示意图。

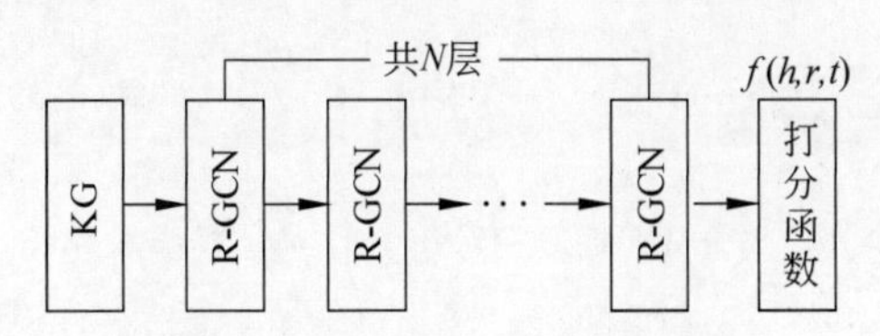

图 8.11　基于 R-GCN 的 KG 推理

实体编码器将实体 h_i 映射为实值向量$\boldsymbol{h}_i\in\mathbb{R}^d$。其中，$\boldsymbol{h}_i$ 为 R-GCN 最后一层的输出，即 $\boldsymbol{h}_i=\boldsymbol{e}_i^{(N)}$，关系 r 和对角矩阵$\boldsymbol{R}_r=\mathbb{R}^{d\times d}$ 相关联。三元组$\langle h,r,t\rangle$的评分函数如下：

$$f(h,r,t)=\boldsymbol{h}^{\mathrm{T}}\boldsymbol{R}_r\boldsymbol{t} \tag{8-34}$$

R-GCN 对每个正样本随机替换其头实体 h 或尾实体 t，构造 J 个负样本，并基于如下交叉熵损失函数，以区分正样本和负样本：

$$\mathcal{L}=-\frac{1}{(1+J)\mid R'\mid}\sum_{(h,r,t,z)\in\Omega} z\log\varphi(f(h,r,t))+(1-z)\log(1-\varphi(f(h,r,t))) \tag{8-35}$$

其中，Ω 为训练样本集合，φ 为 Logistic Sigmoid 激活函数，R'为 R 的子集。z 表示样本标签，其取值 1 和 0 时分别对应正样本和负样本。

算法 8.8 给出 R-GCN 的训练过程。经过 τ 次迭代训练，算法 8.8 的时间复杂度为 $O(\tau\times|\Omega|\times d^4\times N)$。其中，$\Omega$ 为训练样本集合，N 为 R-GCN 的层数。

算法 8.8　R-GCN 训练

输入：

$G=(\langle h,r,t\rangle|h,t\in E,r\in R)$：KG，$N$：R-GCN 的层数，$\eta(0<\eta<1)$：学习率，$\tau$：总迭代次数，$\Omega$：训练样本集合，$J$：负样本数

输出：

$\boldsymbol{E}$：实体集对应向量的集合，$\boldsymbol{R}$：关系集对应关系矩阵的集合

步骤：

1. 随机初始化网络中的权重矩阵 $\boldsymbol{W}_r$ 和 $\boldsymbol{W}_0$，以及关系 r 相关联的对角矩阵 $\boldsymbol{R}_r$
   $\mu\leftarrow 1,\ell\leftarrow 1,\boldsymbol{E}\leftarrow\varnothing,\boldsymbol{R}\leftarrow\varnothing$
2. For $k=1$ To m Do
3. 　　$\boldsymbol{R}_k\leftarrow\text{uniform}\left(-\frac{6}{\sqrt{d}},\frac{6}{\sqrt{d}}\right)$　　//初始化关系 r 为关系矩阵 $\boldsymbol{R}_k$
4. 　　$\boldsymbol{R}\leftarrow\boldsymbol{R}\cup\{\boldsymbol{R}_k\}$
5. End For
6. For Each e In E Do
7. 　　$\boldsymbol{e}\leftarrow\text{uniform}\left(-\frac{6}{\sqrt{d}},\frac{6}{\sqrt{d}}\right)$　　//初始化实体 e 为向量 $\boldsymbol{e}$
8. 　　$\boldsymbol{E}\leftarrow\boldsymbol{E}\cup\{\boldsymbol{e}\}$
9. End For
10. While $\mu\leqslant\tau$ Do
11. 　　For Each(h,r,t) In Ω Do
12. 　　　While $\ell\leqslant N$ Do
13. 　　　　$\boldsymbol{e}_h^{(\ell+1)}\leftarrow\sigma\left(\sum_{r\in R}\sum_{j\in N_h^r}\frac{1}{c_{h,r}}\boldsymbol{W}_r^{(\ell)}\boldsymbol{e}_{hj}^{(\ell)}+\boldsymbol{W}_0^{(\ell)}\boldsymbol{e}_h^{(\ell)}\right)$　//根据式(8-39)计算实体 h 的下一层特征
14. 　　　　$\boldsymbol{e}_t^{(\ell+1)}\leftarrow\sigma\left(\sum_{r\in R}\sum_{j\in N_t^r}\frac{1}{c_{t,r}}\boldsymbol{W}_r^{(\ell)}\boldsymbol{e}_{tj}^{(\ell)}+\boldsymbol{W}_t^{(\ell)}\boldsymbol{e}_t^{(\ell)}\right)$　//根据式(8-39)计算实体 t 的下一层特征
15. 　　　End While
16. 　　End For
17. 从 $\boldsymbol{E}$ 和 $\boldsymbol{R}$ 中获取头实体 h 的向量 $\boldsymbol{h}$、关系 r 的矩阵 $\boldsymbol{R}_r$ 及尾实体 t 的向量 $\boldsymbol{t}$
18. $\boldsymbol{h}\leftarrow\boldsymbol{e}_h^{(N)},\boldsymbol{t}\leftarrow\boldsymbol{e}_t^{(N)}$
19. $f(h,r,t)\leftarrow\boldsymbol{h}^{\mathrm{T}}\boldsymbol{R}_r\boldsymbol{t}$　　//根据式(8-41)计算评分数值
20. $\mathcal{L}\leftarrow-\frac{1}{(1+J)|R'|}\sum_{(h,r,t,z)\in\Omega}z\log\varphi(f(h,r,t))+(1-z)\log(1-\varphi(f(h,r,t)))$
    //根据式(8-42)计算损失函数值
21. $\boldsymbol{W}_r\leftarrow\boldsymbol{W}_r-\eta\frac{\partial N}{\partial\boldsymbol{W}_r},\boldsymbol{W}_0\leftarrow\boldsymbol{W}_0-\eta\frac{\partial N}{\partial\boldsymbol{W}_0},\boldsymbol{R}_r\leftarrow\boldsymbol{R}_r-\eta\frac{\partial N}{\partial\boldsymbol{R}_r}$
22. End While
23. Return $\boldsymbol{E},\boldsymbol{R}$

动画 8-8

8.5 思 考 题

1. 命名实体识别结果影响最终所构建知识图谱的质量。本章 8.2.1 节给出命名实体识别方法，中文命名实体识别相较英文命名实体识别而言存在更多挑战，中文文本没有类似英文文本中空格之类的边界标示符，其分词结果和命名实体识别结果相互影响。如何有效保证中文命名实体识别过程中的实体边界及实体类型预测的准确性？

2. 实体关系联合抽取、流水线型实体识别及关系抽取方法的区别与联系是什么？

3. 句子中的多个实体之间往往存在多种不同关系的组合，例如，“长老就便施礼，慌得那优婆塞、优婆夷、比丘僧、比丘尼合掌道：‘圣僧且休行礼。待见了牟尼，却来相叙。’”中“长老”、“优婆塞”、“优婆夷”、“比丘僧”、“比丘尼”、“圣僧”和“牟尼”等实体之间存在多种复杂的关系，如何识别此类句子中多个实体之间的这种重叠关系和多元关系？

4. 在一篇文档中，多个不同句子的不同实体之间可能存在某种隐藏的关系。例如，《西游记》中有句子“师徒们逍逍遥遥，走上灵山之巅”和“那长老手舞足蹈，随着行者，直至雷音寺山门之外”，其中“灵山”和“雷音寺”实体分别位于这两个不同的句子，且存在隐藏的“位置”关系，如何抽取此类不在同一句子中实体间的隐藏关系？

5. 在知识图谱嵌入的基础上，如何利用实体和关系的向量表示来实现知识问答和个性化推荐等下游应用？

6. 知识图谱嵌入过程中如何保存实体之间的多跳关系？真实世界中的知识图谱会随着时间的推移而动态变化，如何实现动态知识图谱嵌入？

7. 真实世界中不同实体间的关联错综复杂，实体间的关联呈网状而非线性的逻辑关系，例如，“父亲(实体 1，实体 2)∧父亲(实体 2，实体 3)∧哥哥(实体 3，实体 4)∧母亲(实体 5，实体 4)”。如何利用已有的规则推理方法构建描述不同实体之间关联关系的图结构，并以此推理得到实体之间的隐含关系？

8. 基于规则的推理方法具有较好的可解释性，但在大规模知识图谱中，学习的时间开销较大。而基于知识图谱的嵌入方法，通过向量间的相似度计算实现快速推理，但可解释性较差。如何有效融合二者的特点，通过将复杂的逻辑规则表达式嵌入至低维向量空间，使知识图谱的推理方法在具有可解释性的同时提高推理效率？

第9章 贝叶斯网

9.1 贝叶斯网概述

推理是根据一定的规则，由已知事件（前提）推出新事件（结论）的过程。然而，由于知识的不完整、信息来源的不准确及测试手段的局限性等因素，现实中的推理往往具有不确定性，无法通过考虑所有事件发生的可能性得到完全正确的结论。例如，在医疗诊断中，若一名呼吸困难患者有长期吸烟史，不能简单地推断"吸烟"是导致其"呼吸困难"的根本原因，因为一些吸烟者由于遗传或后天因素，"吸烟"可能并不会对其肺部健康造成严重损害，而一些不吸烟的人却可能因为长期接触致癌物，或由于医学领域尚未发现的因素而感染肺部疾病，从而导致"呼吸困难"。其中，"呼吸困难"和"接触致癌物"这类可能发生或不发生的事件，称为随机事件。

概率推理（probabilistic inference）基于概率论描述随机事件带来的不确定性，旨在将随机事件视为变量，构建概率模型，并基于历史经验和已知变量信息来推导未知变量发生的可能性。通常，已知变量称为证据（evidence）变量，待推理的未知变量称为查询（query）变量或目标（target）变量。概率推理的基本任务是在观察得到一组证据变量的赋值后计算查询变量的后验概率分布。已知证据变量赋值越多，推理越准确。例如，假设变量取值为"发生（T）"与"不发生（F）"，考虑病人患"呼吸困难"的可能性，在没有任何证据变量信息的情形下，病人患"呼吸困难"的可能性是0.01；若得知病人有长期吸烟史，则患"呼吸困难"的可能性是0.6；若又知道病人感染流感则可推断其患"呼吸困难"的可能性是0.95，即 P（呼吸困难＝T|长期吸烟＝T，感染流感＝T）＝0.95。

随着Web 2.0的快速普及和数据的爆炸式增长，数据和知识的来源日益多样，不同领域知识的学习成本日益高昂，面临的实际问题日益复杂，人们对智能系统知识表示和处理能力的要求日益提高，仅依靠人工经验和专家知识进行概率推理遇到了瓶颈。通过构建概率模型、设计概率推理算法来辅助决策，成为解决智能系统中分析、挖掘和推断等问题的必要手段。

基于概率论和图论，概率图模型（probabilistic graphical model，PGM）为变量间复杂依赖关系的表示和概率推理提供了统一框架，广泛应用于金融分析、故障检测、医疗诊断等领域。常见的PGM包括贝叶斯网（Bayesian network，BN）、马尔可夫网（Markov network，MN）、马尔可夫逻辑网（Markov logic network，MLN）、条件随机场（conditional random field，CRF）、高斯图模型（Gaussian graphical model）、隐树模型（latent tree model）、云模型

(cloud model)等。虽然形式各异,但许多PGM的基本思想都是利用条件独立性假设对联合概率分布进行因式分解,从而简化建模形式和推理计算过程。BN作为PGM的典型代表,也称为信念网(belief network),起源于20世纪80年代中期对人工智能中不确定性问题的研究。BN将概率论和图论有机结合,具有坚实的理论基础,一方面用图论的语言直观揭示问题的结构,另一方面按概率论的原则对问题结构加以利用,在有向无环图模型上以条件概率参数来量化变量间依赖关系的不确定性,广泛应用于机器学习、推荐系统、故障诊断、因果推断等领域。

BN可通过手工构建,也可通过数据分析构建。手工构建方法通常要求具备一定的领域知识或拥有领域咨询经验,数据分析的方法通常使用机器学习技术和优化算法得到与给定数据尽可能吻合的模型。从数据学习BN,包括参数学习和结构学习两个方面的任务,是BN研究和应用的焦点。本章首先介绍基于最大似然估计的BN参数学习算法,以及经典的基于的BIC评分函数和爬山搜索算法的BN结构学习算法,最后介绍基于BN的概率推理算法。

9.2　贝叶斯网构建

9.2.1　基本概念

BN是一个有向无环图(directed acyclic graph,DAG),由节点和节点间的有向边构成,每一个节点代表一个变量。节点可以是任何问题的抽象,如测试数值、观测现象、意见征询等。有向边代表变量间的依赖关系,若变量之间没有边,则它们具有独立性。同时,每一个节点的条件概率参数构成条件概率表(conditional probability table,CPT),用于量化节点之间的依赖关系,无父节点的CPT由其先验概率表达。下面给出BN的定义。

定义9.1　BN表示为二元组$\mathcal{B}=(G,\theta)$,其中:

(1) $G=(V,E)$是一个DAG,其中$V=\{v_1,v_2,\cdots,v_n\}$为节点的集合,E为边的集合,$\langle v_i,v_j\rangle(i,j=1,2,\cdots,n,i\neq j)$表示$v_i$与$v_j$之间存在由$v_i$到$v_j$的依赖关系。

(2) θ为各节点参数的集合,包括各个节点所对应的CPT。用$\pi(v_i)$表示节点v_i的父节点集,即$\pi(v_i)=\{v_j|\langle v_j,v_i\rangle\in G,1\leqslant i,j\leqslant n,i\neq j\}$,$\theta_i=\{P(v_i|\pi(v_i))\}(1\leqslant i\leqslant n)$表示节点$v_i$的条件概率参数,$\theta_{ijk}=P(v_i=k|\pi(v_i)=j)$表示节点$v_i$取值为$k$且其父节点取值为第$j$种组合时对应的参数。

例9.1　图9.1给出一个简单的BN。其中,变量S、A、B、L和C分别代表事件"吸烟"、"发烧"、"呼吸困难"、"肺癌"和"感染流感",所有变量为二值变量(取值为T和F)。

9.2.2　学习算法

BN的参数学习,旨在基于BN结构和给定数据计算变量节点的条件概率参数,通常包括贝叶斯估计(Bayesian estimation)和最大似然估计(maximum likelihood estimation,MLE)两类方法。BN的结构学习,旨在在给定数据集的前提下寻找一个与训练样本集匹配最好的网络结构,主要包括基于条件独立测试(conditional independence test)和依赖分析(dependence analysis)、基于评分搜索(scoring and search)这两类方法。基于条件独立测试和依赖分析的方法将BN视为描述变量之间条件独立关系的网络模型,主要包括卡方测试

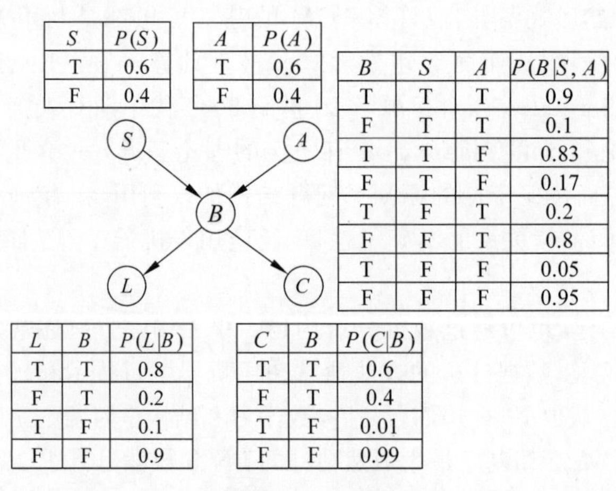

S	$P(S)$
T	0.6
F	0.4

A	$P(A)$
T	0.6
F	0.4

B	S	A	$P(B\|S,A)$
T	T	T	0.9
F	T	T	0.1
T	T	F	0.83
F	T	F	0.17
T	F	T	0.2
F	F	T	0.8
T	F	F	0.05
F	F	F	0.95

L	B	$P(L\|B)$
T	T	0.8
F	T	0.2
T	F	0.1
F	F	0.9

C	B	$P(C\|B)$
T	T	0.6
F	T	0.4
T	F	0.01
F	F	0.99

图 9.1　BN 示例

和条件互信息测试两种。基于评分搜索的方法将 BN 结构学习视为组合优化问题，首先通过定义评分函数度量 BN 结构空间中的不同候选结构与样本数据的拟合程度，然后利用搜索算法确定评分最高（即与数据拟合最好）的网络结构，常用的评分函数包括最小描述长度（minimum description length，MDL）、贝叶斯信息准则（Bayesian information criterion，BIC）、赤池信息量准则（Akaike information criterion，AIC）等，常用的搜索算法包括 K2 算法、爬山算法、模拟退火算法、遗传算法等。

下面分别介绍 BN 参数学习和结构学习的基本思想和算法。

1. 参数学习

给定一个 BN $\mathcal{B}$，其中节点 v_i 共有 r_i 个可能取值 $1,2,\cdots,r_i$，v_i 的父节点集记为 $\pi(v_i)$、共有 q_i 种可能组合（若 v_i 无父节点，则 $q_i=1$），v_i 的参数 $\theta_{ijk}=P(v_i=k\,|\,\pi(v_i)=j)$（$1\leqslant i\leqslant n$），$\theta$ 为所有 θ_{ijk} 的集合。给定一组关于$\mathcal{B}$的独立同分布的完整样本数据集 $D=\{d_1, d_2,\cdots,d_m\}$，$\theta$ 的某个取值 θ_0 与 D 的拟合程度用条件概率 $P(D\,|\,\theta=\theta_0)$ 度量，$P(D\,|\,\theta=\theta_0)$ 越大，拟合程度越高。θ 的似然函数定义如下：

$$L(\theta \mid D)=P(D \mid \theta)=\prod_{i}^{m} P(d_i \mid \theta) \tag{9-1}$$

最大似然估计旨在利用 D 中的样本数据反推最具有可能（最大概率）导致这些样本结果出现的参数值，也就是求 θ 的某个取值 $\theta=\theta^*$，使 θ 的似然函数 $L(\theta\,|\,D)$ 值最大。为此，任意样本 d_a（$1\leqslant a\leqslant m$）的特征函数定义如下：

$$\chi(i,j,k;d_a)=\begin{cases}1, & \text{若 } d_a \text{ 中 } v_i=k \text{ 且 } \pi(v_i)=j \\ 0, & \text{其他}\end{cases} \tag{9-2}$$

对 $P(D\,|\,\theta)$ 取对数，得到 θ 的对数似然函数

$$\begin{aligned} l(\theta \mid D) &= \log P(D \mid \theta)=\log\prod_{a=1}^{m} P(d_a \mid \theta)=\sum_{a=1}^{m}\log P(d_a \mid \theta) \\ &= \sum_{a=1}^{m}\sum_{i=1}^{n}\sum_{j=1}^{q_i}\sum_{k=1}^{r_i}\chi(i,j,k;d_a)\log\theta_{ijk} \end{aligned} \tag{9-3}$$

其中，$P(d_a\,|\,\theta)$ 为给定 θ 时样本 d_a 出现的概率，记为

$$m_{ijk}=\sum_{a=1}^{m}\chi(i,j,k;d_a) \tag{9-4}$$

m_{ijk} 称为充分统计量，直观上是数据集 D 中所有满足 $v_i=k$ 和 $\pi(v_i)=j$ 的样本数。将 θ 的对数似然函数化简为

$$l(\theta \mid D)=\sum_{i=1}^{n}\sum_{j=1}^{q_i}\sum_{k=1}^{r_i}m_{ijk}\log\theta_{ijk} \tag{9-5}$$

那么，θ_{ijk} 的最大似然估计为

$$\theta_{ijk}^{*}=\begin{cases}\dfrac{m_{ijk}}{\sum_{k=1}^{r_i}m_{ijk}}, & \sum_{k=1}^{r_i}m_{ijk}>0\\[2ex] \dfrac{1}{r_i}, & \sum_{k=1}^{r_i}m_{ijk}=0\end{cases} \tag{9-6}$$

其中，$\dfrac{m_{ijk}}{\sum_{k=1}^{r_i}m_{ijk}}=\dfrac{D\text{ 中满足 }v_i=k\text{ 和 }\pi(v_i)=j\text{ 的样本实例数}}{D\text{ 中满足 }\pi(v_i)=j\text{ 的样本实例数}}$。

例 9.2　针对图 9.2 所示的 BN 和独立同分布样本数据集 D，节点 v_2 只有一个父节点 v_1，则 $\pi(v_2)$ 共有两种取值组合，即 $\pi(v_2)=T$ 和 $\pi(v_2)=F$。根据式(9-6)，节点 v_2 的参数的最大似然估计计算如下：

$$\theta_{2T1}^{*}=\frac{D\text{ 中满足 }v_2=T\text{ 和 }\pi(v_2)=T\text{ 的样本实例数}}{D\text{ 中满足 }\pi(v_2)=T\text{ 的样本实例数}}=\frac{2}{2}$$

$$\theta_{2T2}^{*}=\frac{D\text{ 中满足 }v_2=T\text{ 和 }\pi(v_2)=F\text{ 的样本实例数}}{D\text{ 中满足 }\pi(v_2)=F\text{ 的样本实例数}}=0$$

$$\theta_{2F1}^{*}=\frac{D\text{ 中满足 }v_2=F\text{ 和 }\pi(v_2)=T\text{ 的样本实例数}}{D\text{ 中满足 }\pi(v_2)=T\text{ 的样本实例数}}=0$$

$$\theta_{2F2}^{*}=\frac{D\text{ 中满足 }v_2=F\text{ 和 }\pi(v_2)=F\text{ 的样本实例数}}{D\text{ 中满足 }\pi(v_2)=F\text{ 的样本实例数}}=\frac{2}{2}$$

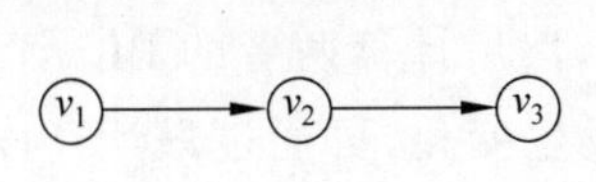

	v_1	v_2	v_3
d_1	F	F	F
d_2	T	T	T
d_3	T	T	F
d_4	F	F	F

图 9.2　BN 和独立同分布数据

图 9.3 给出 BN 中各节点参数的最大似然估计值。

$P(v_1)$

	T	F
$P(v_1)$	2/4	2/4

$P(v_2|v_1)$

v_1	v_2	
	T	F
T	2/2	0
F	0	2/2

$P(v_3|v_2)$

v_2	v_3	
	T	F
T	1/2	1/2
F	0	2/2

图 9.3　BN 中各节点的概率参数

2. 结构学习

1）BIC 评分

BIC 评分是在大样本前提下对边缘似然函数的一种近似，具有明确直观的意义，且使用方便，是实际中最常见的评分函数，计算方法如下：

$$\mathrm{BIC}(\mathcal{B}|D)=\sum_{i=1}^{n}\sum_{j=1}^{q_i}\sum_{k=1}^{r_i}m_{ijk}\log\frac{m_{ijk}}{m_{ij*}}-\sum_{i=1}^{n}\frac{q_i(r_i-1)}{2}\log m \tag{9-7}$$

其中，第一项是模型结构 G 的优参对数似然度（parameter maximized loglikelihood），度量模型结构 G 与数据集 D 的拟合程度。若仅基于第一项选择模型，会得到一个任意两个节点之间都存在一条边的 BN，因此增加第二项作为惩罚项（penalty），防止模型过拟合。

BIC 评分是可分解的，用 $\langle v_i,\pi(v_i)\rangle$ 表示节点 v_i、其父节点集 $\pi(v_i)$ 及相关边构成的局部结构，称为 v_i 的家族（family），v_i 的家族 BIC 评分定义如下：

$$\mathrm{BIC}(\langle v_i,\pi(v_i)\rangle\mid D)=\sum_{j=1}^{q_i}\sum_{k=1}^{r_i}m_{ijk}\log\frac{m_{ijk}}{m_{ij*}}-\sum_{i=1}^{n}\frac{q_i(r_i-1)}{2}\log m \tag{9-8}$$

基于家族 BIC 评分，式(9-7)可表示为

$$\mathrm{BIC}(\mathcal{B}|D)=\sum_{i=1}^{n}\mathrm{BIC}(\langle v_i,\pi(v_i)\rangle\mid D) \tag{9-9}$$

因此，BIC 评分可分解为各变量的家族 BIC 评分之和，在基于评分搜索方法构建 BN 时，可用于减小搜索过程中的计算开销。

2）基于爬山法的 BN 结构学习

爬山法试图找到 BIC 评分最高的模型（爬山法仍可适用于其他评分函数）。首先，初始结构一般为无边的图模型，也可基于领域知识设置初始结构；然后，通过加边（adding edge）、减边（deleting edge）和反转边（reversing edge）三种搜索算子对当前结构进行局部修改，得到一系列候选模型，如图 9.4 所示；进一步，基于不同候选模型计算参数的最大似然估计及相应的 BIC 评分。算法每次迭代，选出当前评分最高的候选结构所对应的模型，并作为最优模型，直至收敛。

在模型搜索过程中的每次迭代，爬山法都会根据当前模型结构 G 通过搜索算子进行修改（加边、减边或反转边），得到另一个结构 G'，然后计算两者的 BIC 评分，并进行比较。通常，G 与 G′的差别仅是一两个变量的父节点发生变化，可通过只计算该变量的家族 BIC 评分来简化计算。为了描述的方便，用 $f(G',\theta'|D)$表示针对 G'及相应最大自然估计θ'的 BIC 评分函数。例如，设 G 为图 9.4 中 BN 的初始结构，通过增加边$\langle v_2,v_4\rangle$得到结构 G'。G 和 G'的唯一区别是，变量 v_4 的父节点集由 $\pi(v_4)=\{v_3\}$变为 $\pi'(v_4)=\{v_3,v_2\}$，则 $\mathrm{BIC}(\mathcal{B}'|D)$的计算如下：

$$\mathrm{BIC}(\mathcal{B}'\mid D)=\mathrm{BIC}(\mathcal{B}|D)+\mathrm{BIC}(\langle v_i,\pi'^{(v_i)}\rangle\mid D)-\mathrm{BIC}(\langle v_i,\pi(v_i)\rangle\mid D) \tag{9-10}$$

算法 9.1 给出基于爬山法的 BN 结构学习方法，其执行代价主要取决于对 V 中变量构建 DAG 时计算 BIC 评分的时间开销。在最坏情况下，任意节点对之间都需计算一次 BIC 评分，而计算 $f(G',\theta'|D)$的时间开销随着 D 中样本数增加呈线性增长。因此，算法 9.1 在最坏情况下的时间复杂度为 $O(n^2\times m)$，其中，n 为 V 中随机变量数，m 为 D 中样本数。

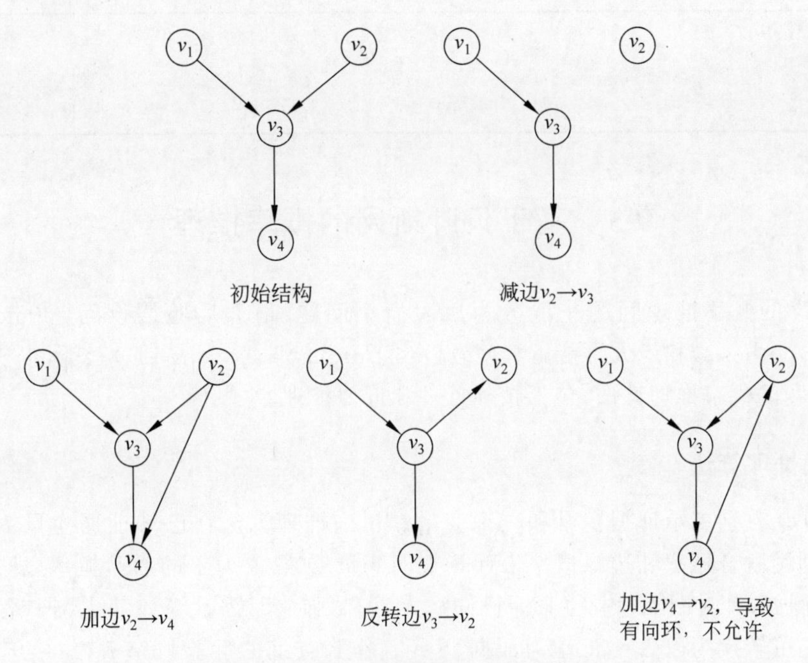

图 9.4　爬山法使用的三个搜索算子

算法 9.1　基于爬山法的 BN 结构学习

输入：

V：随机变量集合，D：关于 V 的完整数据，f：BIC 评分函数，G_0：BN 初始结构

输出：

$\mathcal{B}=(G,\theta)$：BN

步骤：

1. $G \leftarrow G_0$
2. $\theta \leftarrow L(\theta|D)$　　　　　　　　//根据式(9-6)计算 G 的参数最大似然估计
3. oldScore$\leftarrow f(G,\theta|D)$　　　　　//根据式(9-10)计算 G 的 BIC 评分
4. While true Do
5. 　　$G^* \leftarrow \varnothing$；$\theta^* \leftarrow \varnothing$；newScore$\leftarrow -\infty$
6. 　　For 每一个 G 中无边相连的节点对 Do
7. 　　　进行加边、减边和反转边操作，得到结构 G'
8. 　　　$\theta' \leftarrow L(\theta'|D)$　　　　　//根据式(9-6)计算 G'的最大似然估计
9. 　　　tmpScore$\leftarrow f(G',\theta'|D)$　　//根据式(9-10)计算 G'的 BIC 评分
10. 　　　If tmpScore＞newScore Then
11. 　　　　　$G^* \leftarrow G'$；$\theta^* \leftarrow \theta'$
12. 　　　　　newScore$\leftarrow$tmpScore
13. 　　　End If
14. 　　End For
15. 　　If newScore＞oldScore Then
16. 　　　$G \leftarrow G^*$；$\theta \leftarrow \theta^*$
17. 　　　oldScore$\leftarrow$newScore
18. 　　Else

动画 9-1

```
19.        Return (G,θ)
20.    End if
21. End While
```

9.3 基于贝叶斯网的概率推理

基于BN的概率推理问题一般分为后验概率问题、最大后验假设问题(maximum A posteriori hypothesis)和最大可能解释问题(most probable explanation)三类,本节介绍解决后验概率问题的概率推理算法,包括精确推理和近似推理。

9.3.1 精确推理算法

用E和Q分别表示证据变量和查询变量。精确推理算法在已知证据变量E取值为e的条件下,利用联合概率和边缘概率来计算查询变量Q取值为q的后验概率,即求$P(Q=q|E=e)$。例如,针对图9.1中的BN,已知病人患有"肺癌",需计算该病人"长期吸烟"的概率,则该问题可转换为以$L=T$作为证据、$S=T$作为查询的后验概率$P(S=T|L=T)$计算任务。

若采用一般联合概率分布计算的方法,首先从联合概率$P(S,A,B,L,C)$出发,计算边缘概率分布$P(S,L)=\sum_{A,B,C}P(S,A,B,L,C)$,再计算$P(S=T|L=T)=\dfrac{P(S=T,L=T)}{P(L=T)}$。然而,这样的方法具有极高的复杂度。以图9.1中的BN为例,针对5个二值变量,整个联合概率分布包含2^5-1个独立参数,即计算联合概率分布的复杂度随着变量的增加呈指数增长。

事实上,BN利用变量间的条件独立性可对联合概率分布进行分解,可减少模型的参数个数,从而简化知识的表达。例如,针对图9.1中的BN,采用如下链规则计算$P(L)$:

$$P(L)=\sum_S\sum_A\sum_B\sum_C P(S)P(A)P(B\mid S,A)P(L\mid B)P(C\mid B) \tag{9-11}$$

基于链规则的概率计算过程如表9.1所示。

表9.1 基于链规则计算$P(L)$

计算步骤	乘法/次	加法/次
$P(S)P(A)\rightarrow P(S,A)$	4	/
$P(S,A)P(B\|S,A)\rightarrow P(B,S,A)$	8	/
$P(B,S,A)P(L\|B)\rightarrow P(L,B,S,A)$	16	/
$P(L,B,S,A)P(C\|B)\rightarrow P(C,L,B,S,A)$	32	/
$P(C,L,B,S,A)\rightarrow P(C,L,B,E)$	/	16
$P(C,L,B,E)\rightarrow P(L,B,E)$	/	8
$P(L,B,E)\rightarrow P(L,E)$	/	4
$P(L,E)\rightarrow P(L)$	/	2
总计	60	30

注意到，式(9-11)中只有 $P(A)$ 和 $P(B|S,A)$ 与 A 有关，$P(S)$ 和 $P(B|S,A)$ 与 S 有关，$P(C|B)$ 与 C 有关，因此，式(9-11)可分解为

$$P(L)=\sum_{B}P(L\mid B)\sum_{C}P(C\mid B)\sum_{S}P(S)\sum_{A}P(A)P(B\mid S,A) \tag{9-12}$$

利用式(9-12)计算 $P(L)$ 的过程如表 9.2 所示。

表 9.2　基于式(9-12)计算 $P(L)$

计 算 步 骤	数字乘法/次	数字加法/次
$P(A)P(B\|S,A)\rightarrow P(B,A\|S)$	8	/
$P(B,A\|S)\rightarrow P(B\|S)$	/	4
$P(S)P(B\|S)\rightarrow P(B,S)$	4	/
$P(B,S)\rightarrow P(B)$	/	2
$P(C\|B)P(B)\rightarrow P(C,B)$	4	/
$P(C,B)\rightarrow P(B)$	/	2
$P(L\|B)P(B)\rightarrow P(L,B)$	4	/
$P(L,B)\rightarrow P(L)$	/	2
总计	20	10

利用式(9-12)计算 $P(L)$ 仅需要 20 次乘法和 10 次加法，运算次数低于式(9-11)。像这样通过分解联合分布以简化推理的方法称为变量消元法(variable elimination)。其中，联合概率分布视为一个多变量函数，设 $\mathcal{N}(v_1,v_2,\cdots,v_n)$ 为 $\{v_1,v_2,\cdots,v_n\}$ 的函数，用 $\mathcal{F}=\{f_1,f_1,\cdots,f_b\}$ 表示一组函数，其中，每个 $f_i(1\leqslant i\leqslant b)$ 涉及变量为 $\{v_1,v_2,\cdots,v_n\}$ 的一个子集。如果

$$\mathcal{F}=\prod_{i=1}^{b}f_i \tag{9-13}$$

则称 $\mathcal{F}$ 是 $\mathcal{N}$ 的一个分解(factorization)，$f_1,f_1,\cdots,f_b$ 称为这个分解的因子(factor)。

从 $\mathcal{N}(v_1,v_2,\cdots,v_n)$ 出发，可通过式(9-14)获得变量 $\{v_2,\cdots,v_n\}$ 的一个函数，该过程称为消元。

$$\mathcal{K}(v_2,v_3,\cdots,v_y)=\sum_{v_1}\mathcal{F}(v_1,v_2,\cdots,v_y) \tag{9-14}$$

设 $\mathcal{F}=\{f_1,f_1,\cdots,f_b\}$ 为函数 $\mathcal{N}(v_1,v_2,\cdots,v_n)$ 的一个分解，从 $\mathcal{N}$ 中消去变量 v_1 的过程如下：首先从 $\mathcal{F}$ 中删去所有 v_1 涉及的函数(这些函数记为 $\{f_1,f_1,\cdots,f_k\}$)，再将新函数 $\sum_{v_1}\prod_{i=1}^{k}f_i$ 放回 $\mathcal{F}$ 中。

上述思想见算法 9.2。假设 $\mathcal{B}$ 中每个变量有 x 种取值，ρ 为待消元变量个数，最坏情况下对某一变量消元时，$\mathcal{F}$ 中所有函数都与该变量相关，则此次消元需进行 $x\times\prod_{i=1}^{\rho}x$ 次运算。假设 $\mathcal{B}$ 中一共有 n 个变量，则算法 9.2 的时间复杂度为 $O(n\times x^{\rho+1})$。

算法 9.2　基于变量消元法的 BN 精确推理

输入：

$\mathcal{B}$：BN，E：证据变量，e：证据变量取值，Q：查询变量，ρ：待消元变量顺序，包括所有不在 $E \cup Q$ 中的变量

输出：

$P(Q|E=e)$：概率值

步骤：

1. $\mathcal{F} \leftarrow \mathcal{N}(v_1, v_2, \cdots, v_n)$　　//得到 $\mathcal{B}$ 中所有变量对应条件概率分布的函数集合
2. 在 $\mathcal{F}$ 的因子中，将证据变量 $\mathcal{E}$ 设置为其观测值 e
3. While $\rho \neq \varnothing$ Do
4. 　　$\rho \leftarrow \rho \backslash \{Z\}$　　//Z 为 ρ 中第一个变量，将 Z 从 ρ 中删除
5. 　　$\mathcal{F} \leftarrow \text{Elim}(\mathcal{F}, Z)$　　//对变量 Z 进行消元
6. End While
7. $h(Q) \leftarrow \prod_{i=1}^{|\mathcal{F}|} f_i$　　//将 $\mathcal{F}$ 中所有因子相乘，得到一个 Q 的函数 $h(Q)$
8. Return $h(Q) / \sum_Q h(Q)$

动画 9-2

$\text{Elim}(\mathcal{F}, Z)$

1. $\mathcal{F} \leftarrow \mathcal{F} \backslash \{f_1, f_2, \cdots, f_k\}$　　//从 $\mathcal{F}$ 中删去所有涉及 Z 的函数 $\{f_1, f_2, \cdots, f_k\}$
2. $g \leftarrow \prod_{i=1}^{k} f_i$
3. $h \leftarrow \sum_Z g$
4. $\mathcal{F} \leftarrow \mathcal{F} \cup \{h\}$　　//将 h 放回 $\mathcal{F}$
5. Return $\mathcal{F}$

例 9.3　针对图 9.1 所示 BN，利用算法 9.2 计算 $P(S|L=\text{F})$。

(1) 设置变量消元顺序 $\rho = \langle A, B, C \rangle$，BN 的联合概率分解为 $\mathcal{F} = \{P(S), P(A), P(B|S,A), P(L|B), P(C|B)\}$；设置证据 $L=\text{F}$，得到 $\mathcal{F} = \{P(S), P(A), P(B|S,A), P(L=\text{F}|B), P(C|B)\}$。

(2) 消去变量 A，与之相关的函数是 $P(A)$ 和 $P(B|S,A)$，消去 A 得到 $\mathcal{F} = \{P(S), P(L=\text{F}|B), P(C|B), \varphi_1(B,S)\}$，其中，$\varphi_1(B,S) = \sum_A P(A)P(B \mid S,A)$。

(3) 消去变量 B，与之相关的函数是 $P(L=\text{F} \mid B)$、$P(C \mid B)$ 和 $\varphi_1(B,S)$，消去 B 得到 $\mathcal{F} = \{P(S), \varphi_2(S,C)\}$，其中，$\varphi_2(S,C) = \sum_B P(L=\text{F} \mid B)P(C \mid B)\varphi_1(B,S)$。

(4) 消去变量 C，与之相关的函数是 $\varphi_2(S,C)$，消去 C 得到 $\mathcal{F} = \{P(S), \varphi_3(S)\}$，其中，$\varphi_3(S) = \sum_C \varphi_2(S,C)$。

(5) 计算 $h(S) = \varphi_3(S)$，并返回 $\dfrac{h(S)}{\sum_S h(S)}$。

9.3.2　近似推理算法

如前所述，BN 的精确推理算法在网络节点较多且稠密时具有指数计算复杂度。因此，

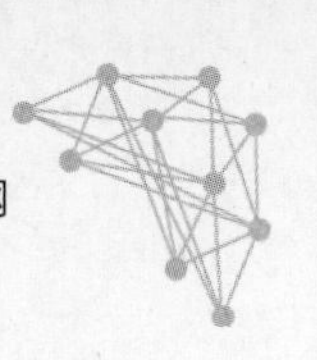

实际应用中可通过降低对精度的要求，在限定时间内得到一个近似解，这样的方法称为近似推理，其基本思想是从某个概率分布随机采样、生成一组样本，然后从样本出发近似估计要计算的量。典型的近似推理方法包括基于重要性采样(importance sampling)和基于马尔可夫链蒙特卡洛(markov chain monte carlo，MCMC)的算法，其主要区别在于，前者的采样样本相互独立，而后者的采样样本相互关联。本节以MCMC算法中广泛使用的Gibbs采样算法为代表，介绍BN的近似推理算法。

Gibbs采样算法首先随机产生一个与证据$E=e$一致的样本$\mathcal{D}_1$作为初始样本，此后每一步都从当前样本出发产生下一个样本。对于当前第i步，为了从$\mathcal{D}_{i-1}$出发得到$\mathcal{D}_i$，算法首先设$\mathcal{D}_i=\mathcal{D}_{i-1}$，然后按某个顺序对非证据变量逐个采样，改变$\mathcal{D}_i$中变量的取值。设$Z$是下一个待采样变量，mb($Z$)是$Z$的马尔可夫覆盖(包括$Z$的直接孩子节点、直接父亲节点以及直接孩子的其他父亲节点)中的变量集合，z_i是mb(Z)在$\mathcal{D}_i$中的当前取值。算法根据概率分布$P(Z|\text{mb}(Z)=z_i)$对Z进行采样，并用采样结果替代$\mathcal{D}_i$中Z的当前取值。上述思想见算法9.3，算法的执行代价主要取决于样本量以及生成样本时对每个变量采样的计算开销。若每个变量的取值状态有$|z|$种，其父变量共有c种组合，则算法的时间复杂度为$O(\eta\times\rho\times|z|^c)$。

算法9.3　基于Gibbs采样的BN近似推理

输入：

$\mathcal{B}$：BN，η：采样次数，$\mathcal{E}$：证据变量，e：证据变量取值，Q：查询变量，q：查询变量取值，ρ：非证据变量采样顺序

输出：

$P(Q=q|\mathcal{E}=e)$：概率值

步骤：

1. $m_q \leftarrow 0$
2. 随机生成一个样本$\mathcal{D}_1$，使$\mathcal{E}=e$
3. If $Q=q$ Then
4. 　　$m_q \leftarrow m_q+1$
5. End If
6. For $i=2$ To η Do
7. 　　$\mathcal{D}_i \leftarrow \mathcal{D}_{i-1}$
8. 　　For ρ 中的每一个变量Z Do
9. 　　　　$\gamma \leftarrow \sum_i P(z_i \mid \text{mb}(Z))$　　//计算Z的下一个状态，z_i为Z的不同状态取值
10. 　　　　生成一个随机数$\gamma\in[0,\gamma]$，Z的取值为

$$Z=\begin{cases} z_1, & \gamma \leqslant P(z_1 \mid \text{mb}(Z)) \\ z_2, & P(z_1 \mid \text{mb}(Z)) \leqslant \gamma \leqslant P(z_1 \mid \text{mb}(Z))+P(z_2 \mid \text{mb}(Z)) \\ \cdots \end{cases}$$

11. 　　　　用采样结果代替$\mathcal{D}_i$中Z的值
12. 　　End for
13. 　　If $Q=q$ Then
14. 　　　　$m_q \leftarrow m_q+1$
15. 　　End If
16. End for
17. Return m_q/η

动画9-3

例 9.4 针对图 9.1 中的 BN，利用算法 9.3 计算 $P(S|L=\mathrm{F})$，首先随机生成一个与证据 $L=\mathrm{F}$ 一致的样本，假设为 $\mathcal{D}_1=\{S=\mathrm{T},A=\mathrm{F},B=\mathrm{T},L=\mathrm{F},C=\mathrm{F}\}$。接下来，由 $\mathcal{D}_1$ 生成样本 $\mathcal{D}_2$。算法从 $\mathcal{D}_2=\mathcal{D}_1=\{S=\mathrm{T},A=\mathrm{F},B=\mathrm{T},L=\mathrm{F}\}$ 出发，对非证据变量逐个采样，设采样顺序为 $\langle S,A,B,L,C\rangle$。采样过程如下：

(1) 对 S 进行采样，mb(S)包含节点 A 和 B，计算 S 的概率分布 $P(S|A=\mathrm{F},B=\mathrm{T})$，假设采样结果为 $S=\mathrm{F}$，则有 $\mathcal{D}_2=\{S=\mathrm{F},A=\mathrm{F},B=\mathrm{T},L=\mathrm{F},C=\mathrm{F}\}$。

(2) 对 A 进行采样，此时 $S=\mathrm{F}$，mb(A)包含节点 S 和 B，计算 F 的概率分布 $P(A|S=\mathrm{F},B=\mathrm{T})$。假设采样结果为 $A=\mathrm{T}$，则有 $\mathcal{D}_2=\{S=\mathrm{F},A=\mathrm{T},B=\mathrm{T},L=\mathrm{F},C=\mathrm{F}\}$。

(3) 对 B 进行采样，此时 $A=\mathrm{T}$，mb(B)包含节点 S、A、L 和 C。因此，计算 B 的概率分布 $P(B|S=\mathrm{F},A=\mathrm{T},L=\mathrm{F},C=\mathrm{F})$，假设采样结果为 $B=\mathrm{T}$，则有 $\mathcal{D}_2=\{S=\mathrm{F},A=\mathrm{T},B=\mathrm{T},L=\mathrm{F},C=\mathrm{F}\}$。

(4) 对 L 进行采样，此时 $B=\mathrm{T}$，mb(L)包含节点 B 和 C，计算 L 的概率分布 $P(L|B=\mathrm{T},C=\mathrm{F})$，假设采样结果为 $L=\mathrm{T}$，则有 $\mathcal{D}_2=\{S=\mathrm{F},A=\mathrm{T},B=\mathrm{T},L=\mathrm{T},C=\mathrm{F}\}$。

(5) 对 C 进行采样，此时 $L=\mathrm{T}$，mb(C)包含节点 B 和 L，计算 C 的概率分布 $P(C|B=\mathrm{T},L=\mathrm{T})$，假设采样结果为 $C=\mathrm{F}$，则有 $\mathcal{D}_2=\{S=\mathrm{F},A=\mathrm{T},B=y,L=\mathrm{T},C=\mathrm{F}\}$，即为 $\mathcal{D}_2$ 的最终值。

(6) 假设采样共得到 η 个样本，其中满足 $Q=q$ 的有 m_q 个，近似的后验概率为

$$P(Q=q)\approx\frac{m_q}{\eta} \tag{9-15}$$

Gibbs 采样实际上是在与 $\mathscr{E}=e$ 一致的所有变量联合状态子空间中进行随机游走。首先任意选择一个起点，后续每一步都只依赖前一步的状态(即上一个样本)，构成一个马尔可夫链。在满足一定条件的前提下，无论从何种状态开始，马尔可夫链第 i 步状态的分布在 $i\to\infty$ 时都将收敛至一个平稳分布(stationary distribution)。Gibbs 采样算法中的马尔可夫链所对应的平稳分布就是 $P(Q|\mathscr{E}=e)$。因此，当样本总数 η 趋于无穷时，Gibbs 算法相当于从 $P(Q|\mathscr{E}=e)$ 中采样，保证了得到的样本中 $Q=q$ 出现的频率收敛于 $P(Q=q|\mathscr{E}=e)$。

Gibbs 采样算法的缺点是收敛速度慢，且当 BN 中存在极端概率 0 或 1 时，无法保证马尔可夫链存在平稳分布。此时，Gibbs 采样算法将给出错误结果。

9.4 思考题

1. 本章 9.2 节给出了从数据学习贝叶斯网的算法。从实际应用的角度看，随机变量间的依赖关系不仅蕴含于数据中，也可能体现在描述领域知识的逻辑规则中。如何构建贝叶斯网，使其既体现数据中蕴含的知识，也体现逻辑规则中蕴含的知识?

2. 本章 9.3 节给出的贝叶斯网推理算法，无论是精确推理还是近似推理，当证据变量的取值不在 CPT 中时，都无法进行推理计算。例如，若贝叶斯网的 CPT 中包含年龄取值 20、23、25、26、30，但不包含 21(即构建贝叶斯网时的历史数据或经验知识中不包含该值)，则无法实现以该值为证据的推理。如何基于数据挖掘算法或深度学习模型，实现无论证据是否包含于 CPT 中都能执行的贝叶斯网概率推理?

3. 第4章介绍的朴素贝叶斯分类算法建立在各分类变量之间相互独立的假设之上，而实际中各分类变量之间可能并不独立，它们之间存在着相互依赖关系，数据的多个属性变量对分类变量的联合影响会影响分类的结果。作为朴素贝叶斯分类方法的一般化扩展，贝叶斯网分类器(bayesian network classifier)考虑各属性变量之间的相互关系，通过构建贝叶斯网、利用贝叶斯网的概率推理算法来实现数据的分类。20世纪90年后期，人们提出了贝叶斯网分类器，至今已被广泛应用于经济、金融、科学观测和工程等各个领域。

对于给定的样本数据集 D、类变量集合 $C=\{c_1,c_2,\cdots,c_m\}$ 和数据属性变量集合 $X=\{x_1,x_2,\cdots,x_n\}$，贝叶斯网分类器主要包括以下2个步骤：

(1) 贝叶斯网分类器的学习。从 D 中学习相应的贝叶斯网，以描述联合概率分布 $P(x_1,x_2,\cdots,x_n,C)$，反映各属性变量和类变量之间的不确定性依赖关系。

(2) 贝叶斯网分类器的推理。计算类节点的条件概率，对分类数据进行分类。对于待分类数据，属于类别 c_i 的概率 $P(c_i|x_1,x_2,\cdots,x_n)(i=1,2,\cdots,m)$，应满足 $P(c_i|x)=\max\{P(c_1|x),P(c_2|x),\cdots,P(c_m|x)\}$，其中，$P(c_i|x)$的计算实质上就是基于贝叶斯网进行概率推理。

使用本章9.2节和9.3节介绍的贝叶斯网构建和推理算法，给出贝叶斯网分类的基本思想和主要步骤。

4. 从数据学习贝叶斯网是一直是贝叶斯网研究和应用的关键问题，但9.2节介绍的贝叶斯网学习算法不能从包括结构化数据和非结构化数据的多模态数据中学习贝叶斯网。如何将擅长对多模态数据进行感知处理的深度神经网络模型与贝叶斯网相结合，以端到端的方式从多模态数据学习贝叶斯网？

5. 概率推理是基于贝叶斯网的诊断和决策等应用的基本计算步骤，特定领域中基于同一贝叶斯网的多次概率推理往往存在许多被重复执行的概率计算。推理任务执行次数越多、重复计算带来的时间开销就越显著。如何避免这种重复计算，从总体上提高多次概率推理的效率？

6. 若基于贝叶斯网的概率推理算法实现用户的个性化推荐，以用户属性为证据计算用户可能购买商品的概率，就可以将最可能购买的商品推荐给用户。实质上，贝叶斯网中的依赖关系基于统计计算而构建，并未反映商品本身的属性、用户和商品之间以及不同商品之间可能存在的关系。如何在贝叶斯网的概率推理算法中有效使用知识图谱，以提高个性化推荐结果的准确性？

参考文献

[1] BLUM A,HOPCROFT J,KANNAN R. Foundations of Data Science[M]. Cambridge: Cambridge University Press,2020.

[2] RAMAKRISHNAN R,GEHRKE J. 数据库管理系统原理与设计[M]. 3 版. 北京：清华大学出版社,2003.

[3] SILBERSCHATZ A,KORTH H F,SUDARSHAN S. 数据库系统概念[M]. 5 版. 北京：机械工业出版社,2008.

[4] 王珊,萨师煊. 数据库系统概论[M]. 5 版. 北京：高等教育出版社,2014.

[5] HOFFER J,PRESCOTT M,MCFADDEN F. 现代数据库管理[M]. 刘伟琴,张芳,史新元,译. 8 版. 北京：清华大学出版社,2008.

[6] 岳昆. 数据工程[M]. 北京：清华大学出版社,2013.

[7] LEIS V,RADKE B,GUBICHEV A,et al. Cardinality estimation done right: index-based join sampling [C]//Proceedings of the 8th Biennial Conference on Innovative Data Systems Research,Chaminade, CA,USA:ACM,2017.

[8] KIPF A,KIPF T,RADKE B,et al. Learned cardinalities: estimating correlated joins with deep learning [C]//Proceedings of the 9th Biennial Conference on Innovative Data Systems Research,Amsterdam, The Netherlands: ACM,2019.

[9] DUTT A, WANG C, NAZI A, et al. Selectivity estimation for range predicates using lightweight models[J]. Proceedings of the VLDB Endowment,2019,12(9): 1044-1057.

[10] YANG Z,LIANG E,KAMSETTY A,et al. Deep unsupervised cardinality estimation[J]. Proceedings of the VLDB Endowment,2019,13(3): 279-292.

[11] 李国良,周煊赫,孙佶,等. 基于机器学习的数据库技术综述[J]. 计算机学报,2020,43(11): 2019-2049.

[12] HILPRECHT B,SCHMIDT A,KULESSA M,et al. DeepDB: learn from data,not from queries![J]. Proceedings of the VLDB Endowment,2020,13(7): 992-1005.

[13] SUN J,ZHANG J,SUN Z,et al. Learned cardinality estimation: A design space exploration and a comparative evaluation[J]. Proceedings of the VLDB Endowment,2021,15(1): 85-97.

[14] GETOOR L, TASKAR B, KOLLER D. Selectivity estimation using probabilistic models[C]// Proceedings of the 2001 ACM SIGMOD International Conference on Management of Data, Providence,Rhode Island,USA:ACM,2001: 461-472.

[15] BAETZ-YATES R, RIBEIRC-NETO B. Modern information retrieval[M]. New York: ACM Press,1999.

[16] 刘挺,秦兵,张宇,等. 信息检索系统导论[M]. 北京：机械工业出版社,2008.

[17] BAHMANI B, CHAKRABARTI K, XIN D. Fast personalized PageRank on mapreduce[C]// Proceedings of the ACM SIGMOD International Conference on Management of Data,Athens,Greece: ACM,2011: 973-984.

[18] CHUNG F. A Brief Survey of PageRank Algorithms[J]. IEEE Transactions on Network Science and Engineering,2014,1(1): 38-42.

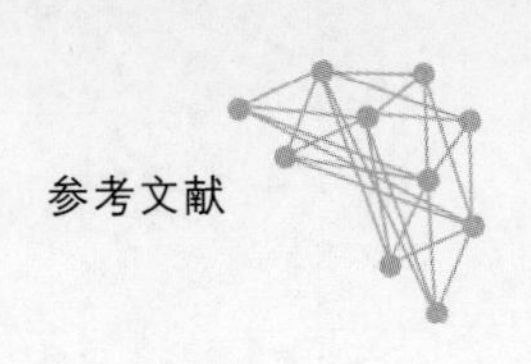

[19] NARGESIAN F,ZHU E,MILLER R J,et al. Data lake management: challenges and opportunities [J]. Proceedings of the VLDB Endowment,2019,12(12): 1986-1989.

[20] SAWADOGO P,DARMONT J. On data lake architectures and metadata management[J]. Journal of Intelligent Information Systems,2021,56(1): 97-120.

[21] RAVAT F, ZHAO Y. Data lakes: Trends and perspectives [C]//Proceedings of the 30th International Conference on Database and Expert Systems Applications, Linz, Austria: Springer, 2019: 304-313.

[22] TIAN Y,YUE Z,ZHANG R,et al. Approximate nearest neighbor search in high dimensional vector databases: Current Research and Future Directions[J]. IEEE Data Engineering Bulletin,2023,46(3): 39-54.

[23] PAN J,WANG J,LI G. Vector database management techniques and systems[C]//Companion of the 2024 International Conference on Management of Data. Santiago AA,Chile: ACM,2024: 597-604.

[24] HAN Y, LIU C, WANG P. A comprehensive survey on vector database: Storage and retrieval technique,challenge[J/OL]. [2023-10-18]. https://doi.org/10.48550/arXiv.2310.11703.

[25] TIAN Y,ZHAO X,ZHOU X. DB-LSH 2.0: Locality-sensitive hashing with query-based dynamic bucketing[J]. IEEE Transactions on Knowledge and Data Engineering,2024,36(3): 1000-1015.

[26] MALKOV Y, YASHUNIN D. Efficient and robust approximate nearest neighbor search using hierarchical navigable small world graphs[J]. IEEE Transactions on Pattern Analysis and Machine Intelligence,2018,42(4): 824-836.

[27] LI W,ZHANG Y,SUN Y,et al. Approximate nearest neighbor search on high dimensional data: experiments,analyses,and improvement[J]. IEEE Transactions on Knowledge and Data Engineering, 2019,32(8): 1475-1488.

[28] WANG J, YI X, GUO R, et al. Milvus: A purpose-built vector data management system[C]// Proceedings of the 2021 International Conference on Management of Data, New York, NY, United States: ACM,2021: 2614-2627.

[29] SUN Y. A distributed system for large scale vector search[D]. ETH Zurich,2024.

[30] DOUZE M,GUZHVA A,DENG C,et al. The Faiss library[J/OL]. [2024-01-16]. https://doi.org/10.48550/arXiv.2401.08281.

[31] 武浩,岳昆. 基于机器学习的 Web 服务质量预测[M]. 北京: 科学出版社,2023.

[32] HAN J,KAMBER M,PEI J. 数据挖掘概念与技术[M]. 3 版. 北京: 机械工业出版社,2012.

[33] 周志华. 机器学习[M]. 北京: 清华大学出版社,2016.

[34] 邱锡鹏. 神经网络与深度学习[M]. 北京: 机械工业出版社,2020.

[35] PALO H,SAHOO S,SUBUDHI A. Dimensionality reduction techniques: Principles, benefits, and limitations[J]. Data Analytics in Bioinformatics: A Machine Learning Perspective,2021: 77-107.

[36] CRESWELL A,WHITE T,DUMOULIN V,et al. Generative adversarial networks: An overview[J]. IEEE Signal Processing Magazine,2018,35(1): 53-65.

[37] CHANG C, LIN C. LIBSVM: a library for support vector machines[J]. ACM Transactions on Intelligent Systems and Technology,2011,2(3): 1-27.

[38] AGRAWAL R, GEHRKE J, GUNOPULOS D, et al. Automatic subspace clustering of high dimensional data for data mining applications [C]//Proceedings ACM SIGMOD International Conference on Management of Data,Seattle,Washington,USA:ACM,1998: 94-105.

[39] VON LUXBURG U. A tutorial on spectral clustering[J]. Statistics and Computing, 2007(17):

395-416.

[40] DUAN L,MA S,AGGARWAL C,et al. Improving spectral clustering with deep embedding,cluster estimation and metric learning[J]. Knowledge and Information Systems,2021(63):675-694.

[41] 胡矿,岳昆,段亮,等. 人工智能算法(Python 语言版)[M]. 北京:清华大学出版社,2022.

[42] GIRSHICK R,DONAHUE J,DARRELL T,et al. Feature hierarchies for accurate object detection and semantic segmentation[C]//Proceedings of the 2014 IEEE Conference on Computer Vision and Pattern Recognition,Columbus,OH,USA:IEEE,2014:580-587.

[43] REN S,HE K,GIRSHICK R,et al. Faster R-CNN:Towards real-time object detection with region proposal networks[J]. IEEE Transactions on Pattern Analysis and Machine Intelligence,2017,39(6):1137-1149.

[44] VASWANI A,SHAZEER N,PARMAR N,et al. Attention Is All You Need[C]//Advances in Neural Information Processing Systems 30,Long Beach,CA,USA:MIT,2017:6000-6010.

[45] DEVLIN J,CHANG M,LEE K,et al. BERT:Pre-training of deep bidirectional transformers for language understanding[C]//Proceedings of the 2019 Conference of the North American Chapter of the Association for Computational Linguistics:Human Language Technologies,Minneapolis,Minnesota:ACL,2019:4171-4186.

[46] 王乃钰,叶育鑫,刘露,等. 基于深度学习的语言模型研究进展[J]. 软件学报,2021,32(4):1082-1115.

[47] SUTSKEVER I,VINYALS O,LE Q. Sequence to sequence learning with neural networks[C]//Advances in Neural Information Processing Systems 27,Montreal,Quebec,Canada:MIT,2014:3104-3112.

[48] VYAS A,KATHAROPOULOS A,FLEURET F. Fast transformers with clustered attention[C]//Advances in Neural Information Processing Systems 33,Virtual:MIT,2020:21665-21674.

[49] 冯洋,邵晨泽. 神经机器前沿综述[J]. 中文信息学报,2020,34(7):1-18.

[50] 李亚超,熊德意,张民. 神经机器翻译综述[J]. 计算机学报,2018,41(12):2734-2755.

[51] 肖桐,朱靖波. 机器翻译:基础与模型[M]. 北京:电子工业出版社,2021.

[52] YANG J,WANG M,ZHOU H,et al. Towards making the most of BERT in neural machine translation[C]//Proceedings of the AAAI Conference on Artificial Intelligence,New York,NY,USA:AAAI Press,2020,34(5):9378-9385.

[53] 邓力,刘洋. 基于深度学习的自然语言处理[M]. 李轩涯,卢苗苗,赵玺,等译. 北京:清华大学出版社,2020.

[54] HAMILTON W,YING Z,LESKOVEC J. Inductive representation learning on large graphs[C]//Advances in Neural Information Processing Systems,Long Beach,CA,USA:MIT,2017:1024-1034.

[55] ZHOU J,CUI G,HU S,et al. Graph neural networks:A review of methods and applications[J]. AI Open,2020,1:57-81.

[56] DUAN L,CHEN X,LIU W,et al. Structural entropy based graph structure learning for node classification[C]//Proceedings of the AAAI Conference on Artificial Intelligence,Vancouver,Canada:AAAI Press,2024,38(8):8372-8379.

[57] HUANG X,ZHANG J,LI D,et al. Knowledge graph embedding based question answering[C]//Proceedings of the 12th ACM International Conference on Web Search and Data Mining,Melbourne,VIC,Australia:ACM,2019:105-113.

[58] 姚建军,李剑宇,岳昆,等. 基于概率推理的知识图谱链接预测[J]. 计算机集成制造系统,2023,29

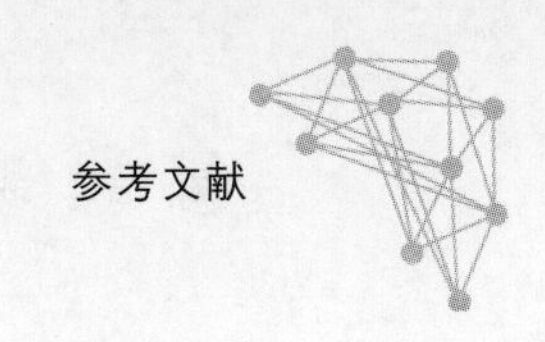

(10): 3483-3495.

[59] ZHANG Y, DAI H, KOZAREVA Z, et al. Variational reasoning for question answering with knowledge graph[C]//Proceedings of the 32rd AAAI Conference on Artificial Intelligence, New Orleans, Louisiana, USA: AAAI Press, 2018, 32(1): 6069-6076.

[60] SONG Y, ZHOU L, YANG P, et al. CS-DAHIN: Community Search Over Dynamic Attribute Heterogeneous Network[J]. IEEE Transactions on Knowledge and Data Engineering, 2024.

[61] HECKERMAN D, GEIGER D, CHICKERING D. Learning Bayesian networks: The combination of knowledge and statistical data[J]. Machine Learning, 1995(20): 197-243.

[62] YUE K, FANG Q, WANG X, et al. A parallel and incremental approach for data-intensive learning of Bayesian networks[J]. IEEE Transactions on Cybernetics, 2015, 45(12): 2890-2904.

[63] GEMAN S. Stochastic relaxation, Gibbs distributions, and the Bayesian restoration of images[J]. IEEE Transactions on Pattern Analysis and Machine Intelligence, 1984, 6(6): 721-741.

[64] LIU W, YUE K, LI J, et al. Inferring range of information diffusion based on historical frequent items [J]. Data Mining and Knowledge Discovery, 2022, 36(1): 82-107.

[65] WU X, YUE K, DUAN L, et al. Learning a Bayesian network with multiple latent variables for implicit relation representation[J]. Data Mining and Knowledge Discovery, 2024: 1-36.

[66] 杜斯，祁志卫，岳昆，等. 基于自编码器的贝叶斯网嵌入及概率推理[J]. 软件学报，2023，34(10): 4804-4820.

[67] YUE K, LIU W, WU H, et al. Discovery and Fusion of Uncertain Knowledge in Data[M]. World Scientific, 2017.

[68] YUE K, LI J, WU H, et al. Probabilistic Approaches for Social Media Analysis [M]. World Scientific, 2020.

[69] VIJAYAKUMAR A, VAIRAVASUNDARAM S. Yolo-based object detection models: A review and its applications[J]. Multimedia Tools and Applications, 2024: 1-40.

[70] TERVEN J, CÓRDOVA-ESPARZA D, ROMERO-GONZÁLEZ J. A comprehensive review of yolo architectures in computer vision: From YOLOv1 to YOLOv8 and YOLO-NAS[J]. Machine Learning and Knowledge Extraction, 2023, 5(4): 1680-1716.

[71] DAUDT R C, LE SAUX B, BOULCH A. Fully convolutional siamese networks for change detection [C]//Proceedings of the 25th IEEE International Conference on Image Processing, Athens, Greece: IEEE, 2018: 4063-4067.

[72] HE K, GKIOXARI G, DOLLÁR P, et al. Mask R-CNN[C]//Proceedings of 2017 IEEE International Conference on Computer Vision, Venice, Italy: IEEE, 2017: 2961-2969.

[73] WU Z, PAN S, CHEN F, et al. A comprehensive survey on graph neural networks[J]. IEEE Transactions on Neural Networks and Learning Systems, 2020, 32(1): 4-24.

[74] KIPF T, WELLING M. Variational graph auto-encoders[J/OL]. [2016-11-16]. https://doi.org/10.48550/arXiv.1611.07308.

[75] KOLLIAS G, KALANTZIS V, IDÉ T, et al. Directed graph auto-encoders[C]//Proceedings of the 36th AAAI Conference on Artificial Intelligence, Virtual Event: AAAI Press, 2022, 36(7): 7211-7219.

[76] MARTÍNEZ V, BERZAL F, CUBERO J. A survey of link prediction in complex networks[J]. ACM Computing Surveys, 2016, 49(4): 1-33.

[77] JAVED M A, YOUNIS M S, LATIF S, et al. Community detection in networks: A multidisciplinary

review[J]. Journal of Network and Computer Applications,2018(108): 87-111.

[78] DONG Y,LUO M,LI J,et al. LookCom: Learning optimal network for community detection[J]. IEEE Transactions on Knowledge and Data Engineering,2020,34(2): 764-775.

[79] CHEN Z,LI L,BRUNA J. Supervised community detection with line graph neural networks[C]// Proceedings of the 7th International Conference on Learning Representations, New Orleans, LA, USA: OpenReview.net,2019.

[80] LI J,SUN A,HAN J,et al. A survey on deep learning for named entity recognition[J]. IEEE Transactions on Knowledge and Data Engineering,2020,34(1): 50-70.

[81] WANG Y, TONG H, ZHU Z, et al. Nested named entity recognition: a survey[J]. ACM Transactions on Knowledge Discovery from Data,2022,16(6): 1-29.

[82] GOYAL A,GUPTA V,KUMAR M. Recent named entity recognition and classification techniques: a systematic review[J]. Computer Science Review,2018(29): 21-43.

[83] CAO J,FANG J,MENG Z,et al. Knowledge graph embedding: A survey from the perspective of representation spaces[J]. ACM Computing Surveys,2024,56(6): 159:1-159:42.

[84] WANG Q, MAO Z, WANG B, et al. Knowledge graph embedding: A survey of approaches and applications[J]. IEEE Transactions on Knowledge and Data Engineering,2017,29(12): 2724-2743.

[85] GALÁRRAGA L,TEFLIOUDI C,HOSE K,et al. AMIE: association rule mining under incomplete evidence in ontological knowledge bases[C]//Proceedings of the 22nd International Conference on World Wide Web,Rio de Janeiro Brazil: ACM,2013: 413-422.

[86] SOCHER R,CHEN D,MANNING C,et al. Reasoning with neural tensor networks for knowledge base completion[C]//Advances in Neural Information Processing Systems 26,Lake Tahoe,Nevada, United States: MIT,2013: 926-934.

[87] SCHLICHTKRULL M, KIPF T N, BLOEM P, et al. Modeling relational data with graph convolutional networks[C]//Proceedings of the 15th International Conference on Semantic Web, Heraklion,Crete,Greece: Springer,2018: 593-607.

[88] BOX G,TIAO G. Bayesian inference in statistical analysis[M]. John Wiley& Sons,2011.

[89] DEMPSTER A P. A generalization of Bayesian inference[J]. Journal of the Royal Statistical Society: Series B (Methodological),1968,30(2): 205-232.

[90] BAILER-JONES C A L. Practical Bayesian inference[M]. Cambridge: Cambridge University Press,2017.